MI 先进制造实用技术系列丛书

焊接变形控制技术

主　编　路　浩　邢立伟
副主编　何广忠　罗金恒　武　刚
主　审　赵新玉

机械工业出版社
CHINA MACHINE PRESS

焊接作为一门融合了机械、电气、计算机、自动控制和材料等多学科的工艺技术，其质量受多种因素影响，其中如何控制焊接变形，使焊接质量达到各行业的质量标准，一直是焊接人员重点研究和解决的难题。

　　本书针对焊接变形原理、焊接变形计算、焊接变形控制方法、焊接变形控制工程实例及焊接变形控制与检测装备等方面内容进行了系统的介绍，提供了从理论到实践方案的总体思路，为广大读者提供了全新的视角体验。本书可作为从事焊接工作的工艺人员、管理人员、科研人员以及焊接操作人员的学习资料，也可以作为大专院校、科研院所、企事业等单位开展相关教学的参考资料。

图书在版编目（CIP）数据

焊接变形控制技术/路浩，邢立伟主编. —北京：机械工业出版社，2023.7（2025.2 重印）

（先进制造实用技术系列丛书）

ISBN 978-7-111-73007-1

Ⅰ.①焊… Ⅱ.①路… ②邢… Ⅲ.①焊接结构−变形−控制 Ⅳ.①TG404

中国国家版本馆 CIP 数据核字（2023）第 063595 号

机械工业出版社（北京市百万庄大街 22 号　邮政编码 100037）
策划编辑：张维官　　　　　责任编辑：张维官
责任校对：贾海霞　张　薇　责任印制：单爱军
北京虎彩文化传播有限公司印刷
2025 年 2 月第 1 版第 4 次印刷
169mm×239mm・16.75 印张・315 千字
标准书号：ISBN 978-7-111-73007-1
定价：78.00 元

电话服务　　　　　　　　　　网络服务
客服电话：010-88361066　　　机　工　官　网：www.cmpbook.com
　　　　　010-88379833　　　机　工　官　博：weibo.com/cmp1952
　　　　　010-68326294　　　金　书　网：www.golden-book.com
封底无防伪标均为盗版　　机工教育服务网：www.cmpedu.com

编写组成员

主　编　路　浩　邢立伟

副主编　何广忠　罗金恒　武　刚

参编人员（按拼音顺序）：

程广福　方　坤　金作良　李　军　陶　军

王洪潇　闫德俊　张　亮　朱丽霞　朱　政

序

焊接被誉为工业的裁缝师，简单地说就是将两个零件连接成一个整体结构的制造技术，小到制造一枚集成电路芯片，大到建造一艘航空母舰，都离不开焊接。焊接技术水平体现了一个国家的设备制造能力和工业技术能力。

焊接变形虽然是一个传统的话题，却是工业结构制造不可避免的问题，且与焊接残余应力、结构应力、长期服役息息相关。焊接应力和变形直接影响焊接结构性能、安全可靠性和制造工艺性。焊接残余应力和变形不但有可能引起热裂纹、冷裂纹和脆性断裂等缺陷，而且在一定条件下还影响结构的承载能力，如强度、刚度和受压稳定性等，除此之外，还将影响产品后续总装、加工精度和尺寸的稳定性，从而影响结构质量和使用性能。重大工程的焊接材料向高强高韧方向发展，重大工程的焊接结构也日益复杂，服役环境也日益苛刻，重大工程产品对焊接服役可靠性、疲劳、耐应力腐蚀等要求逐渐提高。外在表现的产品残留焊接变形与产品内在的服役性能密切相关，在控制产品焊接变形中采取的火焰调修、强制组装等工艺措施、方法，改变了材料的内在性质，不可避免地影响工艺结构的长期服役品质。因此，研究、解决焊接变形问题仍是工业界不可回避的实际工程问题。

该书系统地按照焊接变形原理、焊接变形计算、焊接变形控制方法、焊接变形控制工程实例等顺序进行叙述，提供了从理论到方法，再到实践的解决焊接变形的总体方案。该书提供的全新视角，让我们认识到：焊缝虽窄、应用却广，专业虽窄、知识面却广，从生产到生活、从陆地到海洋都离不开焊接技术与工程。工业结构的焊接变形控制是重大工程的支撑，交通与运输、桥梁与建筑、装备与兵器、航空与航天、机械与电子都需要控制焊接变形。该书使我们看到工业结构的焊接变形控制与不同金属材料特性、材料熔化凝固过程、不同热源特性密切相关，焊接学科既宏观又微观，涉及物理、化学、力学等基础学科。同时该书对焊接变形方案的制定、工程实例的讲解，使我们认识到焊接技术是一个交叉专业，焊接装备、焊接工艺、焊接材料、焊接结构、焊接生产涉及机械、电气、计算机、自动控制、材料等多门学科与技术。因此，焊接是实践与科学结合紧密的基础专业，焊接变形控制是工程中的重要需求。

该书作者毕业于哈尔滨工业大学焊接专业焊接结构课题组，在企业有近10年的焊接工艺工作经历，期间经历了高速动车组从200km/h到300km/h、350km/h发展的完整阶段，涵盖了我国高速动车组制造技术引进、消化、吸收、创新各阶段，在多年生产、科研实践中，积累了丰富的焊接结构设计、焊接变形控制工程经验，熟悉焊接的生产组织、焊接标准及体系管理。该书也是作者焊接专业学习、从业实践的总结。

该书为全国焊接从业者、焊接相关从业者、高等院校及职业学院教职工的工作与教学提供了很好的参考。

李鹤林

2022 年 10 月 20 日

前　言

　　作为工业产品制造的主要连接方法，焊接技术是决定制造效率、品质及质量水平的关键技术，其复杂性表现为电弧物理特性、材料冶金、热力学、结构力学及电力电子等多项技术相互关联、相互交叉，多因素随机控制，焊接技术水平代表了国家材料制备、装备制造的水平。

　　焊接技术的进步伴随、见证着我国工业建设的进步。经过多年大量的生产、科研实践，引进技术的不断消化、吸收，我国在焊接装备、焊接工艺、焊接质量检测、焊接标准、焊接生产管理及重大工业产品焊接制造等方面取得了重大进步，建成多个具有标志性的国家重大工程。

　　电子束焊、激光焊接等高密度焊接方法窄而深的焊缝形式使焊接变形更具复杂化，在某些条件下甚至放大焊接变形。搅拌摩擦焊厚板焊接或接头设计不合理时，也容易产生较大的焊接变形。随着重大工程对焊接服役结构可靠性要求的提高，对应力及疲劳、耐应力腐蚀等要求逐渐提高，焊接变形与其存在复杂关系，在控制焊接变形中采取的工艺措施、方法、材料等不可避免地影响工业结构服役品质。

　　本书系统集合了造船、航洋工程、航空、航天、核工业、石油化工、兵器、发电设备及传输、轨道车辆和汽车等关系国计民生重大行业焊接变形的控制实例。编写过程中得到了全国重要行业专家的大力支持，例如广州黄埔造船厂、中国电子科技集团公司第三十八研究所、上海航天八院、哈尔滨工业大学、北京航空制造工程研究所、哈尔滨电机厂有限责任公司、中车长春轨道客车股份有限公司和核工业系统等单位的技术人员，在此表示感谢。焊接变形控制实例23个，涵盖了工程机械、高强装甲铝合金炮塔、航空发动机整体叶盘、钛合金深潜器、空空导弹弹体、中俄管道、KM6工程、载人飞船、汽车运输船和高速列车车身等典型实际工程。

　　目前，焊接专业本科阶段缺少标准、实际工程案例的讲授，实践环节培养需要加强，焊接职业教育需要大力发展，学生理论联系实际有待提高。因此本书从焊接接头设计、焊接结构设计、焊接工艺设计、焊接施工和生产管理等新角度，阐述焊接变形控制、焊接变形控制方案制定、焊接变形基本装备等，以及焊接变形调控措施不当对产品带来的性能损失，为工程师、新毕业学生提供全新视角。

目前，国产重要焊接装备、关键高端焊接材料等仍存在差距，在研发机制、社会引导，在焊接人才的培养方式上可以提升。本书编写从工程实际、实践操作的视角出发，在规律上凝结理论，不仅重视焊接变形的控制消除，更重要的是指导读者如何分析问题、解决问题，与社会生产实际直接联系，引导方向。因此，本书的编写也希望为科技攻关方式、工业发展需求，产学研结合、焊接工程师及人才培养等方面提供借鉴。

谨以此书向钱祖尼、田锡唐、关桥、钟国柱和吴林等在我国焊接变形控制技术做出历史贡献的前辈致敬！祝我国的焊接事业越来越好！

由于编者水平有限，难免存在不足，敬请广大读者批评指正。

编者

2022 年 10 月 8 日

目　　录

序

前言

第1章　焊接变形 ………………………………………………………………… 1

　1.1　焊接变形原理 ……………………………………………………………… 2

　　1.1.1　焊接温度场 ………………………………………………………… 3

　　1.1.2　温度场的表征 ……………………………………………………… 5

　　1.1.3　焊接熔池与焊接温度场的交互作用 ……………………………… 8

　　1.1.4　移动热源塑性区和局部应力应变循环 ………………………… 12

　　1.1.5　焊接温度场控制 ………………………………………………… 15

　1.2　热传导方程及数学基础 ………………………………………………… 23

　　1.2.1　热传导方程 ……………………………………………………… 23

　　1.2.2　数学基础 ………………………………………………………… 24

　1.3　加热时的结构变形特点 ………………………………………………… 25

　　1.3.1　平板点加热时的变形 …………………………………………… 26

　　1.3.2　沿结构中性轴加热时的变形 …………………………………… 26

　　1.3.3　在非结构中性轴上加热时的变形 ……………………………… 27

　　1.3.4　角变形的变形特征 ……………………………………………… 28

　　1.3.5　角变形和挤压引起的波浪变形 ………………………………… 29

　1.4　焊接残余变形的种类及形式 …………………………………………… 30

　1.5　影响焊接残余变形因素 ………………………………………………… 36

　　1.5.1　焊缝在结构中的位置 …………………………………………… 36

　　1.5.2　焊接结构的刚性 ………………………………………………… 36

　　1.5.3　焊接结构的装配与焊接顺序 …………………………………… 37

　　1.5.4　其他因素 ………………………………………………………… 39

第 2 章　焊接变形解析计算 ……………………………………………………… 40

  2.1　板条焊接变形及应力计算模型 …………………………………………… 40

    2.1.1　板条加热时变形和应力的计算 ……………………………………… 40

    2.1.2　板条冷却时变形和应力的计算 ……………………………………… 43

    2.1.3　平板对接残余应力的分布 …………………………………………… 45

  2.2　刚性装夹对焊接变形的影响 ……………………………………………… 47

  2.3　单层对接焊变形计算 ……………………………………………………… 49

  2.4　约束对单层对接焊变形影响 ……………………………………………… 52

  2.5　对接接头多层焊时的变形 ………………………………………………… 59

  2.6　角接接头的变形计算 ……………………………………………………… 62

第 3 章　焊接变形有限元计算 ……………………………………………………… 67

  3.1　有限元计算方法 …………………………………………………………… 67

    3.1.1　偏微分方程及其求解 ………………………………………………… 67

    3.1.2　有限元法的基本思路 ………………………………………………… 71

    3.1.3　有限元法的数学基础——降维 ……………………………………… 72

    3.1.4　如何获得"弱形式"的解 …………………………………………… 75

    3.1.5　二维、三维有限元计算 ……………………………………………… 79

  3.2　焊接变形有限元计算流程 ………………………………………………… 82

    3.2.1　常见焊接变形计算软件 ……………………………………………… 82

    3.2.2　术语及定义 …………………………………………………………… 83

    3.2.3　焊接变形计算工作流程 ……………………………………………… 85

    3.2.4　焊接变形有限元计算关键技术 ……………………………………… 88

  3.3　焊接变形有限元计算实例 ………………………………………………… 90

    3.3.1　焊工考试管板接头焊接仿真计算 …………………………………… 90

    3.3.2　车体长型材焊接变形计算分析报告 ………………………………… 94

    3.3.3　焊接变形计算操作实例 ……………………………………………… 101

    3.3.4　"筛板骨架总成"焊接模拟报告 …………………………………… 109

第 4 章　焊接变形控制方法 ……………………………………………………… 118

  4.1　从焊缝压缩塑性应变角度控制焊接变形 ………………………………… 118

    4.1.1　焊前变形控制方法 …………………………………………………… 119

    4.1.2　焊中变形控制方法 …………………………………………………… 125

    4.1.3　焊后变形控制方法 …………………………………………………… 128

  4.2　从焊接结构设计角度减小焊接变形 ……………………………………… 134

    4.2.1　焊接对称性设计原则 ………………………………………………… 134

    4.2.2　模块化设计原则 ……………………………………………………… 135

  4.3　从焊接工艺选择减小焊接变形 …………………………………………… 137

    4.3.1　焊接工艺设计 ………………………………………………………… 137

4.3.2 焊接接头设计 ……………………………………………… 137
4.3.3 焊接工艺方法选择 ………………………………………… 137
4.3.4 焊接结构的合理设计 ……………………………………… 140
4.4 从焊接生产角度减小焊接变形 ……………………………………… 140
4.4.1 工装技术 …………………………………………………… 140
4.4.2 技术管理和生产管理 ……………………………………… 141
4.4.3 下料工艺 …………………………………………………… 145
4.4.4 调整焊接顺序 ……………………………………………… 145
4.4.5 生产中的火焰矫正工艺 …………………………………… 147

第5章 焊接变形控制实例 ……………………………………………… 152
5.1 汽车滚装船焊接变形控制 …………………………………………… 152
5.1.1 汽车滚装船结构特点 ……………………………………… 153
5.1.2 焊接变形原因分析 ………………………………………… 153
5.1.3 焊接变形控制 ……………………………………………… 154
5.1.4 焊接变形控制效果 ………………………………………… 158
5.2 轮式装载机前车架焊接变形控制 …………………………………… 158
5.2.1 产品结构及焊接变形分析 ………………………………… 158
5.2.2 焊接变形原因分析 ………………………………………… 160
5.2.3 前车架焊接变形控制措施 ………………………………… 160
5.2.4 焊接变形控制效果 ………………………………………… 162
5.3 混流式水轮机叶片焊接变形控制 …………………………………… 163
5.3.1 产品结构 …………………………………………………… 163
5.3.2 焊接变形控制措施 ………………………………………… 163
5.4 高速列车长大型材焊接变形控制 …………………………………… 165
5.4.1 产品结构 …………………………………………………… 165
5.4.2 长大挤压型材焊接变形控制 ……………………………… 166
5.4.3 焊接变形控制关键技术点 ………………………………… 168
5.5 采取振动时效降低焊接变形 ………………………………………… 169
5.5.1 振动时效技术简介 ………………………………………… 169
5.5.2 振动时效技术的应用 ……………………………………… 170
5.5.3 振动时效技术应用实例 …………………………………… 170
5.6 龙门式起重机焊接变形控制 ………………………………………… 172
5.6.1 龙门式起重机顶板结构 …………………………………… 172
5.6.2 龙门式起重机顶板焊接变形的有限元计算 ……………… 173
5.6.3 焊接变形最优方案确定 …………………………………… 175
5.7 通过优化焊接工艺降低焊接变形实例 ……………………………… 177
5.7.1 焊道布置设计 ……………………………………………… 177

5.7.2 焊缝金属填充量控制 ……………………………………………… 179

5.7.3 保护气体选择 ……………………………………………………… 182

5.8 球罐结构焊后热处理焊接变形控制 ………………………………… 184

5.8.1 高速喷嘴内燃法简介 ……………………………………………… 184

5.8.2 焊后整体热处理工程实例 ………………………………………… 185

5.9 TC4 整体叶盘结构焊接变形控制 …………………………………… 187

5.9.1 整体叶盘结构 ……………………………………………………… 187

5.9.2 整体叶盘焊接变形趋势 …………………………………………… 188

5.9.3 变形控制措施 ……………………………………………………… 189

5.9.4 变形控制效果 ……………………………………………………… 191

5.10 高强铝合金炮塔焊接变形控制 ……………………………………… 191

5.10.1 产品特点分析 …………………………………………………… 192

5.10.2 焊接变形控制措施 ……………………………………………… 192

5.10.3 焊接变形控制效果 ……………………………………………… 195

5.11 钢箱梁桥焊接变形控制 ……………………………………………… 195

5.11.1 钢箱梁结构特点 ………………………………………………… 195

5.11.2 变形原因分析 …………………………………………………… 197

5.11.3 变形控制措施 …………………………………………………… 197

5.11.4 焊接变形控制效果 ……………………………………………… 199

5.12 石油管道焊接变形控制 ……………………………………………… 199

5.12.1 灵活仿形制备坡口 ……………………………………………… 200

5.12.2 自动内焊设备 …………………………………………………… 200

5.12.3 自动外焊设备 …………………………………………………… 201

5.13 钛合金框架及耐压舱焊接变形控制 ………………………………… 202

5.13.1 4500m 载人深潜器钛合金框架焊接变形控制 ………………… 202

5.13.2 "蛟龙"号钛合金载人耐压舱焊接变形控制 ………………… 205

5.14 某导弹钛合金薄壁构件焊接变形控制 ……………………………… 209

5.14.1 某导弹主承力舱体结构特点 …………………………………… 209

5.14.2 焊接变形控制措施 ……………………………………………… 210

5.14.3 变形控制效果 …………………………………………………… 212

5.15 地铁车辆焊接变形控制 ……………………………………………… 212

5.15.1 焊接工艺 ………………………………………………………… 213

5.15.2 变形控制措施 …………………………………………………… 214

5.15.3 变形控制效果 …………………………………………………… 215

5.16 飞机成形模具——复合材料 Invar 钢模具焊接变形控制 ………… 215

5.16.1 产品特点 ………………………………………………………… 215

5.16.2 变形控制措施 …………………………………………………… 216

5.16.3 变形控制效果 …………………………………………………… 219

5.17 核电站机组不锈钢管道焊接变形控制 ·········· 219
  5.17.1 奥氏体型不锈钢特点 ·········· 220
  5.17.2 焊接变形控制措施 ·········· 220
  5.17.3 焊接变形控制效果 ·········· 222
5.18 不锈钢刮板冷凝器焊接变形控制 ·········· 223
  5.18.1 产品结构及变形特点 ·········· 223
  5.18.2 焊接变形控制措施 ·········· 224
  5.18.3 焊接变形控制效果 ·········· 227
5.19 KM6 真空容器 12m 法兰焊接变形控制 ·········· 227
  5.19.1 KM6 真空容器制造技术难点 ·········· 228
  5.19.2 变形控制 ·········· 228
  5.19.3 焊接变形控制效果 ·········· 231
5.20 输电塔焊接变形控制 ·········· 232
5.21 随焊焊接变形控制 ·········· 236
  5.21.1 船舶行业随焊焊接变形控制实例 ·········· 236
  5.21.2 航天及国防装备随焊焊接变形控制实例 ·········· 238

第6章 焊接变形控制常用装备 ·········· 241
6.1 焊接变形测量技术及装备 ·········· 241
  6.1.1 变形测量工具、量具 ·········· 241
  6.1.2 变形三维检测 ·········· 242
  6.1.3 温度检测 ·········· 244
6.2 焊接变形控制技术及装备 ·········· 245
  6.2.1 预拉伸装置 ·········· 245
  6.2.2 反变形等大型工装 ·········· 245
  6.2.3 随焊变形控制装备 ·········· 248
  6.2.4 大型调修装备 ·········· 249
  6.2.5 辅助焊接变形控制装备 ·········· 251

参考文献 ·········· 253

第1章

焊接变形

　　焊接作为工业产品的主要制造方法，决定着产品制造成本、生产效率及质量水平，在航空、航天、石油、轨道车辆、汽车、核电、造船、海洋工程等重要行业工业产品的制造中均有广泛的应用。焊接行业涉及到钢铁冶金、集成电路、大型机床等上下游产业；涉及到生产线设计、大型工艺装备、自动化装备等关键技术。焊接技术水平体现了国家的装备制造基础和水平，关系到国防安全、国计民生。

　　焊接技术的进步伴随并见证着我国工业建设的进步。经过多年大量的生产、科研实践，对引进技术的消化、吸收，在焊接装备研制、焊接工艺、焊接质量检验、焊接标准制定、焊接生产管理到重大工业产品焊接制造等方面都取得了重大进步，建设完成了多个标志性的国家重大工程。

　　近年来，虽然焊接工艺、焊接电源等出现了较大进步，焊缝变的更加洁净、美观，但仍旧存在以下现状。

　　1）低热输入弧焊工艺虽然减小了薄板结构的焊接变形，但却在解决厚板、高膨胀率材料焊接变形方面仍表现的力不从心。

　　2）虽然电子束焊、激光焊等高密度焊接方法在特定条件下相对弧焊工艺可以减少焊接变形，但窄而深的焊缝形式使焊接变形更具复杂性，在某些条件下甚至放大焊接变形，使变形呈现宏观降低、微观加重的特点。

　　3）虽然一般来讲搅拌摩擦焊变形较小，但薄壁结构、中空长结构、大厚板的搅拌摩擦焊接变形仍是难以解决的实际问题。

　　4）随着重大工程的焊接材料向高强、高韧方向发展，其焊接结构也日益复杂，服役环境也日益苛刻，对焊接服役可靠性、疲劳、抗应力腐蚀、焊接变形等要求则更为严苛。

　　5）外在表现的产品残留焊接变形与产品内在的服役性能密切相关，在控制产品焊接变形中采取的火焰调修、强力组装等工艺措施、方法，改变了材料的内在性质，不可避免地影响工业结构产品的长期服役品质。

6）焊接应力和变形是影响焊接结构性能、安全可靠性和制造工艺性的重要因素。焊接残余应力和变形不仅能引起热裂纹、冷裂纹、脆性断裂等缺陷，而且在一定条件下还将影响结构的承载能力，如强度、刚度和受压稳定性等，除此之外还将影响产品后续总装、加工精度和尺寸的稳定性，从而影响产品质量和使用性能。

7）由于熔化焊工艺仍旧是焊接产品的主要生产工艺，因此焊接变形仍是普遍现象。

综上所述，焊接残余应力和变形仍旧是焊接工程的重要课题，需要加以研究和控制。对焊接应力和变形进行深入研究和准确的预测，对实际生产时采取正确措施控制焊接应力与变形有着重要的意义。

焊接应力和变形均由焊接过程中温度的非线性变化引起的，焊接过程中应变的产生与不均匀的温度场有关。焊接应力与变形产生的决定性因素是焊接时局部不均匀热输入，这种热输入通过材料、结构和制造因素所构成的内外部拘束度影响热源周围的金属运动，从而形成最终的残余应力和变形，典型焊接变形如图 1-1 所示。

图 1-1　典型焊接变形

1.1　焊接变形原理

焊接是一个工件局部金属熔化和再结晶的冶金过程。焊接过程中，容易误认为金属受热膨胀导致焊接变形，其实不然，金属为均匀膨胀和收缩时则不能形成焊接变形，例如：金属棒在自由状态下受热膨胀、冷却收缩的整个过程中，没有任何的变形和焊接残余应力产生。因此虽然焊接热量的输入只是导致焊接变形的外部条件，但不是焊接变形的直接原因。虽然金属在完全自由状态下膨胀、收缩不会产生应力和变形，但金属在拘束状态下收缩时，则一定会产生应力和变形。

当工件的温度发生变化或发生相变时，其尺寸和形状就会发生变化，这种尺寸及形状的变化称为变形。由焊接过程直接引起的变形称为焊接变形。与其他金属变形相同，焊接变形分为塑性变形与弹性变形，通常，焊接变形指塑性焊接变形。

对于焊接应力与焊接变形的产生机理，国际上目前较为普遍的观点是：焊接过程中的点状热源加热，在焊件中形成了热源附近温度很高而远离热源的区域温度较低的不均匀温度场。在此不均匀温度场的驱使下，焊缝及其邻近母材金属产生非均匀膨胀和收缩。在焊接加热过程中，焊缝及近缝区因热膨胀受到限制而发生塑性挤压，在随后的冷却过程中该部位因热收缩受到限制，再次产生塑性拉伸。通常冷却阶段的塑性拉伸量不足以抵消加热阶段产生的塑性挤压量，因此焊件中就会有压缩残余塑性应变保留下来，其大小和分布就决定了最终的残余应力和变形。

具体表述为：当焊缝金属降温收缩时，由于受到临近母材的限制，焊缝中拉应力随收缩量的增加而上升，由于这时温度较高，屈服极限较低，最终达到材料的屈服极限，使焊缝区金属变形、应力值维持在一个较低的水平，但只是超过屈服极限的那部分应力才可以通过这种调整而得以释放；当焊缝区降至室温时，仍受到母材的完全拘束而不能运动，将残留接近屈服强度的拉应力，相应地在工件中远离焊缝区域就会残留与之平衡的压应力。如果工件受到的约束较小，则残余应力可以通过引起工件的形变而得以释放，这种形变是不可逆的，即焊接残余变形。另外，近缝区母材的收缩也有增大残余变形的趋势。焊接不仅能造成构件的横向和纵向收缩变形；当焊缝在构件上的位置不对称时，还可能引起结构的挠曲变形；当焊缝在厚度方向上的横向收缩不对称时，会引起角变形；当焊接结构接头形式不同时，有可能引起波浪变形或螺旋变形等。

早期前苏联学者 H. O. 奥凯尔勃洛姆和 C. A. 库兹米诺夫，在他们的著作里提出了“一维”条件下的残余塑变理论，认为焊接加热过程中焊缝和近缝区的金属热膨胀应变受到周围较冷金属的拘束，从而产生压缩塑性应变，虽然焊接冷却过程中该压缩塑性应变被拉伸抵消一部分，但焊后仍残留部分压缩塑性应变，并以此来分析和预测焊接残余应力和变形。这种观点一直以来被广泛认同，成为传统的塑变理论。专家汪建华等认为，残余应力产生的根源是存在于焊缝和近缝区由塑性应变、热应变和相变应变组成的固有应变，残余应力是在固有应变源作用下构件自动平衡的结果，因此消除焊接残余应力必须去除该固有应变源。

1.1.1　焊接温度场

在焊接过程中，热的传递是以辐射、对流和传导三种形式进行。在电弧焊中，由热源传给焊件主要是以辐射、对流两种形式进行。而当母材和焊条（或焊丝）获得热能后，热的传播则是以热传导为主。

焊件受到热源加热时温度就会升高，由于焊接热过程的特点，距离热源不同位置的各点，其温度是不同的，虽然焊件中各点的温度每时每刻都在变化着，但这种变化是有规律的。焊接过程中的某一瞬间工件上各点的温度分布状态，就叫做焊接温度场，焊接温度场通常用等温线或等温面来表示。

3

　　图 1-2 为一块钢板在焊接某一瞬时热源中心垂直于焊缝截面的三维温度场分布示意图。从焊接钢板的俯视图来看，由于热源以一定速度移动，钢板某一瞬时各部分受热的温度分布是一系列近似椭圆形的等温线，即每条线上的温度是相等的。在热源的中心部分是熔化金属形成的熔池，它的边缘线相当于钢的熔点，离熔池越远，温度逐渐降低。由图可见，在电弧移动的前方，等温线最密；而在其后方，等温线较疏。根据温度场的分布，即可以判定焊件上熔化或产生相变的部位，可以判定焊件上内应力的产生、焊接变形的发展趋势、塑性变形区的范围、热影响区的宽度等。但要准确地测量和描绘熔池及附近区域的焊接温度场分布是比较困难的，目前只能粗略地测出。

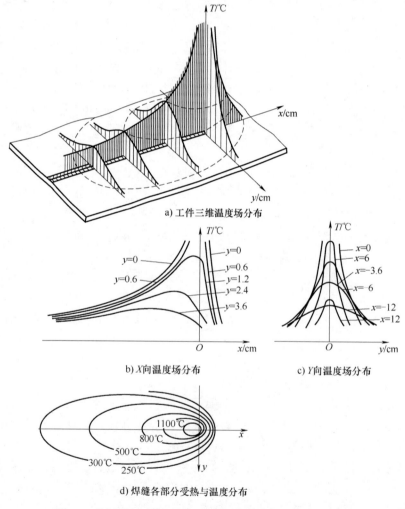

a) 工件三维温度场分布

b) X向温度场分布

c) Y向温度场分布

d) 焊缝各部分受热与温度分布

图 1-2　热源中心垂直于焊缝截面的三维温度场分布示意图

焊接过程中的某一瞬间各点的温度分布状态,称为焊接温度场(T),函数关系如式(1-1)所示

$$T=f(x,y,z,t) \tag{1-1}$$

焊接温度场可用等温线或等温面的分布来表征。等温线或等温面:把焊件上瞬时温度相同的点连接在一起,成为一条线或一个面。

稳定温度场:焊接温度场各点的温度不随时间而变;非稳定温度场:绝大多数情况下,焊件上各点温度随时间而变;准稳定温度场:正常焊接条件下,当功率恒定的热源在一定长度的工件上匀速直线运动时,经过一段时间后焊接过程稳定,形成一个与热源同步运动的不变温度场。如采用移动坐标系,坐标原点与热源中心重合,则焊件上各点的温度只取决于这个系统的空间坐标,而与热源的移动距离和速度无关。

一维温度场(线性传热):焊条或焊丝加热(面热源,径向无温差,热只在一个方向上传播);二维温度场(平面传热):一次焊透的薄板,板厚方向无温差(线热源,把热源看成沿板厚的一条线;热在两个方向上传播);三维温度场(空间传热):厚大焊件表面堆焊(点热源,热在三个方向上传播)。

1.1.2 温度场的表征

焊接方法多种多样,按照标准 ISO 4063—2009《焊接和联合工艺方法—工艺方法术语和引用编号》,焊接主要分为九大类,每种焊接方法其温度场的数学模型不同。对焊接温度场的精确描述是进行焊接变形分析的基础,焊接温度场决定了焊接应力场和应变场,温度场计算精确与否取决于热源模型的精度。

焊接温度场主要有六种模型:高斯(Gauss)面热源模型、半球状热源模型、椭球形热源模型、双椭球热源模型、带状热源模型、高能束热源模型等。

1. 高斯(Gauss)面热源模型

高斯(Gauss)面热源模型是由 Eager 和 Tsai 提出的,是目前焊接温度场数值仿真计算中应用较为广泛的热源模型。Gauss 面热源模型的热流密度分布如图 1-3 所示,热流输入分布在一个圆形面内,其中各点热流输入密度符合 Gauss 函数分布,即中心部位热流密度最大,离开中心沿径向热流输入按 Gauss 函数规律递减分布。

Gauss 面热源模型的具体分布形式可用函数式(1-2)计算,即

$$q(r) = q_m \exp\left(-\frac{3r^2}{R^2}\right) \tag{1-2}$$

式中　q_m——加热斑点中心最大热流密度值(J);

　　　R——电弧有效加热半径(mm);

　　　r——A 点离电弧加热斑点中心的距离(mm)。

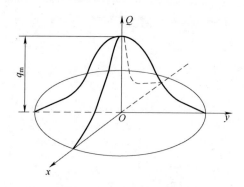

图 1-3 Gauss 面热源模型

Gauss 面热源模型能够有效地描述电弧焊中电弧挺度较小、对熔池冲击力较小情况下的焊接热过程。

2. 半球状热源模型

由于考虑了电弧穿透的影响，半球状热源模型较 Gauss 面热源模型可更为有效地描述熔池形貌，更为接近某些实际情况，具体分布形式可用函数式（1-3）计算。

$$q(x,y,\zeta)=\frac{6Q}{\pi c^3\sqrt{\pi}}e^{-3x^2/a^2}e^{-3y^2/b^2}e^{-3\zeta^2/c^2} \qquad (1\text{-}3)$$

式中 $q(x,\ y,\ \zeta)$——功率密度 $[\mathrm{J/(m^2 \cdot s)}]$。

但是，大多情况下实际焊接过程中的熔池形貌并不是球对称分布的，因此，提出了椭球热源对其进行改进。

3. 椭球形热源模型

以（0，0，0）为中心，平行于坐标轴（x，y，ζ）半的径为 a，b，c 的椭球内热量密度是高斯分布的函数，具体函数式如下：

$$q(x,y,\zeta)=q_m e^{-Ax^2}e^{-Bx^2}e^{-C\zeta^2} \qquad (1\text{-}4)$$

式中 q_m——椭球中心的热流密度值（J）。

根据能量守恒以及 $A=3/a^2$，$B=3/b^2$，$C=3/c^2$，得：

$$q(x,y,\zeta)=\frac{6\sqrt{3}\,Q}{abc\pi\sqrt{\pi}}e^{-3x^2/a^2}e^{-3y^2/b^2}e^{-3\zeta^2/c^2} \qquad (1\text{-}5)$$

通过坐标变换可以得出在固定坐标系下热源分布函数为：

$$q(x,y,z,t)=\frac{6\sqrt{3}\,Q}{c^3\pi\sqrt{\pi}}e^{-3x^2/c^2}e^{-3y^2/c^2}e^{-3[z+v(T-t)]^2/c^2} \qquad (1\text{-}6)$$

4. 双椭球热源模型

以椭球形热源密度函数计算，发现在椭球前半部分温度梯度不像实际中那样陡变,而椭球的后半部分温度梯度分布则较缓。为克服这个缺点,加拿大 Goldak 教授提出了双椭球热源模型。双椭球热源模型的热流密度分布在由两种 1/4 椭球组合而成的体积内,如图 1-4 所示。

为了使计算温度场、熔池更加合理,模型被分成前后长度不同的两个部分。设前半部分椭球能量分数为 f_f,后半部分椭球能量分数为 f_r,且 $f_f+f_r=2$。

为了准确计算三维热传导,采用接近电弧焊熔池的 3D 双椭球热源模型,热源模型如图 1-4 所示,适用于 MIG、MAG 等熔化焊接方法。

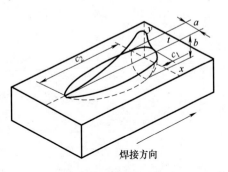

焊接方向

图 1-4　双椭球热源模型

在双椭球热源模型中,前半部分椭球热源表达式为:

$$q(x,y,z,t)=\frac{6\sqrt{3}\,Qf_f}{abc_1\pi\sqrt{\pi}}e^{-3\left(\frac{x^2}{a^2}+\frac{y^2}{b^2}+\frac{(z-vt)^2}{c_1^2}\right)} \qquad (1\text{-}7)$$

后半部分椭球热源表达式为:

$$q(x,y,z,t)=\frac{6\sqrt{3}\,Qf_r}{abc_2\pi\sqrt{\pi}}e^{-3\left(\frac{x^2}{a^2}+\frac{y^2}{b^2}+\frac{(z-vt)^2}{c_2^2}\right)} \qquad (1\text{-}8)$$

式 (1-7)、式 (1-8) 中,a、b 分别为椭球的 x、y 半轴长度 (mm);c_1、c_2 分别为前后椭球体 z 向的半轴长度 (mm);f_f、f_r 为前后椭球的热源集中系数,$f_f+f_r=2$;Q 为热输入量,$Q=\eta UI$ (η 是电弧的热效率);v 为焊接速度 (mm/s)。

例如某工程的某条焊缝实际计算时,各参数取值为:$a=2.5\mathrm{mm}$、$b=3\mathrm{mm}$、$c_1=4\mathrm{mm}$、$c_2=6\mathrm{mm}$、$f_f=0.6$、$f_r=1.4$、$\eta=0.75$、$v=4\mathrm{mm/s}$。

5. 带状热源模型

针对大型焊接结构数值模拟存在的网格数量多、计算量大的特点,开发了串状带热源等热源模型,用以大型结构焊件的快速数值模拟。

串状带热源基于以下原理:对于焊接过程中的一条焊缝来说,如果焊接热源的移动速度较快,那么在焊缝上施加的移动热源就可近似变换为等效的、垂直于运动方向上呈高斯分布的带状热源;对于具有某一焊接速度的移动热源,总存在某一焊缝长度,即在这个长度内,移动热源可以近似处理为带状热源。那么对于一段长焊缝,可以被分成 n 段,其中每一段长度小于或等于 d。在每一段内,将移动热源看作为等效的、作用一定时间的带状热源。从整体上看,该 n 段带状热源可以看成是串状带热源,如图 1-5 所示。

以椭球热源为基础,推导出的串状带热源表达式如下

$$Q_1 = \frac{\pi q_m bc d_1 d_2}{6a}, t_1 = \frac{\sqrt{\pi}}{\sqrt{3}}\frac{a}{v} \tag{1-9}$$

式中　Q_1——串状带热源的热流密度（J）；

　　　q_m——焊接热源中心的热流密度（J）；

　　　d_1——焊缝宽度（mm）；

　　　d_2——串状热源沿焊缝方向作用长度（mm）；

a、b 与 c——椭球热源轴参数（mm）；

　　　t_1——串状带热源加载时间（s）；

　　　v——焊接速度（mm/s）。

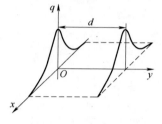

图 1-5　串状带热源模型

6. 高能束热源模型

为了更准确地表征激光焊、电子束焊等高能量密度方法，发展了高能束热源模型。根据电子束焊接接头的特征，为实现电子束焊接模型的能流分布与实际情况相符，保证截面形貌与电子束焊接截面形貌一致，构建了沿深度方向衰减的双椭圆衰减体电子束热源模型。图 1-6 为高能束焊接热源模型及焊缝特征。

为表征电子束焊接的"钉头"特征，在模型中设置了两个拐点，热源表达式如式（1-10）所示

$$Q = \frac{\pi}{\sqrt{AB}} \cdot \frac{(2h+lH)}{3}$$

$$q_0 = \frac{3Q\sqrt{AB}}{\pi(2h+lH)} \tag{1-10}$$

式中　H——熔深（mm）；

　　　h——钉头高度（mm）；

A、B——本热源的椭圆形状参数；

　　　Q——热输入量（T）；

　　　q_0——平均热流密度（J）。

1.1.3　焊接熔池与焊接温度场的交互作用

焊接熔池是焊接的本质所在，焊接温度场的特征及基本参数与焊接性紧密相关，是焊接工艺要素的直接体现，焊接熔池、焊接热循环、焊接热物理参数变化决定了焊接接头分区、焊接缺陷，最终表现为焊接变形。掌握焊接温度场的基本特点和本质，从调控焊接温度场、焊接接头（熔池）设计角度来分析、解决焊接变形问题，结合焊接熔池与焊接冶金的关系，可有效获得高质量焊接产品。

a) 电子束焊机及电子束焊接头

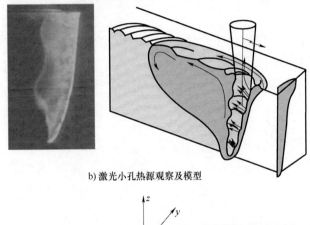

b) 激光小孔热源观察及模型

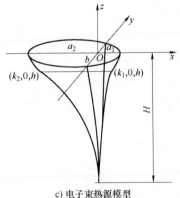

c) 电子束热源模型

图 1-6　高能束焊接热源模型及焊缝特征

　　焊接熔池与焊接温度场的交互作用如图 1-7 所示，焊丝的熔化凝固温度曲线与母材的熔化凝固温度曲线并不相同，考虑抗裂性因素，彼此的熔化凝固温度曲线一般存在交叉；从图中可以看到焊丝熔化至凝固、母材的熔化凝固温度间互相嵌套重叠，同时由于焊丝和母材成分的混合作用，使得焊缝熔化、凝固过程复杂。焊丝与母材在熔化和凝固过程中的不同的热物理特征将影响到焊接变形的产生、消失。

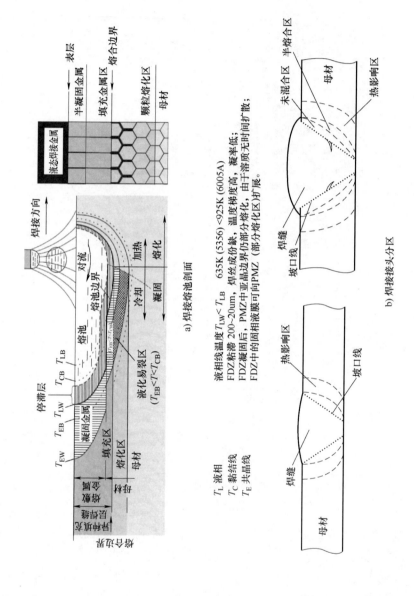

a) 焊接熔池剖面

T_L 液相
T_C 黏结线
T_E 共晶线

液相线温度 $T_{LW}<T_{LB}$ 635K (5356) <925K (6005A)
FDZ黏滞 200~20um，焊丝成份缺，温度梯度高，凝率低；
FDZ凝固后，PMZ中亚晶边界仍部分熔化，由于溶质无间扩散，
FDZ中的固相液液膜可向PMZ（部分熔化区）扩展。

b) 焊接接头分区

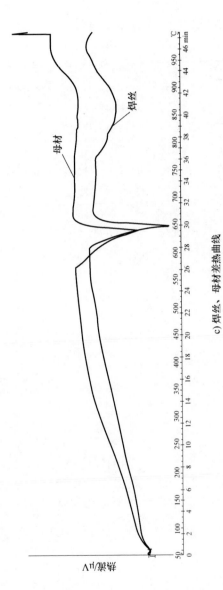

c) 焊丝、母材差热曲线

图 1-7 焊接熔池与焊接温度场交互作用

残余应力是不均匀的永久（塑性）变形的结果。在焊接残余应力与变形的产生机理上，目前各国学者意见较为一致。观点可以表述为：被焊工件在移动的热源作用下加热时，形成了一个在热源附近温度很高、周围区域温度低的具有梯度的不均匀温度场，所以热源处焊缝及近缝区因受热而发生热膨胀，此时却受到周围母材的限制而受到挤压，由于这时温度较高、屈服极限较低，因此焊缝区金属很容易达到屈服变形，在随后的冷却过程中该部位因冷却而收缩，同样受到限制又要发生塑性拉伸。如果冷却阶段的塑性拉伸量不足以抵消加热阶段产生的塑性挤压量，焊件中就会有残余压缩塑性应变保留下来，当焊缝区温度降至室温时，仍受到母材的完全拘束而不能运动，将残留接近屈服强度的拉应力，同时在工件中远离焊缝的区域就会有残留的压应力与之平衡。其大小和分布就决定了最终的残余应力和变形。

焊缝的纵向、横向及板厚方向形成残余应力的机理是相似的。焊缝纵向应力是根据焊缝纵向收缩的机理产生的，拉应力只局限于接近焊缝的一个很窄的区域，其最大值达到屈服极限或高于屈服极限；在周围区域有较低的压应力，距焊缝越远其值越低。由焊缝横向收缩而产生的板材平面内的焊接横向应力，特别在板材受拘束的条件下更为严重。应力和变形出现的情况大体上相反，产生高应力的部位其变形被约束了（即变形小），低应力处变形不受约束（即变形大）。当焊缝偏心布置时将引起梁或板材弯曲变形（弯曲收缩），由收缩力引起的压缩残余应力会引起薄板的一种不稳定的横向变形，表现为"褶皱"或"翘曲"。角变形、错边变形、螺旋形变形也是实际生产中常遇到的焊接变形。

材料参数变动与熔池拘束如图1-8所示，材料随加热温度升高后，自身的屈服强度、模量、膨胀系数等热物理参数也在发生变化，在熔池周围金属的拘束作用下，增加了焊接变形和应力的复杂性。

1.1.4 移动热源塑性区和局部应力应变循环

关于焊接应力和变形，各国学者和专家进行了大量的理论和试验研究。前苏联学者奥凯尔勃洛姆较早地对焊接残余应力和焊接变形的起因和分类进行了分析，他把材料当作理想的弹性-塑性体，仅屈服极限随温度变化，弹性模量保持不变，以拘束的杆件加热变形来近似地应用到板条中心、板条边缘的堆焊应力。

20世纪30年代，同为前苏联的尼古拉耶夫等提出了焊缝金属存在压缩塑性应变的观点。该观点认为在焊接加热过程中焊缝及其附近的金属热膨胀应变受到周围较冷金属的拘束，产生压缩塑性应变，在随后的焊接冷却过程中该压缩塑性应变由于收缩产生拉伸而被抵消一部分，焊后仍残存的部分压缩塑性应变是产生焊接残余应力的根源。

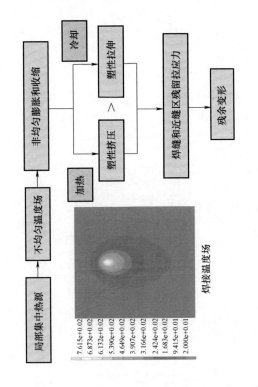

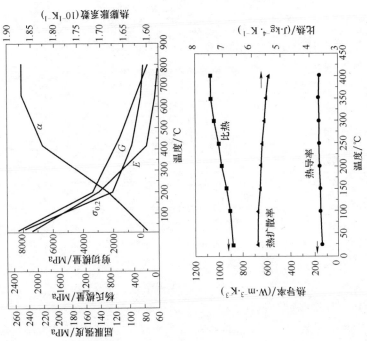

图1-8 材料参数变动与熔池拘束

德国著名学者 Dieter Radaj 给出了移动热源准稳态温度场的塑性区和局部应力应变循环模型，如图 1-9a 所示。由图中可以看出，焊接热弹塑性应力应变场在最终状态由焊缝中的拉伸塑性变形区和近缝区的卸载区及周边的弹性区组成。而在焊接冷却过程中是否有卸载区这一观点上又存在一些争议，如图 1-9b、图 1-9c 所示。有学者认为残余状态仅有焊缝中的拉伸塑性变形区和两侧的弹性区；学者汪建华认为传统的残余塑变模型仍然是合适的并发表文章阐述自己的看法。

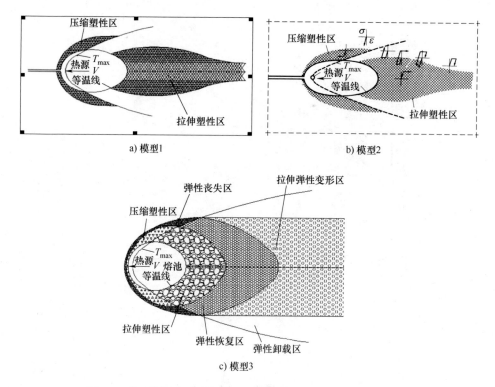

图 1-9　移动热源准稳态温度场塑性区和局部应力应变循环模型

R. A. Chihoski 指出熔池中液态金属是由前方向后方进行塑性流动，致使熔池后方表现为压应力，离熔池较远的后方焊缝金属，由于凝固收缩受到阻碍由压应力变为拉应力。魏良武、汪建华等人提出固有应变的概念，他们将残余的热应变、塑性应变和相应变总和作为初始应变，预测了某大型复杂焊接结构的焊接变形，认为焊缝的纵向和横向固有应变总和及其所在位置是导致焊接变形的主要原因，并试验测试了挖掘机下车架总成整体结构焊接变形情况，焊接变形预测结果和实际情况吻合良好。

Lytle Johnson 指出铝合金焊接过程中应变场与温度场有着密不可分的关系，

认为对于点状体热源，熔池附近的金属由于高温热膨胀受周围较冷的金属限制，其应变分布是均匀的；而对于移动热源，情况是轴对称的。M. Jonsson 等一些学者对钢圆筒对接环焊缝轴向、周向瞬态应变以及应力分布进行了研究，采用小的热输入、长冷却时间工艺参数，指出当热源通过时，圆筒中产生了轴向压缩和周向拉伸应变，随后应变发生反方向变化；在冷却过程中，轴向应变要比周向应变的变化趋势更为剧烈。

霍立兴等人用热弹塑性有限元法分析了强度和线膨胀系数匹配对焊接残余应力的影响规律，结果表明，在焊缝与母材等膨胀系数匹配条件下，焊缝中心的纵向残余应力为接近屈服强度的拉应力；在焊缝与母材等强度匹配条件下，当焊缝金属的线胀系数大于母材时，焊缝金属的残余拉伸应力可达到屈服强度之后不再变化；当焊缝金属的线胀系数小于母材时，焊缝中心的纵向残余拉应力低于焊缝金属的屈服强度，且有可能由拉应力转变为压应力。

兰春萍等对管道多层环焊缝残余应力进行了计算并对其分布进行了测量，指出处于管道内表面的焊缝和热影响区，无论是轴向应力还是环向应力，均表现为拉伸应力，最大值可达材料的屈服强度，而远离焊缝区皆表现为压应力。相变的发生对残余应力具有一定的影响，相变引起体积变化和塑性相变，这样在焊接过程中增大了焊接残余应力。

国内焊接结构专家方洪渊教授等也发表了大量论文阐述焊接变形与应力的基本关系。

上述学者的工作表明，产生焊接应力、焊接变形的过程是充满高度非线性的复杂物理化学过程，采用解析模型进行描述仍是很困难的工作。

1.1.5　焊接温度场控制

控制温度场的分布可有效控制焊接变形，不同的温度场特征引起不同的焊接变形特征，急冷、缓冷、不同密度热源的焊后变形规律也不相同。认识影响温度场的因素，控制温度场的变化，才会更好地控制焊接变形。

1. 影响焊接温度场的因素

目前在实际焊接生产中，多以测量单点温度或测量线上的焊接热循环曲线为主。在焊接热源的作用下，焊件上某点温度随时间变化的过程称为热循环曲线，如图 1-10 所示。

焊接温度场影响因素：

（1）焊接参数、热输入、工艺方法的影响　不同热源性质，其加热温度与加热密度不同，热源越集中，加热面积越小，等温线分布越密集。由于热源的性质不同（如电弧焊、气焊、电渣焊、电子束焊、激光焊等），焊接时温度场的分布也不同。如电子束焊接时，热能高度集中，所以焊接温度场的范围很小；

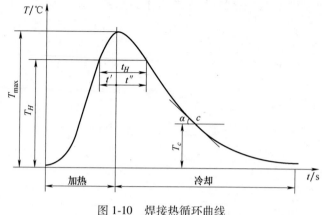

图 1-10 焊接热循环曲线

而在气焊时，热源的作用面积大，因此温度场的分布范围也较大；等离子焊时，热量集中，加热直径范围仅为几毫米的区域。

（2）被焊金属热物理性质的影响 母材的热物理性质，如热导率、比热容、焓、热扩散率、表面散热系数影响焊接温度场。同样形状尺寸的异种材质焊件，在相同热源的作用下，由于母材的导热系数、比热容等不同，也会有不同的温度场。

1）导热系数是表示金属传导热量的能力，它是指在单位时间内单位距离相差1℃时，经过单位面积所传递的热能。导热系数越大，说明加热或冷却的速度越快，因此导热系数小的铬镍不锈钢焊接温度场范围最大，对性能变化及产生应力变形的影响最大。

2）每克物质每升高1℃所需的热能称为比热容。铜、铝、低碳钢和不锈钢，它们的比热容依次递减，由于在相同热源的作用下，不锈钢的温升较高，因此它的温度场范围较大。

（3）焊接参数的影响 随焊接速度的增加，等温线的范围变小；随热源功率的增加，温度场范围随之增大；等比例改变热源功率和焊接速度时，等温线将有所拉长。

焊枪摆动对焊接热循环曲线也有明显影响，摆动幅度越大，焊接速度越慢，热源功率越大，则温度场范围增大。

厚板焊接时，热源的热量在厚板中是沿着空间（x、y、z 轴）方向传播的；而薄板焊接时，热的传播可以看作是在（沿着 x、y 轴）平面方向传播的。因此，当热源相同、功率相同、焊接速度相同时，不同板厚的温度场也是不同的。

（4）预热、层间温度、焊后保温的影响 焊接预热可明显改善焊接温度场的起始温度点，改变升温速率及效果。

（5）焊件结构、焊接工装、接头形式及焊接工艺的影响

例如，在标准工艺评定试板上进行焊接变形试验，得到的反变形控制尺寸在更大尺寸的实际焊接产品上不能适用。

结合上述温度场关键控制要点，在实际生产中根据不同的产品结构、采取不同的控制措施，可形成各种不同的温度场或不同形状不同曲率的圆、椭圆熔池，并最终决定产品焊接变形，例如可采取的部分控制措施见表 1-1。

表 1-1　焊接温度场控制措施（举例）

类别	方法	焊接变形控制措施	控制参数
焊接工艺选择	调节焊接参数	电流参数与焊接速度	熔池温度梯度
	采用新工艺	采用高密度焊接方法	能量密度
	调节保护气体	氩氦氮三元气	能量密度
温度控制	预热	火焰加热、电炉加热	升温速率
	缓慢冷却	采用保温装置	降温速率
	层间温度控制	控制层间温度	降温速率
焊接工装	工装冷却	水冷工装	降温速率
	拘束位置	塑性区约束	应变控制
焊接生产	焊接顺序	调整焊接顺序	塑性收缩
	反变形	预留反变形	收缩控制
接头设计	焊接间隙	控制间隙	金属填充量
	坡口设计	采用 U 形坡口	金属填充量
预应力拉伸	单向拉伸	熔池应变	应变控制
	双向拉伸	熔池应变	应变控制

2. 不同保护气焊接改善温度场特征曲线

与纯氩气体相比较，氩、氦、氮三元混合气体保护焊在相同焊接电源的同一电流、电压参数设置下电流密度更高，温度场形状发生改变，在焊接铝合金等有色金属时可减小焊接变形。使用温度场测量设备对纯氩气体、三元混合气体保护焊接工艺的温度场进行测量，如图 1-11 所示，试验过程严格保证外部条件一致。测温点 A、B、C 点距焊脚分别为 4mm、11mm、18mm，测温点 D、E、F 点距焊脚分别为 2.5mm、10mm、17mm，测点钻孔直径 1.4mm，钻孔深度为 4mm，埋入固定热电偶。

测试得到的各点温度随时间变化曲线如图 1-12 所示，可以看出，相对于纯氩气体保护焊，三元混合气体保护焊温度场峰值温度更高，降温速率更快，有利于减小焊接变形。

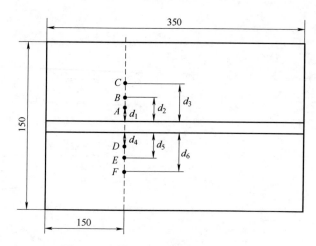

图 1-11　焊接温度场测量（测点布置）

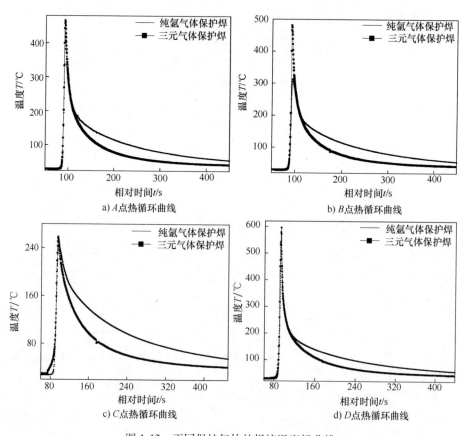

图 1-12　不同保护气体的焊接温度场曲线

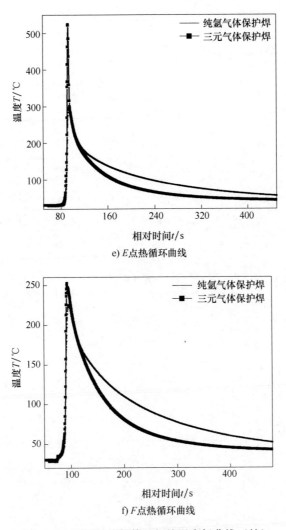

e) E点热循环曲线

f) F点热循环曲线

图 1-12　不同保护气体的焊接温度场曲线（续）

　　纯氩气体保护、三元气体保护焊接工艺的温度场差别如图 1-13 所示。可以看出，三元气体保护焊升温速率更快，说明其电弧加热效率更高。研究表明，相对于纯氩气保护焊接工艺，三元气体保护焊电弧宽度减小，电弧收缩显著。电弧收缩可使电弧电流密度增加，使得焊接时的能量输入更为集中，对外热损耗减小，提高焊接效率，增加熔深。焊接温度场分布变得更加集中，温度梯度曲率增大，热影响区宽度随之减小。电弧吹力同时增加，增大熔池对流程度，细化晶粒，提高焊接接头质量。

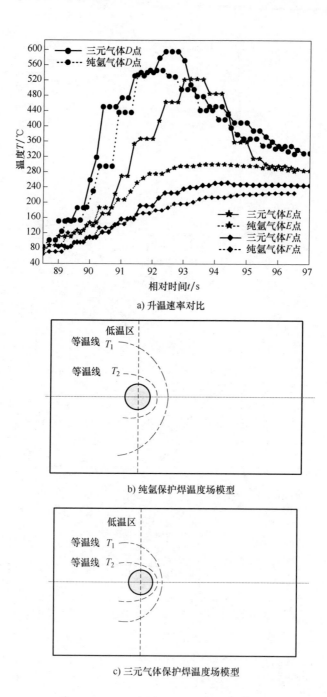

a) 升温速率对比

b) 纯氩保护焊温度场模型

c) 三元气体保护焊温度场模型

图 1-13　不同保护气体的焊接温度场特征

根据雷卡林公式，高速热源条件下厚板温度场冷却速度表达式为：

$$\omega_e = \partial T/\partial t = 2\pi\lambda\,\frac{(T-T_0)}{E} \tag{1-11}$$

式中　　t——传热时间（s）；

　　　　E——焊接热输入（J）；

　　　　λ——热传导系数；

　　　　ω_e——冷却速率（℃/s）；

　　　　T——冷却终止温度（℃）；

　　　　T_0——初始温度（℃）。

温度场测试中两种气体保护条件下的焊接电流、电弧电压、焊接速度相同，热输入 E 相同。在相同热输入下，三元气体保护焊电弧更加集中，等温线 T_1 外的低温区域更宽，因此，在焊接阶段，三元混合气体保护焊试件的低温区域更广，降温速率更高。这对于具有时效强化特点的铝合金焊接具有重要意义，采用三元混合气体保护焊将显著提高力学性能，缩减铝合金 T4 状态性能恢复时间。

3. 冷金属过渡弧焊调控焊接温度场

冷金属过渡弧焊（CMT）是在短路过渡电弧基础上创新的焊接电弧，仍保持短路过渡特征，但电弧能量比传统短路过渡电弧更低。焊接时不仅可减小焊接飞溅，且在焊接薄板时，可避免工件焊穿的问题，减小焊件变形。该方法广泛应用于汽车工业镀锌板的焊接，具有良好的填充间隙能力，且对焊缝周边镀锌层的烧损极小，提高了焊件的耐蚀性。

与传统 MIG 相比，CMT 工艺温度场的特点是：峰值温度降低，高温停留时间短，组织过烧降低；较低的热输入和高的热扩散系数，形成较窄的热影响区；减小晶界熔化范围（液化范围在固定温度区间内），提升接头性能。

图 1-14 为 CMT 工艺温度场与 MIG 温度场的分布对比图，从图中可以看出：

1) CMT 焊接峰值温度均低于 MIG 脉冲焊接工艺。

A 点，CMT 工艺峰值温度 176℃，MIG 工艺峰值温度 307℃，相差 131℃。

C 点，CMT/450℃，MIG/507℃，相差 57℃。

2) CMT 焊接相对 MIG 脉冲焊接高温停留时间短。

C 点，CMT 工艺 300℃以上停留 5s，MIG 工艺 300℃以上停留时间 8s。

3) CMT 焊接升温速率低于 MIG 脉冲焊接工艺，降温速率高。

MIG 工艺过程各测温点升温速度快，CMT 焊接升温速度相对较慢。

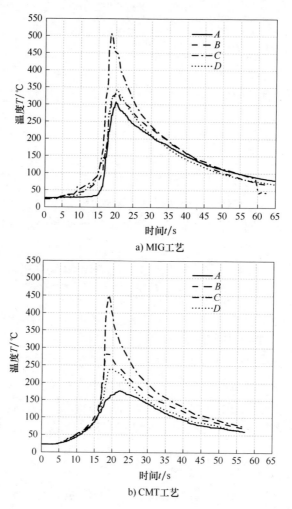

a) MIG工艺

b) CMT工艺

图 1-14　不同弧焊工艺的焊接温度场特征

4. 焊枪摆动等生产要素对焊接温度场的影响

实际生产中，手工操作有时会根据需要规则摆动焊枪，以适应装配间隙及焊接坡口，摆动将极大地影响焊接温度场的状态，摆动与非摆动的温度场差异如图 1-15 所示。摆动焊接确实可在一定程度上提高效率，但是摆动幅度和停留时间应该控制在一定范围内，否则可能造成拉伸、疲劳等性能下降等问题。对于摆动焊来说，在焊丝摆动过程中使焊缝的单侧出现周期性循环的二次加热；摆动工艺下的温度峰值高，且摆动焊时电弧靠近坡口边缘，二者均可使母材熔化量更多，改变了焊接接头的熔合比。

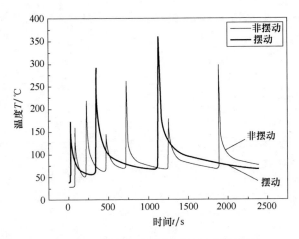

图 1-15　焊枪摆动与非摆动的温度场差异

1.2　热传导方程及数学基础

为了在后续的章节中更容易理解焊接变形的有限元计算方法，对焊接传热方程及其求解进行简要说明。

1.2.1　热传导方程

常微分方程描述单质点的变化规律，如：某个物体在重力作用下做自由落体运动，下降距离随时间变化的规律；导弹在发动机推动下在空间飞行的轨迹等。常微分方程，自变量只和时间有关系，和空间位置没关系。常微分方程一般是把研究对象当成一个质点或者刚体，研究整体的运动规律。线性常微分方程相对比较好求解，可以通过傅里叶变换和拉普拉斯变换将微分方程变成代数方程，进而得出准确的解析解。

对于繁复纷杂的大自然，只用常微分方程是不够的，因为有些研究对象不能简化成质点，举一个典型的例子就是琴弦：琴弦是一个柔性体，在拨弹的时候每个点振动都是不一样的，一根均匀的弦，假定表示点在某一时刻的位移，取琴弦中一个微元进行力学分析，得到琴弦应遵守的方程为典型偏微分方程。

一维杆中随时间变化的温度场，也是很典型的偏微分方程，如式（1-12）所示。可以发现，这个方程的自变量不仅仅是时间，还有空间坐标，把这种方程称之为偏微分方程。也就是说，偏微分方程能描述连续体的各个点随时间变化的情况，本质是一种"场"的描述。

$$\frac{\partial^2 u}{\partial t^2} - a^2 \frac{\partial^2 u}{\partial x^2} = 0 \tag{1-12}$$

对于均匀且各向同性的连续体介质，并且其材料特征值与温度无关时，在能量守恒原理的基础上，可得到下面的热传导微分方程式：

$$\frac{\partial T}{\partial t} = \frac{\lambda}{c\rho}\left(\frac{\partial^2 T}{\partial x^2} + \frac{\partial^2 T}{\partial y^2} + \frac{\partial^2 T}{\partial z^2}\right) + \frac{1}{c\rho}\frac{\partial Q_v}{\partial t}$$ （1-13）

式中　λ——热传导系数；

　　　c——质量比热容（J/kg·℃）；

　　　ρ——密度（g/mm³）；

　　　Q_v——单位体积逸出或消耗的热能（J）；

　　$\partial Q_v/\partial t$——内热源强度；

　　　T——温度（℃）；

　　　t——时间（s）。

定义热扩散系数 $\alpha = \lambda/c\rho$，并引入拉普拉斯算子 ∇^2，则上式简化为：

$$\frac{\partial T}{\partial t} = \alpha\nabla^2 T + \frac{1}{c\rho}\frac{\partial Q_v}{\partial t}$$ （1-14）

1.2.2　数学基础

焊接传热方程是典型的高阶偏微分方程，如式（1-15）所示。首先，让我们去想象高阶导数的几何意义，一阶是斜率，二阶是曲率，三阶、四阶无明显的几何意义了；或许，高阶导数的几何意义不是在三维空间里面呈现的，穿过更高维的时空才能俯视它的含义。现在我们只是通过代数证明，发现高维投射到平面上的秘密。还可以这么来思考泰勒公式，泰勒公式让我们可以通过一个点来窥视整个函数的发展，为什么呢？因为点的发展趋势蕴含在导数之中，而导数的发展趋势蕴含在二阶导数之中。

$$\frac{\partial T}{\partial t} = \alpha\nabla^2 T$$ （1-15）

人类经过多年的进化，形成了一种不可或缺的分析能力，那就是化繁为简，比如：人们发现虽然价格千千万，但总是可以用几种简单的数字叠加起来，而1、2 和 5 这三个数字恰恰是 10 进制里面最简便的组合。为了"简单"而进行"分解"，为了更好的"分解"，人类又发明了"正交"的概念。何谓正交呢，它其实脱胎于"垂直"而又有更丰富的内涵。我们知道在垂直坐标系中，三个坐标轴是相互垂直的，这样的好处是各个轴向之间是独立的，互不干扰的。当然，这些描述都是定性的，对于严谨的数学家和工程师而言，这是不可接受的。于是，又引入了一个新的概念：内积，当内积为零时，两个量就是正交的。

假如内积不再是一个向量，而是一个函数，会有什么结果？比如我们如果假设公式是两个函数。只要满足一定的条件，任何函数都可以用 e^{inwt} 叠加出来。

傅里叶变换是将函数分解到频率不同、幅值恒为 1 的单位圆上。傅立叶变换是求解热传导方程的基本工具，如式（1-16）所示。

$$\begin{cases} f(t) = \sum_{n=-\infty}^{+\infty} C_n e^{-in\omega t} \\ C_n = \frac{1}{T} \int_{-\frac{T}{2}}^{\frac{T}{2}} f(t) e^{-in\omega t} \mathrm{d}t \end{cases} \quad (1\text{-}16)$$

傅里叶变换是将函数分解到频率不同、幅值恒为 1 的单位圆上；拉普拉斯变换是将函数分解到频率幅值都在变化的圆上。因为拉普拉斯变换的内积有两个变量，因此更灵活，适用范围更广。傅里叶变换、拉普拉斯变换甚至小波变换等，其本质就是把"不容易处理的函数"变换成"容易处理的函数之叠加"，对于傅里叶变换，这个"容易处理的函数"是正弦函数。传热方程的傅里叶展开过程如图 1-16 所示。

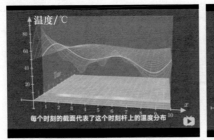

a) 传热方程描述的温度曲线   b) 传热方程

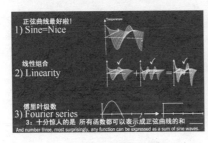

c) 温度曲线的叠加分解

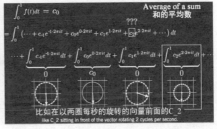

d) 正交分解

图 1-16 传热方程的傅里叶展开过程

1.3 加热时的结构变形特点

为了便于理解、认识焊接变形，以点热源、线热源进行典型简单结构的变形浅析，建立认识、分析、控制焊接变形的基础思维方式，指导后续工作。

1.3.1 平板点加热时的变形

平板点加热时的情况如图 1-17a 所示，在加热过程中，平板由于受热而膨胀，这种膨胀使平板向上弯曲，由于不断加热，温度一直上升，这时金属变软直至完全软化，失去强度，达到塑性状态。

在加热时，由于只在 A 点加热，所以平板上温度分布是不均匀的；在 A 点周围的区域 B，依然处于冷金属状态，具有高的强度和小的塑性，如图 1-17b 所示。由于这个原因，金属在点加热后会出现两个不同性质的区域，即塑性区 A 和弹性区 B。A 区受热时，B 区会阻碍它的膨胀，因而在加热过程中，A 区会向上凸起；同时，B 区的这种阻力，实际上是对 A 区的挤压，A 区受到挤压后类似被镦厚了。

在加热过程结束以后，金属开始冷却。由于金属热胀冷缩的关系，A 区缩小。但是，A 区在冷却过程中也受到 B 区的阻碍而不能自由收缩；这样平板在受热冷却以后，会在加热区产生拉应力，这种拉应力是 B 区阻碍 A 区收缩的结果。因而就产生了图 1-17c 中所表示的向下弯曲 f，这就是我们所说的变形。由此可见，平板经过加热冷却过程后，会产生内应力和变形，这是焊接变形的基本理论基础。

a) 中心点加热   b) 点加热变形   c) 加热区域

图 1-17 平板点加热时的变形特点

1.3.2 沿结构中性轴加热时的变形

在一个结构上，找出它的中性轴位置，然后沿中性轴加热。在图 1-18a 所示的结构中，区域 2 表示中性轴位置（不一定在正中心，应注意），区域 1 和 3 表示被加热区分开的其余两个部分。现在先假定三个区域是分开的，互不影响，那么，在加热后区域 2 要伸长，而区域 1 和 3 不变。在冷却的时候，区域 2 缩短到原来长度 l，而区域 1 和 3 也不变，所以结构没有变形。

事实上，结构是个整体，在加热过程中，区域 2 的伸长受到区域 1 和 3 的阻止，结果整个结构伸长了；1 和 3 是被迫拉长的，而 2 是被迫压缩的，没有伸长到原定长度，如图 1-18b 所示。这时区域 2 就产生压缩塑性变形而变厚。

在冷却的时候，区域 1 和区域 3 很容易恢复到原来的长度；2 却由于已经变厚，不能恢复到原来的长，而是比原来短一些。这三个区域不能有不同的长度，所以 1 和 3 被迫拉进去一些，2 被迫拉出来一些。结果造成整个结构的缩短，并且使加热区域 2 具有拉应力，非加热区域具有压应力，如图 1-18c 所示。因此在结构中心加热时会造成结构的缩短。

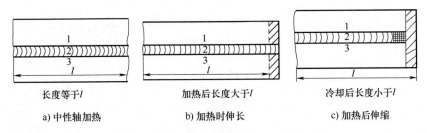

长度等于 l 加热后长度大于 l 冷却后长度小于 l

a) 中性轴加热   b) 加热时伸长   c) 加热后伸缩

图 1-18   沿结构中性轴加热的变形特点

1.3.3   在非结构中性轴上加热时的变形

在结构非中性轴上加热时所产生的变形，与在结构中性轴上加热时所产生的变形不同。很明显，在非中性轴上加热时，结构同样会产生收缩变形，而且还会产生弯曲变形。

如图 1-19 所示，在图中阴影区 b_s 处加热，受热区域膨胀。如果膨胀只在受热区，则这种膨胀就如同一个千斤顶将顶部支起（见图 1-19a 虚线），这时结构便产生向上弯曲 f（见图 1-19b）。但这是在加热过程中产生的暂时性弯曲。同样，受热区金属在加热过程中达到了塑性状态，并受到了冷金属的压缩产生压缩塑性变形，使 b_s 区域厚度增大。在冷却过程中，加热区的缩短也受到冷金属

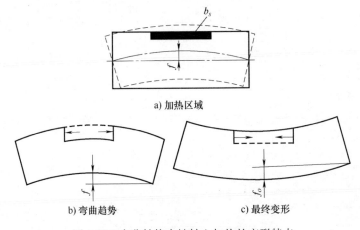

a) 加热区域

b) 弯曲趋势   c) 最终变形

图 1-19   在非结构中性轴上加热的变形特点

区的限制。由于在受热时，加热区产生压缩塑性变形，因而冷却时会受到拉应力的作用。在冷却过程中，加热区的作用如同拉杆，将结构拉成向下弯曲，造成结构的弯曲 f_o（见图 1-19c），并且使结构收缩变短。

1.3.4 角变形的变形特征

设焊件厚度为 δ，在它的表面上加热，加热方式可以是焊接电弧或火焰。这种不均匀的加热，会引起焊件的角变形。我们分以下三种情形来研究焊件的角变形。

1. 平板上堆焊

在板上堆焊时，由于钢板受热膨胀。这种膨胀受到下部冷金属的限制，因而在堆焊过程中会产生压缩塑性变形，并且加厚了金属和向上微小的突起。在冷却过程中，焊件不能恢复原状，即焊件将向下弯曲，造成角变形 φ，如图 1-20所示。

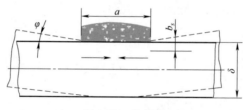

图 1-20　角变形

堆焊宽度 a 越大，角变形 δ 也越大；但堆焊深度 b_s 和 φ 的关系更复杂。一般可以认为：变形角 φ 和堆焊深度有关，也就是和 $\dfrac{b_s}{\delta}$ 有关。在 $\dfrac{b_s}{\delta}$ 小于 0.6 时，b_s 越大，φ 也越大；但当 $\dfrac{b_s}{\delta}$ 大于 0.6 时，b_s 越大，φ 反而越小。因为全部热透以后，热膨胀将不受冷金属的阻碍了，所以没有塑性变形的产生，也就没有焊后的角变形了。

2. V 形坡口对接焊

在 V 形坡口对接焊的时候，上部受热大，下部受热小，所以上部收缩大，下部收缩小；这样也会产生角变形 φ。

变形角 φ 大小同坡口角度 α 有关：α 越大，φ 也越大，所以坡口角度不应太大，如图 1-21a 所示。

3. 角接焊

图 1-21b 表示单面焊的丁字接头角焊缝，焊后也会产生角变形。丁字焊的角

变形是比较复杂的。

首先，可以把角焊缝看成具有 90° 坡口的 V 形对接焊缝，如图 1-21b 中虚线所示。这种焊缝在焊接以后，由于上下两面受热不同而收缩不同，因而会出现角变形 φ_1。

其次，可以把角焊缝看成对水平板的堆焊，那么，这种堆焊也将造成水平板的角变形 φ_2。当然，这个焊缝也对立板起堆焊作用，而立板也会由于堆焊而产生角变形，不过这种角变形很小，可以不考虑。由此可见，单面角焊的角变形包括两部分变形，也就是 φ_1 和 φ_2，我们可以大概地认为总的角变形 $\varphi = \varphi_1 + \varphi_2$。

对于两边焊接的 T 形接头，情况就不同了，如图 1-21c 所示。但是也可以认为角变形包括 φ_1 和 φ_2 两个部分。φ_1 是焊缝收缩的角变形，这个变形不能把立板拉过来了，只能把水平板弯过来了，因此这个 φ_1 角要比一边焊接小得多，但是这个变形还是有的。而焊缝作为水平板的堆焊，水平板也会有一个角变形 φ_2，这和一边焊的 φ_2 没有多大区别。所以总的角变形 $\varphi = \varphi_1 + \varphi_2$。因此，可以认为：两边焊比一边焊的角变形小，但把两边的角变形合在一起就比一边焊的角变形大。

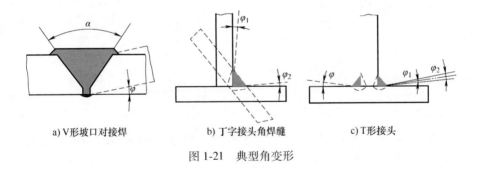

a) V 形坡口对接焊　　　b) 丁字接头角焊缝　　　c) T 形接头

图 1-21　典型角变形

1.3.5　角变形和挤压引起的波浪变形

波浪变形有两种，由于原因不同而特点也不同，因此必须仔细区别。一种是中等厚度和厚板所呈现的波浪变形，多数是角变形引起的；另一种是薄板所呈现的波浪变形，多数是由于挤压而引起的。

现在，我们先来研究一下由角变形所引起的波浪变形。一个平板上以 T 形接头焊几个筋板，我们知道，这种 T 形焊结构会产生角变形，如图 1-22 所示。当然，平板是一个整板，并不是分开的，因此在两个拉筋间平板会上凸（见图 1-22b）。如果拉筋间距比较大，由于平板的重量，中间就会下垂，造成波浪变形（见图 1-22c）。

让我们再来研究一下，由于挤压而产生的波浪变形。例如，有一个薄板，

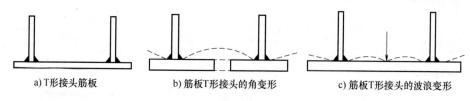

a)T形接头筋板   b)筋板T形接头的角变形   c)筋板T形接头的波浪变形

图 1-22　角变形引起的波浪变形

在它的四周进行焊接加热，如图 1-23 所示。由前述可知，板材被加热的四周要收缩，而中部冷金属又阻止这种收缩，所以四周受拉应力，中间受挤压应力，薄板挤压以后，会向旁边弯曲的，这种弯曲就是波浪变形。所以说薄板的波浪变形是受挤压产生的，而和角变形无关。薄板在三边焊接的时候，同样会出现波浪变形，但波浪变形不只发生在中间，而且还会发生在没有进行焊接的第四边上。

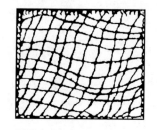

图 1-23　薄板的波浪变形

上面讲述了几种变形的规律，可以把这些变形分为两类：一类变形是包括整个结构的变形，如收缩、弯曲，称为总体变形；另一类变形是在结构某一个部分上的变形，如角变形和波浪变形，可称为局部变形。

对于总体变形，结构的断面越大，刚度越大，则变形越小；焊缝距结构中心的距离越大，则变形也越大；对于局部变形，构件厚度越大，则变形越小。

焊接电流和电弧电压越大，总体变形和局部变形也越大；焊接速度越大，则总体变形和局部变形越小。

1.4　焊接残余变形的种类及形式

焊接过程是一个不均匀的加热过程，因而在焊接过程中会产生应力和变形，焊后导致结构产生焊接残余应力和焊接残余变形。

按照构件变形的外观形态来分，可将焊接变形分为五种基本变形形式：收缩变形、角变形、弯曲变形、波浪变形和扭曲变形。这些基本变形形式的不同组合形成了实际生产焊接产品更为复杂的变形。传统概念认为焊接变形的控制主要分为两个阶段，一是焊前和焊接过程中的控制；二是焊后矫正。

1. 纵向和横向焊接变形

（1）纵向焊接变形　焊后产生的纵向变形主要是纵向收缩，焊缝的纵向收缩量一般是随焊缝的长度增加而增加。焊缝纵向收缩近似值见表1-2。

表1-2　焊缝纵向收缩近似值　　　　　　　　　（mm／m）

对接焊缝	连续角焊缝	断续角焊缝
0.15~0.3	0.2~0.4	0~0.1

注：1. 表中所表示的数据是在宽度约为15倍板厚焊缝区域的纵向收缩量。
　　2. 适用于中等厚度的碳素钢材料。

对于线膨胀系数大的材料，则焊缝的纵向收缩量随之增大。如不锈钢、铝及铝合金材料的线膨胀系数较大，因此，焊后收缩量比碳素钢大。一般来讲，当多层焊时，第一层焊缝焊接时引起的收缩量最大，这是因为焊接第一层焊缝时，焊缝受到的拘束度较小；焊接第二层焊缝时的收缩量大致是第一层收缩量的20%，焊接第三层焊缝时的收缩量大致是第一层的5%~10%，最后几层则依次减小。

如果焊件是在刚性固定状态下焊接，其收缩量可减小40%左右，但焊后会产生较大的焊接应力。

（2）横向焊接变形　焊后产生的横向变形主要是横向收缩，其产生原因与纵向焊接变形类似。焊件上温度的分布曲线如图1-24所示。由于是不均匀加热，且因钢板自身刚性约束等原因，使焊缝及母材的受热部分不能自由膨胀和收缩，导致焊后产生横向收缩。

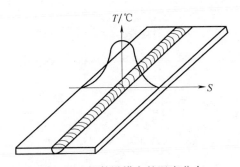

图1-24　焊件沿横向的温度分布

图1-25表示对接焊时横向收缩量与板厚及坡口角度的关系，由图可知，随着板厚的增加，横向收缩量增加；对于相同的板厚，随着坡口角度的增大，横向收缩量也越大。

在生产实践中，同样焊接一条长直焊缝，如果焊接顺序和方向不同，会产生不同的横向焊接应力和变形。从横向焊接残余变形的情况来看，焊接同样一条长直焊缝，焊接至焊缝的最后部分时，产生的横向收缩变形最大，如图1-26所示中A、B、C三个部位的横向收缩由于焊接先后顺序的不同依次增大。

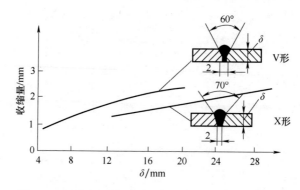

图 1-25　对接焊时横向收缩量与板厚及坡口角度关系

　　两块板组对并预留一定间隙，先焊接 A 点，即整条焊缝的起始位置；由于此时钢板能自由伸缩，因此冷却后钢板的间隙变化并不大。在焊至第二点 B 处时，此时钢板能自由收缩，钢板的未焊接部分尚为自由端，可自由伸缩和弯曲，在受热膨胀时，上端间隙被撑大，由于焊点 B 及附近的金属未受到明显的压缩变形，所以在冷却后，间隙无明显的缩小，如图 1-26b 所示；当焊至第三点 C 处时，由于焊点 C 及其附近的金属受热膨胀已不能像焊前两点那样自由的伸缩，它会受到整条焊缝的阻碍。因此，如图 1-26c 所示，在受热膨胀时，焊点 C 处及附近受热金属均受到压缩，这样在冷却后就出现了较大的横向收缩变形，如图 1-26d 所示。这就是因焊接顺序不同，而出现不同横向残余变形的根本原因。

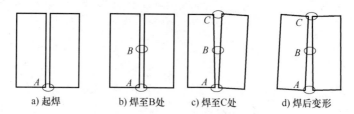

图 1-26　焊接先后顺序对焊件横向变形的影响

2. 弯曲变形

　　弯曲变形也是焊接变形中经常出现的变形形式，特别是在焊接梁、柱、管道等焊件时尤为常见，在生产中，弯曲变形的大小通常是以挠度 f 来表示，即焊后焊件的中心轴偏离原焊件中心轴的最大距离。弯曲变形越大、则焊件挠度值越大，具体如下：

　　（1）由纵向收缩变形造成的弯曲变形　如图 1-27a 为钢板单边施焊时产生的弯曲变形，此为由直缝纵向收缩产生弯曲变形的实例。此类弯曲变形具体形成过程如下：

图 1-27b 为一块不大的焊件，在一边开一条长腰圆孔，使边缘留下一条较窄的金属条，对焊件的加热就集中在这样一个边缘内，如图中阴影区域，假设加热很均匀，而且无热的传导，这种情况就如同杆件在两端固定的状态下加热。在加热时，金属条膨胀受阻，产生压缩性变形；冷却后，由于加热区金属收缩到比原来的长度短，结果造成了如图 1-27b 的弯曲，这是一种理想情况下的弯曲变形。实际上在整块钢板边缘施焊时，焊接加热的热量有相当一部分被传递到邻近金属中去，但是它的基本原理是相似的，焊后产生向焊缝一边的弯曲变形。

（2）由横向收缩变形造成的弯曲变形　如图 1-28 所示为一工字梁，其下部焊有筋板，由于筋板角焊缝的横向收缩，就使焊件产生向下弯曲。

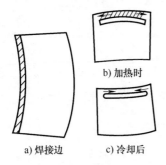

b) 加热时

a) 焊接边　　c) 冷却后

图 1-27　由纵向收缩变形造成的弯曲变形　　　图 1-28　由横向收缩变形造成的弯曲变形

3. 角变形

在薄板上堆焊或两块薄板对接焊，可认为在钢板厚度方向上的温度分布大致是均匀的；但是在较厚钢板的单面焊接时，焊接的一面温度高，另一面温度低，温度在钢板厚度方向上的分布是不均匀的。因此，焊接较厚钢板时，温度高的一面受热膨胀较大，另一面膨胀小甚至不膨胀，如图 1-29a 所示，由于焊接面膨胀受阻，产生了较大的横向压缩塑性变形；这样，在冷却时就产生了在钢板厚度方向上收缩不均匀的现象，焊接的一面收缩大，另一面收缩小，出现了如图 1-29b 所示的弯形情况。这种在焊后由于焊缝的横向收缩使得两连接件间相对角度发生了变化的变形称为角变形。图 1-30 是几种接头形式的角变形。

4. 波浪变形

波浪变形容易在厚度小于 4mm 的薄板焊接结构中产生。波浪变形产生原因如下：

1）由于薄板结构焊缝的纵向收缩对薄板边缘的压应力超过一定值时，在边缘就会产生波浪变形，如图 1-31a 所示，但这种变形并不越过焊缝区域，这是因为这个区域为拉应力区。

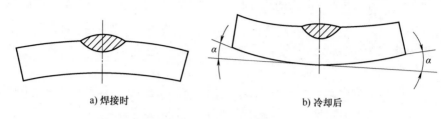

a) 焊接时　　　　　　　　　　　b) 冷却后

图 1-29　厚度方向温度分布不均造成的焊后角变形

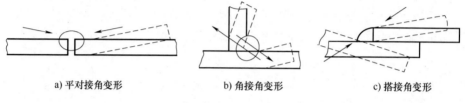

a) 平对接角变形　　　　b) 角接角变形　　　　c) 搭接角变形

图 1-30　焊接接头常见角变形

2）由角焊缝横向收缩引起的角变形，如图 1-31b 所示为船体隔舱板结构焊后产生的波浪变形。

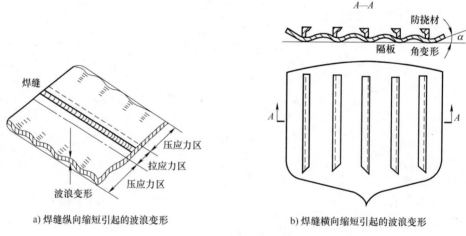

a) 焊缝纵向缩短引起的波浪变形　　　　　　b) 焊缝横向缩短引起的波浪变形

图 1-31　薄板波浪变形

5. 扭曲变形

如图 1-32 所示分别为工字梁、心板、厚板 T 形梁结构焊接后产生的扭曲变形。产生扭曲变形的原因较为复杂，如装配质量、焊件放置位置、焊接顺序、焊接方向及焊接参数不合理等原因。

装配质量主要指焊缝位置、尺寸、间隙等不符合产品图样和工艺要求，或

34

者由于构件的零部件不正位而强行装配，引起整个构件歪扭；焊件在焊接时位置放置不当，使焊件在焊接时就处于扭曲状态；焊接顺序及方向不当引起的扭曲变形，原因较为复杂，如图 1-32c 的 T 形梁扭曲变形，就是因为没有进行对称焊接，造成整体焊缝在纵向和横向应力和变形上的不对称。

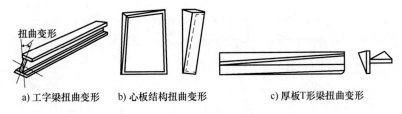

扭曲变形

a) 工字梁扭曲变形   b) 心板结构扭曲变形   c) 厚板T形梁扭曲变形

图 1-32 扭曲变形实例

通过对上述几种基本形式变形的分析，可知产生焊接残余变形的根本原因是焊缝焊后的纵向和横向应力。

6. 焊接失稳变形

在薄板焊接时，远离焊缝区的残余压应力大于焊件的失稳临界应力时，将发生屈曲变形，即薄板焊接结构中常见的现象，根据不同的压应力值，压曲变形后有多种稳定状态，图 1-33 为同一试件沿中心线堆焊后可能出现的 8 种不同的屈曲变形形式。当发生焊接失稳变形时，变形模式及大小与稳定结构焊接变形有明显的差异。弹性区残余压应力的存在对于薄板保持稳定性不利，当压应力总水平超过薄板的临界失稳应力时，薄板会发生压曲失稳产生挠曲变形。为了控制焊接薄板构件的挠曲变形，应限制残余压应力使之低于薄板临界失稳应力。

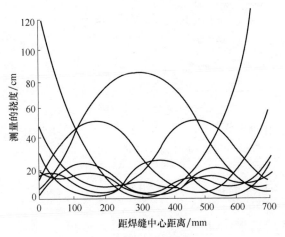

图 1-33 屈曲变形形式

1.5 影响焊接残余变形因素

1.5.1 焊缝在结构中的位置

焊缝在结构中位置的不对称，往往是造成焊接结构整体弯曲变形的主要因素，如图1-34所示的弯曲变形就是典型例证。当焊缝处在焊件断面中性轴的一侧时，焊后结构整体将向焊缝一侧弯曲。

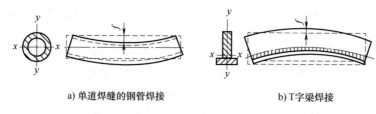

a) 单道焊缝的钢管焊接   b) T字梁焊接

图1-34　焊缝在结构中位置不对称造成的弯曲变形

焊缝距结构断面中性轴的距离也是影响弯曲变形程度的主要因素。如图1-35所示，焊缝距中性轴越远，则焊件就越易产生弯曲变形。

对于大的焊接工件来说，往往在整个焊接结构的中性轴两侧均有较多焊缝，但由于两侧焊缝的分布不同、距中性轴的距离不同，因此，焊后将使焊接结构发生整体的弯曲变形。

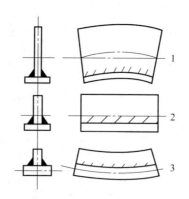

图 1-35　焊缝距中性轴不同位置时对工件变形的影响

1.5.2 焊接结构的刚性

某些金属结构在力的作用下不容易发生变形，即称为刚性大。衡量焊接接头刚性大小的一个定量指标为拘束度。拘束度可分为拉伸拘束度和弯曲拘束度两种。

拘束度越大，刚性越大，焊接结构就越不容易产生相对中性轴位置的变形。

金属结构的刚性主要取决于结构的截面形状及其尺寸的大小，具体如下：

（1）结构抵抗拉伸的刚性 该刚性主要取决于结构截面积的大小。截面积越大，拉伸拘束度就越大，则抵抗拉伸的刚性就越大，变形就越小。

（2）结构抵抗弯曲变形的刚性 该刚性主要由结构的截面形状和尺寸而定。

（3）结构抵抗扭曲的刚性 此刚性除取决于结构尺寸大小外，最主要的是取决于结构截面形状。如结构截面是封闭形式的，则抗扭曲变形的能力较强；截面不封闭的结构抗扭能力较弱。

一般情况下，短而粗的焊接结构，刚性较大；细而长的构件，抗弯刚性小。对于焊接结构因刚性的影响而产生的变形，必须要综合考虑上述的几个方面，才能得出比较符合实际的评估，典型梁截面形状如图 1-36 所示。

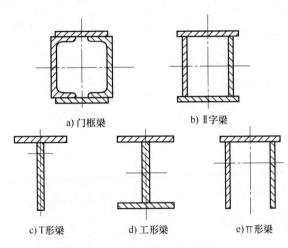

a) 门框梁　　　b) Ⅱ字梁

c) T形梁　　　d) 工形梁　　　e) Ⅱ形梁

图 1-36　典型梁的截面形状

1.5.3　焊接结构的装配与焊接顺序

焊接结构的刚性是在装配、焊接过程中逐渐增大的，结构整体的刚性总比它的零件或部件的刚性大。如对于截面对称、焊缝布置对称的简单结构，采用先装配成整体，然后再焊接的顺序进行生产，这样可以减小变形、保证工件的尺寸精度。

图 1-37 为工字梁装配、焊接顺序图。如果按图 1-37b 所示的边组装边焊接的分部件组焊顺序进行生产，焊后产生的上拱弯曲变形比整体装配后再焊接大得多。但是并不是所有的结构都可以采取先总装后焊的方式，一定要根据具体情况确定。

确定了合理的装配顺序，需要有合理的焊接顺序，才能达到减小焊接变形的目的，否则即使是焊缝布置对称的结构，焊接参数相同，仍会产生较大的焊接变形。如图 1-37c 所示，若按 1′、2′、3′、4′ 的顺序焊接，焊后同样还会产生上拱的弯曲变形。而如果按 1′、4′、3′、2′ 的顺序焊接，焊后的弯曲变形将会减小。

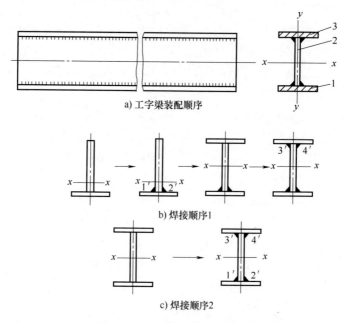

a) 工字梁装配顺序

b) 焊接顺序1

c) 焊接顺序2

图 1-37　工字梁装配焊接顺序

图 1-38 为对称 X 形坡口的对接接头，如焊接顺序不合理，则会造成接头较大的角变形。

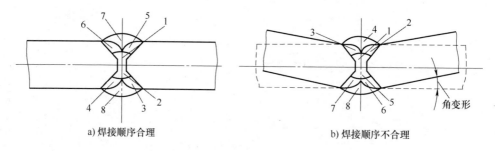

a) 焊接顺序合理

b) 焊接顺序不合理

图 1-38　对接焊接头的角变形

注：1~8 为焊接顺序。

装配、焊接的顺序既然是影响焊接结构残余变形的重要因素，因此可以利用它来控制焊接结构的变形，即使是对于不对称的焊接结构，也同样可以达到减少变形的目的。核心思想在于利用先焊、后焊产生的塑性应变互相制约。

1.5.4 其他因素

影响焊接结构残余变形除以上因素外，还和以下因素密切相关，具体如下：

1. 焊接接头设计

不同的坡口角度、焊缝间隙、坡口形状、焊脚尺寸、熔深要求等焊接接头设计参数决定了焊缝金属的填充量、焊接工艺的层道数、焊接工艺方法选用等，对焊接变形的大小、最终分布状态具有重要的影响。

2. 焊接材料的热物理参数

焊接材料的热物理参数不同，则焊后收缩变形也不同。例如，常用焊接材料中铝及铝合金、不锈钢、低合金钢、碳素钢的线膨胀系数依次减小，铝及铝合金的焊后变形最大。

3. 焊接方法

在焊接过程中，焊件受热越多、金属受热的体积越大，则焊件的变形也越大。因此，一般气焊的焊后变形要比电弧焊大，因为尽管电弧焊的热能较大，但热源较为集中，焊接速度远大于气焊，故焊件相对受热面积也较小。

4. 焊接参数

焊接参数对焊件变形的影响，主要有焊接电流、电弧电压、焊接速度、焊丝直径、保护气体种类等。其根本原因是这些参数直接影响着焊接热输入的大小，例如，对大多数焊接结构来说，变形随着焊接电流、电弧电压的增大而增大，随着焊接速度的增加而减小。

5. 焊接方向

对于直通焊，即对一条对接焊缝，按同一方向从头焊到尾的焊接方法，其焊缝越长，焊后变形也越大。这主要是由于整条焊缝冷却的先后不同，在膨胀、收缩过程中所受到的拘束程度不同而引起的。

6. 焊接结构的自重和形状

自重较大或尺寸较长的焊件，其焊后变形也较大。如果焊缝装配间隙较大或坡口角度较大，也会增加焊后的变形量。

总之，各种影响焊接残余变形的因素并不是孤立的，而是相互作用的。因此在分析焊接结构的应力和变形时，应综合考虑各种影响因素，以便能确定出较为科学合理的预防或减小焊接残余变形措施。

第2章

焊接变形解析计算

深刻理解塑性变形、弹性变形的产生与消失,是正确制定消除焊接变形方案的基础。

因此,本章将建立简单的计算模型,就焊接变形进行解析计算,包含对接、角接典型接头形式,约束与变形关系,供广大技术人员参考。

2.1 板条焊接变形及应力计算模型

对接接头是广泛使用的焊接接头类型,其变形规律值得进行研究。在对接接头施焊时,会在所焊板材平面和超出所焊板材平面以外区域产生变形。应力和变形分别是压缩塑性应变的内在、外在表达载体,认识、掌握平板焊接过程中变形和应力的变化、计算具有基础意义,例如,实际生产中有工人在产生非塑性应变的弹性区域进行无效的加热矫形,耗时长、效率低。因此,建立板条模型用于焊接变形产生过程的说明,对指导焊接生产具有重要意义。

2.1.1 板条加热时变形和应力的计算

计算板条加热时的变形量和应力,需建立加热过程中板条变形和应力的简易模型,加热板条模型如图 2-1 所示,横坐标为距热源中心距离,纵坐标为加热温度、自由变形、实际变形。

在板条不均匀加热的情况下,如果将板条的各纵向窄板条看作是均匀加热,但被限制自由移动的杆件,则可用窄板条均匀加热原理来分析整体变形和应力变化。

如果在板条的某一截面上温度沿宽度的分布以曲线 T 表示,则板条各纵向窄板条的相对热伸长以曲线 λ 表示。因为每根窄板条的实际变形与其他窄板条的变形协同相关,并且认为平面假设是正确的,这对于板条变形分析是准确的,实际变形不是以曲线 λ 而是以直线 Δ 表示。自由变形设 λ_y;实际变形设 Δ_y。

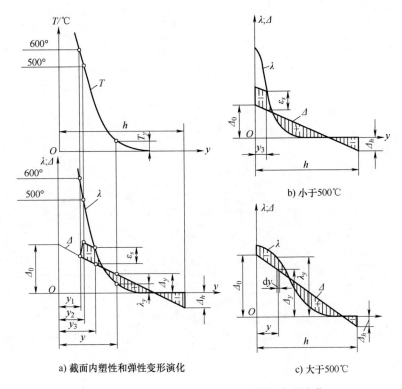

a) 截面内塑性和弹性变形演化

b) 小于500℃

c) 大于500℃

图 2-1　板条加热时截面内塑性和弹性变形演化

由于曲线 λ 与直线 Δ 没有重合，所以在板条内产生应力，这些应力决定于该窄板条不受任何限制自由伸长时的变形 λ_y 与该窄板条在实际中所得到的变形 Δ_y 之差，即：

$$\sigma_y = E(\Delta_y - \lambda_y) = E\sigma_s$$

这些应力可能是压应力（当 $\lambda_y > \Delta_y$ 时），也可能是拉应力（当 $\Delta_y > \lambda_y$ 时）。如果任何窄板条的相对变形 ε_y 小于屈服极限相对应的变形 ε_s，则在所有窄板条内将只有弹性变形，且应力 σ_y 小于屈服极限 σ_s。

如果某些窄板条的相对应变 ε_y 绝对值大于 ε_s，除弹性应变外，则还有塑性变形 ε_Π：

$$\varepsilon_\Pi = |\varepsilon_y| - |\varepsilon_s| = |\Delta_y - \lambda_y| - |\varepsilon_s|$$

在这种情况下，在所研究的截面上的应力图将具有和弹性变形图一样的形状，如图 2-1a 所示中的阴影面积。

按照弹性变形和塑性变形的值，可将板条的宽度划分为 4 个区域。

1）区域 1，弹性变形区。

在从 y_3 到 h 的一段内，只产生弹性变形，因为 $\Delta_y - \lambda_y < \varepsilon_s$，于是在这一区段

41

内的应力 $\sigma_y = E(\Delta_y - \lambda_y) < \sigma_s$。

2）区域 2，温度小于 500℃，弹性变形保持不变，也产生塑性变形。

在板条从 y_2 到 y_3 的一段内，$\Delta_y - \lambda_y > \varepsilon_s$，弹性变形保持不变并等于 ε_s，于是应力为 $\sigma_y = E\varepsilon_s = \sigma_s$。在这一区段内，除了弹性变形以外也产生塑性变形。

3）区域 3，温度在 $500 \sim 600℃$，发生弹性变形、塑性变形。

从 y_1 到 y_2 的一段内，此处的温度由 500℃ 改变到 600℃，既产生弹性变形又产生塑性变形，此时应力等于

$$\sigma_y = E\varepsilon_s' = \sigma_s。$$

式中，ε_s' 为与处于不同温度各窄板条的屈服极限对应的相对变形，其值自 ε_s（$T = 500℃$ 时）改变到 0（$T = 600℃$ 时）。

4）区域 4，温度大于 600℃，发生塑性变形。

当温度大于 600℃ 时，只产生塑性应变。最后，在从 0 到 y_1 的一段内，加热温度超过 600℃，所以只产生塑性变形。此时 $\sigma_y = 0$，因为 $\sigma_s' = 0$ 和 $\varepsilon_s' = 0$。

由于所分析截面上没有附加外力，故所有内力应处于平衡状态，亦即这些内力的总和及其对于任一点力矩的总和应等于零。根据内应力平衡原理，可列出下列两个方程式：

$$\int_0^h \sigma_y \mathrm{d}y = 0, \int_0^h \sigma_y y \mathrm{d}y = 0 \tag{2-1}$$

如果方程式（2-1）中的 σ_y 值以 ε_y 来表示，对 y_1 到 y_2、y_2 到 y_3 两区段间内进行积分，则可得出下列各式：

$$-\frac{1}{2}\varepsilon_s(y_2 - y_1) - \varepsilon_s(y_3 - y_2) + \int_{y_3}^h (\Delta_y - \lambda_y) \mathrm{d}y = 0 \tag{2-2}$$

$$-\frac{1}{2}\varepsilon_s(y_2 - y_1)\left[y_1 + \frac{2}{3}(y_2 - y_1)\right] - \varepsilon_s(y_3 - y_2)\left[y_2 + \frac{1}{2}(y_3 - y_2)\right] + \int_{y_3}^h (\Delta_y + \lambda_y) y \mathrm{d}y = 0 \tag{2-3}$$

如果加上直接从图 2-1b 中 y_3 时刻（500℃）的自由变形、实际变形的关系，可得

$$\Delta_{y_3} - \lambda_{y_3} = -\varepsilon_s。$$

则从这三个方程可求解出特定点的实际变形：Δ_{y_3}、Δ_0 及 Δ_h。

若温度的分布不包括超过 500℃ 的区域，则变形图将大大简化，具有如图 2-1b 所示的形式。同时，式（2-2）、式（2-3）亦将简化为：

$$-y_3\varepsilon_s + \int_{y_3}^h (\Delta_y - \lambda_y) \mathrm{d}y = 0, -\frac{y_3^2}{2}\varepsilon_s + \int_{y_3}^h (\Delta_y - \lambda_y) y \mathrm{d}y = 0 \tag{2-4}$$

如果板条加热超过 500℃，温度分布曲线又相当陡斜的话，则板条全宽度内任何地方将不发生塑性变形，这样式（2-2）、式（2-3）可以写为：

$$\int_0^h (\Delta_y - \lambda_y)\,\mathrm{d}y = 0, \int_0^h (\Delta_y - \lambda_y)\,y\mathrm{d}y = 0 \tag{2-5}$$

若函数 $\lambda = f(y)$ 为已知时，则由于：

$$\Delta_y = \Delta_0 - \frac{\Delta_0 - \Delta_h}{h}y \tag{2-6}$$

两个方程式即可解出两个特定时刻的实际变形 Δ_0、Δ_h，它们决定着直线 Δ 的位置以及弹性变形和应力的值。

因此，如果已知某截面内的温度分布，则可以确定实际的相对变形 Δ 和板条在该截面内的曲率 C：

$$C = \frac{\Delta_0 - \Delta_h}{h} \tag{2-7}$$

总之，已知焊接板材某截面内的温度，不仅可计算截面内的相对变形 Δ 和曲率 C，也可计算任何窄板条的弹性变形和塑性变形，塑性变形是由温度和其他窄板条对该窄板条的约束作用所引起的。

2.1.2　板条冷却时变形和应力的计算

分析冷却过程中的瞬时变形和瞬时应力，可参照加热过程变形和应力分析模型进行分析。如果板条如在加热时无塑性变形，则冷却后无剩余变形和内应力存在。如果在加热过程中在板条内发生有塑性变形，塑性变形对于板条中各窄板条在随后的冷却变形有影响。建立的窄板条冷却变形应力模型如图 2-2 所示。

如果每一窄板条在冷却时可不受其他窄板条的牵制而独立变形，则某一窄板条长度并无差别，长度的差别即为该窄板条在冷却过程中所得到的塑性变形值。因此，如果窄板条可不受其他窄板条的牵制而独立变形，则这些窄板条的变形可用曲线表示，曲线的纵坐标可用下式表示：

$$\lambda_y' = \lambda_y + \varepsilon_\Pi \tag{2-8}$$

式中，ε_Π 为研究瞬间的塑性变形量；λ_y' 为最终残留变形量；λ_y 为自由变形量。

因为板的各窄板条不可能互相互不牵制而独立变形，所以窄板条实际变形量由直线 Δ 所决定。直线 Δ 的位置以类似式（2-2）、式（2-3）的公式来决定。

当直线的位置确定了以后，既可以确定各窄板条的弹性变形，又可以确定在该瞬间冷却到 600℃ 的窄板条的塑性变形。

如果在以后各瞬间内这一窄板条未得到相反符号的塑性变形，则到板条完

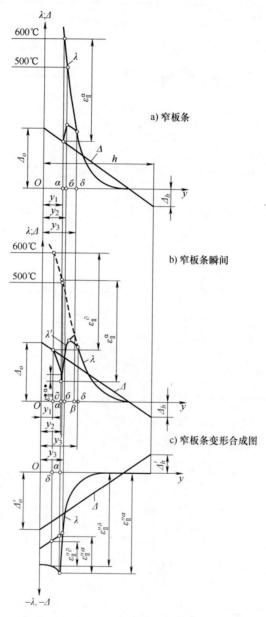

图 2-2 板条冷却时截面内塑性和弹性变形演化

全冷却为止，该窄板条仍旧保持这塑性变形。例如，窄板条 α（见图 2-2a）在冷却到 600℃时所得到的塑性变形等于 $-\varepsilon_{\Pi}^{\alpha}$。在以后的各瞬间（见图 2-2b）这一窄板条得到塑性拉伸变形 $+\varepsilon_{\Pi}'$，因此，所研究的窄板条剩余变形将等于：

$$\overline{\varepsilon}_{\Pi}^{\alpha} = -\varepsilon_{\Pi}^{\alpha} + \varepsilon_{\Pi}'^{\alpha} \qquad (2-9)$$

依次研究冷却过程中变化的各瞬间，可以得到各窄板条的塑性变形量，综合以前的塑性变形后，它们可决定板条的剩余变形，在板条完全冷却后，也就是板条所有的窄板条达到其原始温度后将发生这些剩余变形。

在板条完全冷却后，确定板条内剩余变形和应力的过程和确定其他各瞬间的过程一样。在完全冷却时，温度分布曲线和热变形曲线在板条全宽度上的纵坐标将等于零，亦即曲线 T 和曲线 λ 重合。

各窄板条的热变形并考虑到各窄板条在冷却过程中得到的塑性变形以曲线 λ'_y 表示，其纵坐标按式（2-10）计算

$$\lambda'_y = \bar{\varepsilon}_{\Pi\pi_y} \tag{2-10}$$

因为 $\lambda_y = 0$。此时 $\bar{\varepsilon}_{\Pi\pi_y}$ 如前面所指出的一样，是整个冷却过程中所得到的塑性压缩变形及塑性拉伸变形的总和。

因为确定塑性压缩变形及塑性拉伸变形的总和需要多次分析冷却过程中连续的瞬间，所以只局限于分析各窄板条在达到 600℃ 时发生的最大塑性压缩变形值，而不必研究塑性压缩变形及塑性拉伸变形的总和。

于是，曲线的纵坐标 λ'_y 具有如图 2-2c 所示的形式。各窄板条的实际变形决定于直线 Δ'，直线 Δ' 的位置可利用类似式（2-4）确定。

从图 2-2c 中还可以看出，各窄板条除了塑性压缩变形（$-\varepsilon_\Pi$）外，还存在塑性拉伸变形（$+\varepsilon'_\Pi$），于是，如果假定这一窄板条不受其他窄板条的约束而独立变形，则窄板条的缩短值不是（$-\varepsilon'_\Pi$），而是 $\bar{\varepsilon}_\Pi = -\varepsilon_\Pi + \varepsilon'_\Pi$。

但必须注意，塑性拉伸变形不是在最后一瞬间才发生的，而是在整个冷却过程中逐渐积累的。

2.1.3　平板对接残余应力的分布

两块同样宽度的自由板材在对接焊时，在焊缝内产生残余应力，纵向应力、横向应力沿焊缝长度上的分布如图 2-3 所示。在有限平板内纵向应力沿焊缝中心线的分布如图 2-3a 所示。横向应力主要取决于焊缝的焊接方法，它们沿板材宽度的分布是这样的，即应力在焊缝中心线处达到最大值，而随着远离焊缝而急骤地减小。如果应力没有超过屈服极限，则应力图具有如图 2-3b 上图所示的形式；发生有塑性变形时具有如图 2-3b 所示的形式。根据由弯曲所引起变形加上由焊缝宽度改变所决定的变形，可更正确地确定应力分布图。在很宽的板材焊接时，弯曲的影响可以略去，在焊缝内的应力只决定于焊接过程中焊缝宽度的改变。

在假定每一区段沿焊缝长度上的缩短均相等的条件下，佛利德连杰尔求出了焊缝各区段由于不同时焊接而发生的应力，模型如图 2-4 所示。如果把最先焊成的一部分焊缝看作是承受长 dx 的焊缝单元区段收缩所引起的偏心压力单元体，则可得到在距焊缝起点距离 z 处截面内的应力 $d\sigma'_z$ 为：

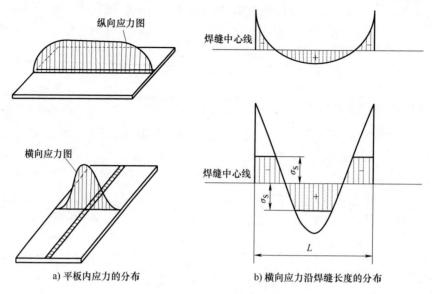

a) 平板内应力的分布　　　　b) 横向应力沿焊缝长度的分布

图 2-3　对接板焊缝残余应力分布

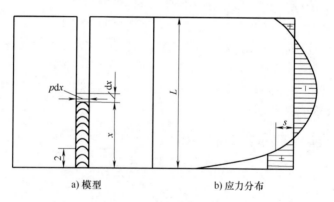

a) 模型　　　　b) 应力分布

图 2-4　横向应力沿焊缝长度分布

$$\mathrm{d}\sigma_z' = \pm \frac{6p\mathrm{d}x}{x^2}\left(\frac{x}{2}-z\right) - \frac{p\mathrm{d}x}{x} \tag{2-11}$$

式中　p——在截面 x 内焊缝收缩所产生的应力（MPa）。

从 z 到 L 在焊缝全长度内的总应力 σ_z' 为：

$$\sigma_z' = \int_z^L \frac{6p\mathrm{d}x}{x^2}\left(\frac{x}{2}-z\right) - \int_z^L \frac{p\mathrm{d}x}{x} = p\left(-3\ln\frac{z}{L}+6\frac{z}{L}-6\right) + p\ln\frac{z}{L} = p\left(-2\ln\frac{z}{L}+6\frac{z}{L}-6\right)$$

$$\tag{2-12}$$

如果在应力 σ_z' 加上原有的拉应力 $\sigma'' = tp$，则总的应力为：

$$\sigma_z = p\left(-2\ln\frac{z}{L} + 6\frac{z}{L} - 5\right) \tag{2-13}$$

横向应力 σ_z 沿焊缝长度的分布如图 2-4b 所示。在前面的计算中，假定在焊缝内只发生弹性变形，但实际上也发生塑性变形，塑性变形使焊缝内最后的横向应力发生变化。

应注意，由于焊缝宽度改变所产生的横向应力与所焊板材弯曲所产生的横向应力的分布相反。在板材较窄时，这两种应力均将起作用，这些应力的总和所得出的图形主要决定于所焊板材的尺寸。

2.2　刚性装夹对焊接变形的影响

装夹约束虽然使所焊板材的外边缘不能弯曲，但容许有纵向变形，此时在每块板材内变形的分布类似于在夹固的板材边缘堆焊焊缝的情况。而且在焊接完毕后两板材被焊缝连接在一起，因此在取消装夹约束后，平板也不可能像边缘焊有焊缝的板材取消夹固那样发生弯曲。

两边约束时，同宽度的板材对接焊在不同焊接时刻纵向变形分布情况如图 2-5 所示。在焊接温度最高截面纵向变形的分布如图 2-5a 所示，在焊接结束完全冷却后纵向变形的分布如图 2-5b 所示。对接焊时板材宽度的增加将引起其纵向变形的增加，其效果接近于在板材边缘完全约束不能弯曲时的变形。

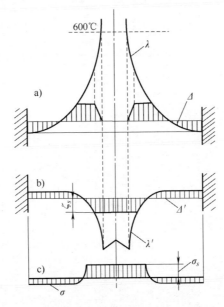

图 2-5　边缘约束板材在对接焊时的纵向变形

约束板材在焊接时，除了产生纵向变形和应力外，还产生横向应力。外边缘约束而内边缘为自由状态（无点固焊）的板焊接时，由于焊缝金属的收缩，不仅焊缝宽度减小，而且所焊板材由于本身加热引起的变形产生横向内应力，如图2-6所示。例如，在焊接过程中所焊板材受热而发生膨胀。板的外边缘约束，只有向焊缝方向的膨胀为自由状态，因此板材之间的间距减小了。所焊板材的焊接热输入越高，对接接头间距的减小也就越大。在接头冷却时板材应具有其原来的尺寸，但此时焊缝将阻止板材回复到其原始尺寸。因此，在焊缝和板材内产生了拉应力，该应力与加热时间的相对减小及在冷却时焊缝宽度的相对减小成比例。

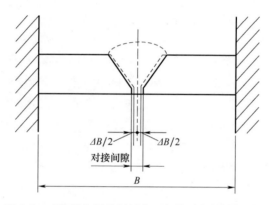

图2-6 对接焊夹固的板材由于加热引起的间距变化

用焊接系数为 α_H（克/安培-小时）的电焊条施焊以速度 v（厘米/秒）施焊时，每1cm长焊缝金属的重量为

$$g = \frac{\alpha_H I}{3600v}(\text{g/cm}) \qquad (2\text{-}14)$$

焊缝金属的截面面积为 $F(\text{cm}^2)$ 时，长1cm焊缝金属的重量为

$$g' = F. \gamma(\text{g/cm}) \qquad (2\text{-}15)$$

从而重量相等的条件确定所需要的电流强度

$$I = \frac{F \cdot \gamma \cdot v \cdot 3600}{\alpha_H} \qquad (2\text{-}16)$$

因而，在施焊截面为 $F(\text{cm}^2)$ 的焊缝时每1cm长放出热量 Q 等于

$$Q = 0.24UI\frac{1}{v} \qquad (2\text{-}17)$$

板材加热的热量为

$$Q' = 0.24\eta UI\frac{1}{v} \qquad (2\text{-}18)$$

式中　η——电弧的热效率系数。

板材金属的热容量为 c 时，它被加热到某平均温度 T 等于

$$T = \frac{Q'}{B \cdot \delta \cdot \gamma \cdot c} = \frac{0.24 \cdot \eta \cdot U \cdot I}{B \cdot \delta \cdot \gamma \cdot c \cdot v} \tag{2-19}$$

此时所焊板材的伸长量（或是，对接处间距的减小）为

$$\Delta B = \alpha TB = \frac{0.24 \cdot \alpha \cdot \eta \cdot U \cdot I}{\delta \cdot \gamma \cdot c \cdot v} \tag{2-20}$$

式中　α——线膨胀系数。

代进 I 值后，得到：

$$\Delta B = \frac{0.24 \cdot \alpha \cdot \eta \cdot 3600 \cdot U}{\alpha_H \cdot \eta \cdot c} F \tag{2-21}$$

亦即，焊缝横截面的面积愈大，对接处间距宽度的减小也愈大。

板材冷却时（焊缝熔化后到具有弹性时为止），它们缩短的值为 ΔB，而焊缝从 600℃冷却到周围介质温度时板材缩短量为

$$\Delta d = \alpha \cdot 600 \cdot d \tag{2-22}$$

式中　d——焊缝的平均宽度（cm）。

因此，在夹固之间的长度 B 内所发生的缩短等于（代进 α、η、c 及 U 之值）。

$$\Delta B + \Delta d = 9.4 \frac{F}{\alpha_H \cdot \delta} + 0.072d \tag{2-23}$$

此时在焊缝和基本金属内的应力为

$$\sigma = \left(9.4 \frac{F}{\alpha_H \cdot \delta} + 0.072d \right) \frac{E}{B} \tag{2-24}$$

式中　E——弹性系数。

2.3　单层对接焊变形计算

对接焊是简单和常见的焊接接头形式，对接焊时除在所焊板材平面内的变形以外，还会产生角变形。例如，采用 V 形坡口焊缝时（见图 2-7a），在所焊板材厚度不同截面沿焊缝长度方向的收缩量不同，在冷却后不仅焊缝宽度减小，而且产生角变形。

当所焊板材中有一块较薄时，焊缝坡口角度的改变使薄板翘起，如图 2-7b 所示；而当所焊板材都很宽时，一块或两块板材局部凸起，如图 2-7c、图 2-7d 所示。因此，此类接头焊接变形取决于焊缝坡口角度、所焊板材尺寸、焊接约束程度等。

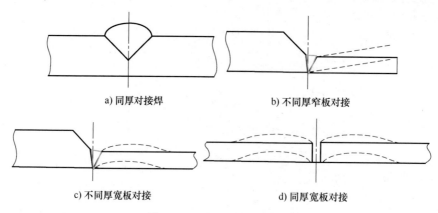

a) 同厚对接焊　　　　　　　　　b) 不同厚窄板对接

c) 不同厚宽板对接　　　　　　　d) 同厚宽板对接

图 2-7　V 形坡口对接焊变形

假定母材金属对于角变形无影响，而角变形只决定于焊缝填充金属，则在单层焊缝时可按下列方法来近似地计算焊缝坡口宽度，如焊缝坡口开角原始角度以 θ 表示，所焊板材厚度以 δ 表示（见图 2-8），则最大坡口宽度 b 可表示为

$$b = 2\delta \mathrm{tg}\frac{\theta}{2} \tag{2-25}$$

在冷却时焊缝外缘最大焊接变形缩短值 Δ 等于

$$\Delta = \alpha Tb = 2\alpha T\delta \mathrm{tg}\frac{\theta}{2} \tag{2-26}$$

式中　T——冷却温度（℃）；

　　　α——线膨胀系数。

当焊缝金属还处于塑性状态时，不会发生任何变形。但当焊缝金属（指一般碳素钢，本节同）冷却至 600℃ 的温度并具有弹性以后，填充金属沿焊缝长度方向开始缩短，这就使焊缝开角减小。如果把整个焊缝分为许多三角形单元，如图 2-8 所示，它们的基线在焊缝表面线上，则单元三角形缩短量为 $\Delta_x = \alpha T\mathrm{d}x$，使这个三角形各边所形成的角度减小，其减小值为

$$\mathrm{d}\beta = \frac{\Delta_x}{h_x x} = \frac{\alpha \cdot T \cdot \mathrm{d}x}{\sqrt{x^2 + \delta^2}} \tag{2-27}$$

焊缝原始坡口角度 θ 减小的总值（β 角）为

$$\beta = 2\alpha T \int_0^{b/2} \frac{\mathrm{d}x}{\sqrt{x^2 + \delta^2}} = 2\alpha T\left(\frac{b}{2\delta} + \sqrt{\left(\frac{b}{2\delta}\right)^2 + 1}\right) \tag{2-28}$$

可近似地取（β 角增加这边）$h_x = \delta$，于是

$$\beta = \mathrm{tg}\beta = \frac{\Delta}{\delta} = 2\alpha T\mathrm{tg}\frac{\theta}{2} \tag{2-29}$$

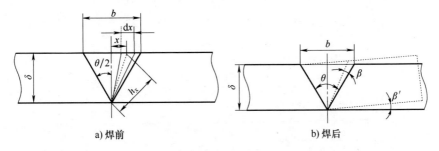

图 2-8　对接焊缝的角变形计算模型

因为焊缝自 600℃ 冷却至 0℃ 的温度时焊缝金属的相对缩短为

$$\alpha T = 0.0088$$

所以此时焊缝角变形的减小为

$$\beta \approx 2\alpha T \text{tg} \frac{\theta}{2} = 0.0176 \text{tg} \frac{\theta}{2} \tag{2-30}$$

因而，β 角为一块板材对另一块板材的转动角变形。从 β 角的计算公式中可看出，转动角度与焊缝坡口的角度 θ 有关，而与焊缝的厚度无关。坡口角度 θ 愈大，转动角 β 也愈大。表 2-1 所示为焊缝坡口角度 θ 值不同时的 β 值。

表 2-1　焊缝坡口角度与角变形关系

$\theta/(°)$	$\text{tg} \frac{\theta}{2}$	$\text{tg}\beta$	$\theta/(°)$	$\text{tg} \frac{\theta}{2}$	$\text{tg}\beta$
50	0.47	0.008	110	1.43	0.025
60	0.58	0.010	120	2.14	0.038
70	0.73	0.013	150	3.73	0.066
90	1.00	0.018			

前面已指出，对于 β 角，即焊缝坡口角度 θ 减小值，式（2-30）是在假定母材金属对于角变形值无影响情况下得到的。

如果考虑到填充金属沿厚度方向的加热不是均匀时，则接头在冷却时的变形也是不一样的，因此 β 角不仅与焊缝填充金属尺寸有关，而且与加热时处于塑性状态的母材金属有关。如果取角度 θ_1 来代替焊缝坡口角度 θ（相当于焊接前的状态），θ_1 角相对于某一假定焊缝的开角，这一角度不仅考虑到焊缝，也考虑到母材金属的加热区，则母材金属的影响可用另外一种近似方法来计算，如图 2-9 所示。

加热区边界轮廓近似于焊缝本身的外形（见图 2-9a），假定如下两种极限情况。

a）当加热区的边界平行于板材边缘的坡口时（见图 2-9b），即 $\theta_1=\theta$。

b）当焊缝上部单元的加热大于下部坡口线时（见图 2-9c），即 $\theta_1>\theta$。

在第一种情况下，角变形同只计算焊缝金属影响时的角变形一样；在第二种情况下，角变形决定于 θ_1，θ_1 可近似地求出。

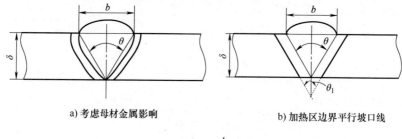

a) 考虑母材金属影响   b) 加热区边界平行坡口线

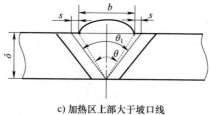

c) 加热区上部大于坡口线

图 2-9　母材金属对角变形的影响

因此，考虑到母材金属的影响时，应采用

$$\Delta_1=\alpha T(b+2s)\ ,\beta=\frac{\Delta_1}{\delta}=\frac{\alpha}{\delta}T(b+2s) \tag{2-31}$$

如果采用 θ_1 以代替焊缝坡口角度 θ，则可以得出

$$\text{tg}\,\frac{\theta_1}{2}=\frac{1}{\delta}\left(\frac{b}{2}+s\right) \tag{2-32}$$

此时可利用表 2-1 和图 2-8 来计算 β 值。

2.4　约束对单层对接焊变形影响

在强拘束条件下进行焊接，焊接加热和冷却过程中板材被夹固（约束装夹）不得转动，则角变形可大大减小。例如，在距离焊缝 l 处约束所焊板材，焊缝外缘冷却时缩短不能到 Δ 值，而只能到 Δ_1 值，Δ_1 为基本焊缝金属外缘的伸长值，未缩短部分是焊缝填充金属由于夹固被拘束所产生的伸长，如图 2-10 所示。

$$\Delta_2=0.5\Delta-\Delta_1 \tag{2-33}$$

实际上，如果板材没有夹固约束，则在板材坡口边缘上的截面 1 转动 $\beta/2$

角，并达到位置 2，如图 2-10a 所示。但是板材由于已夹固而不能自由转动，截面 1 只达到某一中间位置 3，这位置决定于基本母材金属的伸长 Δ_1 和焊缝金属的 Δ_3。如果母材金属对焊缝的作用与焊缝对母材金属的作用相等，即焊缝的内应力 σ 与母材金属的内应力相平衡，此时板材转动到位置 3。

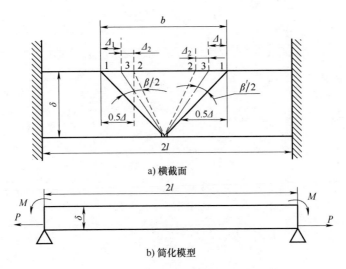

a) 横截面

b) 简化模型

图 2-10　约束条件下的单层对接焊变形

为了求出在夹固约束条件下截面 1 的转角 $\dfrac{\beta'}{2}$，把模型简化为由于焊缝冷却而产生的力作用和受支座力矩以及转向力作用的梁变形，如图 2-10b 所示。支座力矩的大小可从支座截面转角等于零的条件来求出，当梁只受焊缝所产生力的作用时，支座截面转动 $\dfrac{\beta}{2}$ 角，而受一支座力矩的作用转动 $\dfrac{Ml}{EI}$ 角，所以支座截面的总转角为

$$\varphi = \frac{\beta}{2} - \frac{Ml}{EI} \tag{2-34}$$

从 φ 角等于零的条件，得到

$$M = \frac{EI}{l} \cdot \frac{\beta}{2} = E\frac{\delta^3}{24l}\beta \tag{2-35}$$

纵向力 P 的大小，可从转动时梁下边缘应力等于零的条件求出。于是，对于矩形截面的梁

$$\frac{P}{\delta} - \frac{6M}{\delta^2} = 0, \quad \frac{P}{\delta} = \frac{6M}{\delta^2} \tag{2-36}$$

式中　δ——板材的厚度（mm）。

53

受 M 和 P 力作用的梁上边缘的应力为

$$\sigma = \frac{P}{\delta} + \frac{6M}{\delta^2} = \frac{12M}{\delta^2} = E\frac{\delta}{2l}\beta \qquad (2\text{-}37)$$

或是，β 角以温度 T 表示后，得出

$$\sigma = \alpha(600-T)\frac{b}{2l}E = 0 \qquad (2\text{-}38)$$

此时，母材金属（在半跨度内的）外缘纤维的伸长 Δ_1 为

$$\Delta_1 = \frac{\sigma}{E}\left(l-\frac{b}{2}\right) = \alpha(600-T)\frac{b}{2l}\cdot\frac{2l-b}{2} \qquad (2\text{-}39)$$

于是，转角 β_1 可近似地取为

$$\beta_1 = \frac{2\Delta_1}{\delta} = \alpha(600-T)\frac{b}{2l}\cdot\frac{2l-b}{2} \qquad (2\text{-}40)$$

如果令 $\dfrac{b}{2l}=n$，则得出

$$\beta_1 = \alpha(600-T)\frac{b}{\delta}\cdot\frac{n-1}{n} = \beta\frac{n-1}{n} \qquad (2\text{-}41)$$

或是：

$$\beta_1 = \alpha(600-T)\,\mathrm{tg}\,\frac{\theta}{2}\cdot\frac{n-1}{n} \qquad (2\text{-}42)$$

式中　θ——焊缝开角（°）。

从前面所示 σ 公式中可看出，当 $T=600-\dfrac{\sigma_s}{E\alpha}n=600-100n$ 时，应力就达到屈服极限 σ_s。

焊缝继续冷却时，应力也不再增加，因为在焊缝内发生塑性变形，塑性变形随着焊缝的冷却而增加。

为了在整个冷却过程中焊缝内不产生塑性变形，必须使应力一直到完全冷却为止（$T=0$）都不超过 σ_s，如果 $n\geqslant6$，就可得到这种情况。当 n 值很大时在焊缝内不产生塑性变形，n 值较小时，则不可避免地产生塑性变形。

因此，在焊缝内可能既有弹性变形又有塑性变形。

焊缝内的弹性变形为

$$\Delta_2 = \frac{\sigma}{E}\cdot\frac{b}{2} = \alpha(600-T)\frac{b}{2n} \qquad (2\text{-}43)$$

焊缝冷却过程中焊缝和母材金属变形过程如图 2-11 所示，展示了变形 Δ_1 和 Δ_2 在冷却过程中的变化，并指出焊缝金属内塑性变形的范围。在未达到温度 T_1

以前，变形 Δ_2 和变形 Δ_1 都在增加，总变形为 0.5Δ；在达到温度 T_1 时，应力 σ 达到屈服极限，此后母材金属的变形 Δ_1 不再增加，因为焊缝金属所产生的力已达到最大值，而 $600-T$ 之差继续增加时，变形 Δ_1 保持不变。此时，焊缝变形 Δ 的增长将引起焊缝的塑性变形。

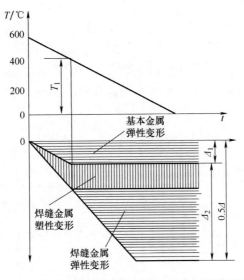

图 2-11　焊缝冷却过程中焊缝和母材金属变形过程

夹固约束位置距焊缝中心线距离不同时（焊缝宽度与板材宽度比值 n 值不同时），弹性变形 Δ_1 的情况如图 2-12 所示。

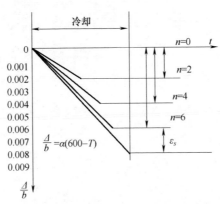

图 2-12　随约束距离变化的焊接变形

如果在焊接冷却后取消夹固约束，则一块板材对另一块的转动变形为

$$\beta' = \mathrm{tg}\beta' = \frac{2\Delta_1 + 2\Delta_2}{\delta} = \alpha(600-T)b = 2\alpha(600-T)\delta\mathrm{tg}\frac{\theta}{2} \qquad （2\text{-}44）$$

或是

$$\beta' = \frac{\varepsilon_s 2l}{\delta} \tag{2-45}$$

而且 β' 角的值不可能大于角度 $\beta = \dfrac{\Delta}{\delta}$，因此，如果按上述公式得出 β' 大于 β，这就是说，在焊缝内的应力小于 σ_s，并且 $\beta' = \beta$。

因此，为了要减小最后变形 β'_1，必须使伸长 Δ_1 为最小，焊缝坡口角度 θ 一定时只能以减小焊缝宽度与板材宽度比值 n 值的方法，即通过减小夹固位置距焊缝中心线的距离来减小 Δ_1。夹固约束位置距离焊缝较远时，对减小焊接变形几乎不起作用。

在焊缝位于悬空的情况下，当约束夹固位置与焊缝中心线的距离很大时，产生的纵向力很小，如果将无夹固时的转动变形加上支座力矩所引起的变形来代替约束夹固的影响，就可近似地求出对接焊缝区的变形，如图 2-13a～c 所示的简易计算模型。

无夹固以及跨距 $2l$ （$n > 10$）很大时，距支座 x 处的挠度可认为近似地等于

$$f_0 = x \operatorname{tg} \frac{\beta}{2} \tag{2-46}$$

距支座 x 处的截面内由支座力矩作用而引起的挠度

$$f_M = \frac{Mx}{2EI}(2l - x) = x\left(1 - \frac{x}{2l}\right) \operatorname{tg} \frac{\beta}{2} \tag{2-47}$$

焊缝的角变形和支座力矩共同作用而引起的实际挠度为

$$f = f_M - f_0 = x\left(1 - \frac{x}{2l}\right) \operatorname{tg} \frac{\beta}{2} - x \operatorname{tg} \frac{\beta}{2} = -\frac{x^2}{2l} \operatorname{tg} \frac{\beta}{2} \tag{2-48}$$

或取 $x = \alpha l$，则

$$f = -\frac{\alpha^2}{2l} \operatorname{tg} \frac{\beta}{2} = -0.0044 \alpha^2 l \operatorname{tg} \frac{\theta}{2} \tag{2-49}$$

此时焊缝处的挠度为 （$\alpha = 1$）

$$f_{\max} = -0.0044 l \operatorname{tg} \frac{\theta}{2} \tag{2-50}$$

因此，夹固线距焊缝的距离 l 愈大，焊缝开角 θ 愈大，在焊缝处的挠度也愈大。夹固之间长度方向上的挠度分布如图 2-13d 所示。

如果在焊缝处无挠度，则沿焊缝将发生凸曲。如果在上述的公式中不仅取支座截面的转角，而且取跨距中心的挠度等于零（由于力 P 的作用），可求出凸曲量。

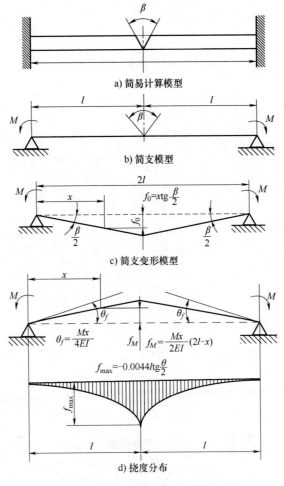

图 2-13　夹固板材对接焊变形的影响

焊缝固定时，夹固约束对接板材的焊接变形情况如图 2-14 所示，支座截面在力矩 M 力 P 及焊缝角变形的作用下产生的转角为

$$\frac{Ml}{EI}+\frac{Pl^2}{4EI}-\text{tg}\,\frac{\beta}{2}=0 \tag{2-51}$$

在焊缝处的挠度

$$\frac{Ml^2}{2EI}+\frac{Pl^3}{6EI}-l\text{tg}\,\frac{\beta}{2}=0 \tag{2-52}$$

解这两方程式得

$$P=\frac{12}{l^2}EI\text{tg}\,\frac{\beta}{2},\ M=-\frac{2}{l}EI\text{tg}\,\frac{\beta}{2} \tag{2-53}$$

57

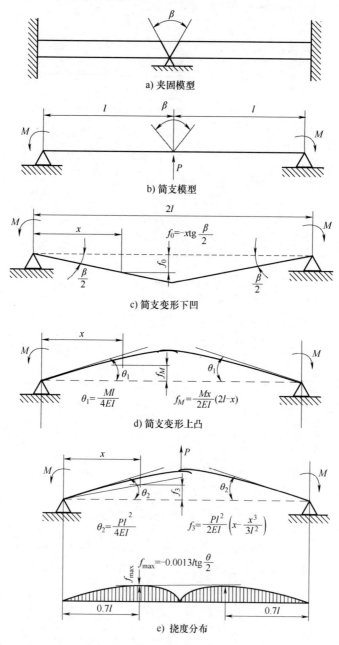

a) 夹固模型

b) 简支模型

c) 简支变形下凹

d) 简支变形上凸

e) 挠度分布

图 2-14　焊缝固定约束时夹固板材的焊接变形

这时距夹固距离 x 处任何截面内挠度公式为

$$f=\left(\frac{x^2}{l}-\frac{x^3}{l}\right)\mathrm{tg}\,\frac{\beta}{2} \tag{2-54}$$

或是，取 $x=\alpha l$，则

$$f=(\alpha^2-\alpha^3)\,l\mathrm{tg}\,\frac{\beta}{2}=0.0088(\alpha^2-\alpha^3)\,\mathrm{tg}\,\frac{\theta}{2} \tag{2-55}$$

上述情况的挠度分布如图 2-14e 所示。

2.5 对接接头多层焊时的变形

对接接头多层施焊时，角变形的情况较为复杂。

前面已指出，对接接头单层焊时的角变形（焊缝开角的减小）与所焊板材的厚度无关。如果在施焊多层焊缝时，后面的每层能熔化所有以前各层的焊缝金属，则在无论焊接多少层时角变形都保持不变，且等于一层焊缝的角变形。但是实际上，焊接后面几层时，只是使前一层的焊缝表面部分熔化。因此，随着焊接层数的增多，角变形也就增加。

如果焊接后一层时但其底下这层并未受加热，则变形的发展情况如图 2-15 所示。在焊接第一层时，由于这层的收缩使焊缝间距减小，焊缝间距减小不引起角变形。第一层三角形区域的收缩引起角变形 β_1，它近似于单层焊缝的变形 β。因为所焊板材已被第一层焊缝约束，焊接第二层时矩形区段的收缩使板材转动 β_2'，而第二层三角形区域收缩使板材转动 β_2，由于板材已被第一层焊缝约

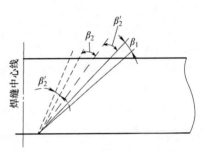

图 2-15 多层焊缝时的角变形

束，所以 $\beta_2<\beta_1$。焊接以后各层时将得到同样的变形，因此，在 n 层时转角的总和为

$$\beta\sum_n=\sum_1^n\beta+\sum_2^n\beta' \tag{2-56}$$

式中 β——每层三角形区域所引起的转角（°）；

β'——每层矩形部分所引起的转角（°）。

实际上每层焊接时，由于每一层的加热均使焊缝开角增加，因而转角减小某 β'' 值。由于板材在厚度上的弯曲，每层所产生的转角将增加 β''' 值，因此总转角为

$$\beta\sum_n=\sum_1^n\beta+\sum_2^n\beta'-\sum_2^n\beta''+\sum_2^n\beta''' \tag{2-57}$$

总之，随着焊接层数的增加，角变形的总和也增加，但是角变形的增加并不是均等的。对前几层焊道的加热减缓角变形的增长。而后几层焊道因焊接在已具有较大刚度的焊缝上，因此，他们引起的角变形的增长呈降低趋势，如

图 2-16 所示，图中所示为普霍夫在列宁格勒加里宁工业大学实验室的试验结果。

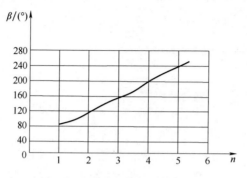

图 2-16　角变形与层数的变化关系

　　根据上述公式可得出结论：甚至在焊缝坡口角度等于 0° 的情况下（亦即对接板材是垂直的）在多层焊时也会发生角变形。

　　在焊缝由多焊道组成时，角变形大于分层施焊焊缝的角变形。以每层一次焊成（焊枪做横向摆动）的方法施焊 n 层时，最大拉力值保持不变 $P_{max} = \sigma_s \delta$，并且与每一层的宽度无关，但是宽度较大时，塑性变形值也较大。每层对总的角变形的影响是一样的。当一层由三道焊道所组成，而每一道焊缝要以各道焊缝完全冷却后才进行施焊时。在这样的情况下，第三道焊缝所引起的角变形等于分层施焊一层时得到的变形，但还要加上以前两道焊缝所产生的变形，如图 2-17 所示。因此，在多道焊施焊时焊缝总的角变形大于分层施焊时焊缝的角变形。

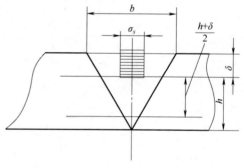

图 2-17　分层和多道焊的焊接变形

　　图 2-18 所示为多道焊施焊时（实曲线）和分层施焊时（虚曲线）角变形的变化曲线。

　　因为第一层所产生的变形与本身尺寸无关。所以第一层越大，焊缝总的角变形越小，由于层数随着第一层的增大而减少，因而总的角变形也减少了。

　　图 2-19 所示为普霍夫的试验数据，第一层尺寸不同时总角变形的变化曲线。从图 2-19 可看出，当要获得截面为 12mm×12mm 的焊缝时，采用七层时（第一层为 3mm×3mm）焊缝的转角变形为 327′，五层时（第一层为 4mm×4mm）角变形为 245′，三层时（第一层为 8mm×8mm）角变形为 216′。

　　如果焊缝的道数保持不变，则最后的角变形随着第一层尺寸的增大而减小。

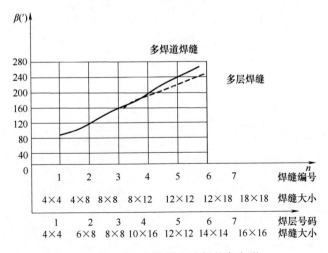

图 2-18　分层和多道焊施焊的角变形

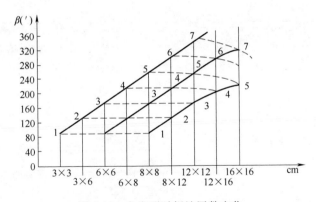

图 2-19　角变形随焊缝层数变化

从图 2-19 中可看出，在一定的焊缝道数时，最后的角变形随着第一层尺寸的增大而减小，并且层数越多，最后角变形的减小也越大。开始焊接的几道焊缝所引起的变形大致相同，并且与尺寸无关。因此，从减小角变形的观点来看，增加第一层焊缝金属填充量是有利的，因为这样可减少层数。并且由于已焊焊缝已具有较大的刚度，因此可以降低后面每层焊接时对变形的影响。

从前面所示焊缝总角变形公式可看出，被减项 $\sum\beta''$（$\sum\beta''$ 表示加热前几层所引起的转角总和）越大，角变形越小。加热越强或（也就是）焊接后面各层焊道时前面一层冷却越缓慢，变形的增长越缓。

噶列伊和维里斯的实验研究证实了上述情况，按照他们的试验数据得出，如果在前一层的温度还是很高时就焊接随后的几层，则最后的角变形可大大地减少。例如，在底下一层的温度为 200℃ 时，角变形平均为 85′；然而在底下一层的温度为 32℃，并且其他条件完全相同时，角变形达 322′。

普霍夫的实验也同样证实了这种情况，图 2-20 所示为每层冷却后，间歇焊接三层时和在不间歇焊接时产生的变形演变，从图中可看出，各层之间的冷却使角变形总和增加。

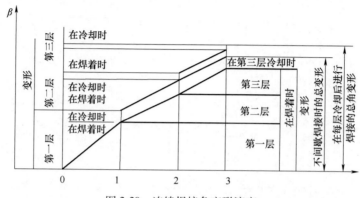

图 2-20　连续焊接角变形演变

虽然，各层影响的程度与焊缝的厚度、焊缝的温度及工艺因素有关。但是，在焊缝宽度 ≤20mm 时，对于不多的层数（10 层以下），可认为角变形与层数呈线性关系。像实验所指出一样，以后每层所引起的变形平均为第一层所引起变形的 50%。

于是，多层焊缝的转角为

$$\beta = \mathrm{tg}\beta = 0.176\left[1 + 0.5(n-1)\right]\mathrm{tg}\frac{\theta}{2} \tag{2-58}$$

其中，n 为层数或焊道数。θ 角为考虑到母材金属的影响后假定的焊缝开角。层数大于 10 时，计算各层影响的系数采取较低值，即 0.4 ~ 0.3，以代替 0.5。

2.6　角接接头的变形计算

单侧角接接头的角变形确定方法同对接焊缝时的计算类似，如图 2-21a 所示。

此外试验已指出，考虑到金属的影响后

$$\mathrm{tg}\frac{\theta}{2} = \frac{0.7a + 5}{0.7a} = 1 + \frac{7}{a} \tag{2-59}$$

其中，a 为焊缝的边长（cm），此时得出的角变形值非常接近于实际的情况。

图 2-21b 所示为双侧角焊缝，变形的情况不仅决定于焊角尺寸，而且决定于所焊板材的刚度，因为焊接双侧角焊缝时，板材受到约束更大，变形更小。为

了确定双侧角焊缝的变形情况，我们研究了 10mm 的底板，两侧焊接通长的角焊缝，如图 2-22 所示。焊接时，由于水平板发生弯曲，使底板和立板之间形成的角度减小。底板在边长 a 的长度内按其曲线弯曲，而其余部分为一直线，但转动某一角度，且位于弯曲部分的终点与弯曲部分的曲线相切切线上。

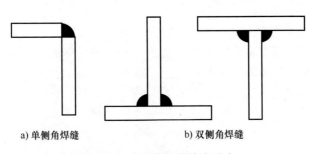

a) 单侧角焊缝　　　　　　b) 双侧角焊缝

图 2-21　典型角焊缝接头形式

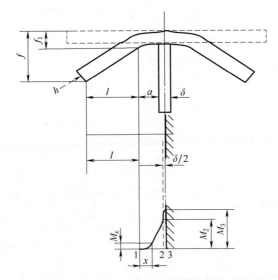

图 2-22　双侧角焊缝时板材变形

底板的刚度阻止焊缝角变形的减小，于是在焊缝内产生拉应力，该应力与焊缝的外表面平行（见图 2-22），亦即与水平线成 45°夹角。这些应力的垂直分力引起底板弯曲。

在焊缝内起作用的应力值可按下列方式来确定。

如果底板不能阻止焊缝横向自由收缩，则如同前文已指出的，焊缝角变形减小，即

$$\beta = 0.0176 \text{tg} \frac{\theta}{2} \tag{2-60}$$

因为底板阻止焊缝角变形的减小，因此在焊缝内产生应力，这些应力将引起底板的挠度和相应的焊缝开角减小。因此焊缝外缘收缩并非底板能自由转动新发生的。

$$\Delta = 0.018 \times 0.7a \tag{2-61}$$

而是 $\Delta' = 1.4f_1$

差值 $\Delta - \Delta'$ 使在焊缝内产生应力 σ。应力决定于这一条件，即底板挠度 f_1 所引起的应力与焊缝内由于不容许有缩短 $\Delta - \Delta'$ 而引起的应力必须相等。

计算已指出，焊缝内的应力为最大值时（等于屈服极限 σ_s），挠度值只容许焊缝仅有很小的缩短，于是差值 $\Delta - \Delta'$ 始终接近于 Δ 值。因此，焊缝内的应力所引起的焊缝相对伸长接近于如下数值：

$$\frac{\Delta}{1.4a} = \frac{0.018 \times 0.7a}{1.4a} = 0.009 \tag{2-62}$$

等于屈服极限的应力所引起焊缝的相对伸长为 0.00114mm，亦即比实际伸长小几倍，因而，实际上在焊缝内存在等于屈服极限的应力，同时焊缝产生极大的塑性变形。

总之，在大多数情况下焊缝的应力等于屈服极限。此时挠度 f_1 决定于：

$$f_1 = \frac{1}{EI}\int_0^{a+\frac{\delta}{2}} M_x x \mathrm{d}x \tag{2-63}$$

式中 I——水平板截面的惯性力矩。

区段 1-2（见图 2-22）的弯曲力矩 M_x 为

$$M_x = \frac{1}{2}0.7\sigma_s x^2 = 0.35\sigma_s x^2 \tag{2-64}$$

位置 2 的力矩为

$$M_2 = 0.35\sigma_s a^2 \tag{2-65}$$

区段 2-3 内的弯曲力矩按直线变化，至位置 3 达到的值为

$$M_3 = 0.35\sigma_s a^2 + 0.7\sigma_s a \frac{\delta}{2} = 0.35\sigma_s(a^2 + a\delta) \tag{2-66}$$

于是挠度 f_1 可表示为

$$f_1 = \frac{1}{EI}\left\{\int_0^a M_x x\mathrm{d}x + M_2\frac{\delta}{2}\left(a+\frac{\delta}{4}\right) + (M_3 - M_2)\frac{\delta}{4}\left(a+\frac{\delta}{3}\right)\right\} \tag{2-67}$$

把 M_x、M_2、M_3 值代入上述公式后，得出

$$f_1 = \frac{1}{EI}0.35\delta_s\left[\frac{a^4}{4} + \frac{\delta a^3}{2} + \frac{\delta^2 a^2}{8} + \frac{\delta^2 a^2}{4} + \frac{\delta^3 a}{12}\right] \tag{2-68}$$

或是，考虑到 $\frac{\sigma_s}{E} = \varepsilon_s$ 和 $I = \frac{h^3}{12}$，则

$$f_1 = 0.175\varepsilon_s a \left[6a^3 + 12\delta a^2 + 3\delta^2 a + 2\delta^3 \right] \frac{a}{h^3} \tag{2-69}$$

取焊缝边长 $a = K\delta$，得出

$$f_1 = 0.75\varepsilon_s a \frac{\delta^3}{h^3}(6K^3 + 12K^2 + 9K + 2) = 0.0002ar^3\varPsi(K)$$

翼板边缘的挠度为

$$f = f_1 + B\mathrm{tg}\alpha'' \tag{2-70}$$

式中　$\mathrm{tg}\alpha'' = \dfrac{1}{EI}\left\{ \displaystyle\int_0^a M_x \mathrm{d}x + M_2 \dfrac{\delta}{2} + (M_3 - M_2)\dfrac{\delta}{4} \right\}$

$$= \frac{1}{EI} 0.35\sigma_s \left[\frac{a^3}{3} + \frac{a^2}{2} + \frac{a\delta^2}{4} \right] = 0.0004r^3\varphi(K)$$

代入 f_1 值后，得出

$$f = 0.0002r^3 \left[a\varPsi(K) + 2B(K) \right] \tag{2-71}$$

函数 $\varPsi(K)$ 和 $\varphi(K)$ 的值如图 2-23 所示，从图 2-23 可看出，随着焊脚 K 值的增加，函数 $\varPsi(K)$ 和 $\varphi(K)$ 的值急剧增加，因而，挠度 f_1 也增大。

实际上确定如图 2-24 所示的 Δ 值，而不必确定边缘的挠度。已知 α'' 角和底板的宽度 B，Δ 值可表示为：

$$\Delta = B\mathrm{tg}\alpha'' = 0.0004r^3\varphi B(K) \tag{2-72}$$

图 2-24 所示为 Δ/B 值与比值 K 及 r 的关系。随着焊脚尺寸的增加以及随着底板厚度的减小，底板的变形急剧增加。但是，由于下列的原因使所示的数值小于实际观察到的数值。

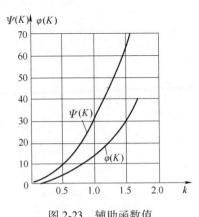

图 2-23　辅助函数值

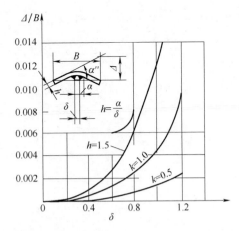

图 2-24　翼板依从其尺寸和角焊缝边而有的变形

不仅在焊缝冷却时产生的应力引起水平弯曲，而且沿板材厚度使焊缝处在塑性状态时不均匀加热而引起水平板弯曲。如果角焊缝并未将底板与立板真正

焊接在一起，而是在板材表面的焊缝，则虽然没有使底板向立板的拉力，但是底板仍会如图 2-22 所示的情况一样发生弯曲。此外，底板的加热减小了它的刚性，考虑这种影响可在计算中将厚度 h 减小 2mm。

角焊缝为多层焊时，由于每层引起弯曲，变形也就增加了。

最后，还有一种使实际变形超过计算变形的原因，那就是在全长度上焊缝不是同时焊的。焊缝很长时，实际变形即超出实验结果。

当焊接焊缝第一区段时，由于焊缝开角的减小，不仅在焊缝的那一部分，而且在焊缝前面某一段长度上的底板开始弯曲（见图 2-25a），在未焊接的部分，板仍保持为平面，此后各道焊缝焊接在已经局部弯曲的板材上，因而，该道焊缝所引起的变形加上以前各道所引起的变形，这就使板材的弯曲随着焊缝的焊接而增加。

a) 起焊变形

b) 焊后变形

图 2-25　长焊缝时的角变形情况

图 2-26 为在焊缝长度上各段焊接引起变形的情况。如果在焊缝起点的变形增加很快（曲线1），则所研究的区段越远，出现变形的增加也越迟，而对很远的区段只在已开始焊接并过了某一段时间后才开始发生变形的增加（曲线4）。

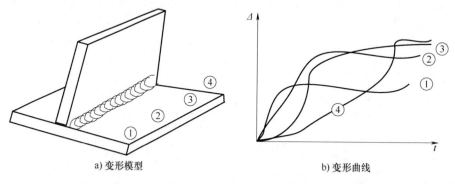

a) 变形模型

b) 变形曲线

图 2-26　丁字形构件翼板的挠度沿翼缘焊缝长度的变化

第3章

焊接变形有限元计算

采用近似解法有限元法可对焊接温度场、残余应力、变形等进行仿真计算，优化焊接工艺过程，减少试验成本，评估残余应力和组织对结构的影响。

自20世纪80年代就开始采用计算机进行焊接变形的计算，发展到现在，有限元法计算软件已经可以对焊接方向、焊道布置、坡口形式、焊接顺序、焊接电流电压、焊接速度、装夹方式、反变形、焊丝与母材匹配、预热、层间温度、焊枪摆动、焊接方法、火焰调修等多种因素对应力、变形、裂纹等的影响进行计算仿真。采用商用软件进行焊接变形的计算具有一定的经济优势，可以降低制造成本，减少试验试错环节，提前进行设计预判，改造焊接制造质量。

大型焊接结构的焊接变形数值计算存在网格数目大、增量步细、计算量大、非线性度高、求解收敛困难等难点，因此进行大型焊接结构的模拟仿真并指导实际生产是工业界的难点。大型焊接结构的快速仿真是焊接数值模拟发挥作用的必要条件，同时，提高焊接数值模拟技术的计算精度和效率对其在工程中的推广应用具有重要意义。

本章将在介绍有限元法数学基础之上，结合实例介绍焊接变形有限元计算流程，并给出了一些工程结构的焊接变形有限元计算实例。

3.1 有限元计算方法

3.1.1 偏微分方程及其求解

人类曾经在比萨斜塔不停的下抛各种球体来观察、思考、认识自然的基本规律。

月亮绕地球旋转，地球以及太阳系中的各大行星又围绕太阳旋转，而整个太阳系又在银河系里"流浪"，围绕着银河系旋转，最终太阳系的运动轨迹如

图 3-1 所示，如此美丽的螺旋轨迹的数学方程是什么呢？人类在很早以前，当牛顿等智者们在观测星空的时候，就在思考类似的问题。

图 3-1　运动方程描述

常微分方程描述单质点的变化规律，如：某个物体在重力作用下自由落体运动时，下落距离随时间变化的规律；火箭在发动机推动下在空间飞行的轨迹等。常微分方程，即自变量只和时间有关系，和空间位置没有关系。常微分方程一般把研究对象当成一个质点或者刚体，研究整体的运动规律。线性常微分方程相对比较好求解，可以通过傅里叶变换或拉普拉斯变换将微分方程变成代数方程，进而得出准确的解析解。

例如：滑块振动通过牛顿第二定律能得出这样的方程

$$m\ddot{x}(t)+c\dot{x}(t)+kx(t)=f(t) \tag{3-1}$$

面对繁复纷杂的大自然，只用常微分方程是不够的，因为很多研究对象不能简化成质点，一个典型的例子就是琴弦：琴弦是一个柔性体，在拨弹的时候各点振动都是不一样的，一根均匀的弦，其自由振动的数学方程如何表达？假定表示点在时刻的位移，如果取琴弦中一个微元进行数学分析，就可以得到琴弦应遵守的方程，即

$$\frac{\partial^2 u}{\partial t^2}-a^2\frac{\partial^2 u}{\partial x^2}=0 \tag{3-2}$$

一维杆中随时间变化的温度场，也是典型的偏微分方程。可以发现，这类方程的自变量不仅仅是时间，还有空间坐标，我们把这种方程称之为偏微分方程。也就是说，偏微分方程能描述连续体的各个点随时间连续变化的情况，本质上是一种"场"的描述。

严格来说，自然界的各种现象，都可用偏微分方程来描述，只不过有些情况下为简单起见，我们忽略了位置项带来的影响，如火箭发射的时候，在强烈的振动下壳体会发生变形，理论上完整描述火箭的状态，需要用偏微分方程，但实际上我们还是把它简化成一个质点来计算，因为这样可以简化很多工作。

上述琴弦除了满足上面的偏微分方程，还有其他约束，比如琴弦的两端固定在支架上，琴弦内部与外界通过这个边界联系起来，边界的变化会影响琴弦的波动，我们把这些称之为边界条件，比对于琴弦，边界条件一般为

$$\begin{cases} u \mid_{x=0} = 0 \\ u \mid_{x=l} = 0 \end{cases} \tag{3-3}$$

除了边界，琴弦的波动还和它的"历史"有关。两根同样的弦，一根在重物的敲击下发生的声音比较刺耳，另一根在手指的弹拨下比较和谐，两根弦由于初始时刻的振动情况不一样，后来振动下发出的声音就不一样，我们把初始时刻的状态称为初始条件

$$u \mid_{t=0} = \varphi(x); \frac{\partial u}{\partial t} \bigg|_{t=0} = \varphi(x) \tag{3-4}$$

边界条件（含边界条件和初始条件）一般有三类，第一类是变量本身的约束，如 $u \mid_{t=0} = \varphi(x)$，称之为狄利克雷边界条件；第二类是变量的导数约束，如 $\frac{\partial u}{\partial t} \bigg|_{t=0} = \varphi(x)$，称之为诺依曼边界条件；还有第三类是前两者的混合，称为罗宾边界条件。

遗憾的是，对于偏微分方程，除了少数极简单的情况下能计算出解析解（形式复杂），绝大多数情况，还无法很好的求解，因此有限元法在这种需求下应运而生，简要来说，有限元法就是为了求解偏微分方程诞生的。

对于大多数偏微分方程而言，难于求得解析解的，只能退而求其次，寻求近似解，即便是这个近似解的过程也是相当不容易的，方法也很简单、粗暴——试凑法。比如现在我们假定一个位移函数，包含若干个待定系数，即

$$u = u_0 + \sum_m A_m u_m \tag{3-5}$$

这些函数不是随意假定的，它需要满足位移边界条件，这个靠 u_0 来满足，u_m 主要用来模拟非边界条件的点，它们在边界处取值应该为零，否则和 u_0 叠加后会破坏位移边界条件。A_m 为待定系数。

系统在外力的作用下，发生位移，产生变形。位移可以是各种各样的，但必须满足位移的边界条件。但是，满足位移边界条件的位移有无穷多组，我们应该选哪一组呢？那就是当总势能取极小值时的位移，这种现象，我们称之为最小作用量原理，这是自然界中一个普遍成立的原理。

我们知道，不同的 A_m 组合就会获得不同的位移，这样我们就可以列出总势能的表达式，其中只包含待定系数 A_m。由前面我们说的最小势能原理，A_m 只有一组是真实的解，那就是当总势能变分为零的时候，这怎么做到的呢？

很简单，将总势能变分分别对 A_m 求导取零就行了，这个时候偏微分方程组就变成线性方程组了，这种解偏微分的方法称之为利兹法。

如果所取的位移不仅满足位移边界条件，而且根据它们求得的应力还满足应力边界条件（不要求满足平衡方程），这种方法称之为伽辽金方法，这种方法对位移函数的要求较高，但计算量小一些。

举个具体的例子，注意下面的例子只是为了演示传统求解偏微分方程的难度。

举一个利兹法的例子，可能大家会更容易理解一些：两端简支的等截面梁，受均匀分布载荷 $q(x)$ 作用如图 3-2 所示，试求解梁的挠度 $u(x)$。

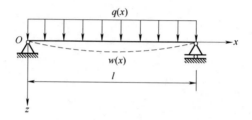

图 3-2 简支梁模型

首先构造位移试函数（构造，可类比为猜）

$$u(x) = \sum_m \varphi_m \sin\frac{m\pi x}{l} \tag{3-6}$$

当然也不是盲猜，这个试函数要满足位移边界条件

$$u \mid_{x=0} = 0$$
$$u \mid_{x=l} = 0 \tag{3-7}$$

则总势能为：

$$E_t = \frac{EJ}{2}\int_0^l \left(\frac{\mathrm{d}^2 u(x)}{\mathrm{d}x^2}\right)\mathrm{d}x - \int_0^l qu(x)\,\mathrm{d}x \tag{3-8}$$

整理得到：

$$E_t = \frac{EJ\pi^4}{4l^3}\sum_m m^4\varphi_m^2 - \frac{2ql}{\pi}\sum_{m=1,3,5,\cdots}\frac{\varphi_m}{m} \tag{3-9}$$

根据 $\dfrac{\partial E_t}{\partial \varphi_m} = 0$，得到 $\varphi_m = \dfrac{4ql^4}{EJ\pi^5 m^5}, m=1,3,5\cdots$ $\tag{3-10}$

所以

$$u(x) = \frac{4ql^3}{EJ\pi^5}\sum_{m=1,3,5,\cdots}\frac{1}{m^5}\sin\frac{m\pi x}{l} \tag{3-11}$$

3.1.2　有限元法的基本思路

传统解决偏微分方程的方法（如利兹法），不仅采用的试函数非常复杂，而且是在全域定义的，工程上的物体（零件或者系统）及其边界条件较为复杂，难于构建一个很好的基于整个弹性体（全域）的位移函数，如图 3-3 所示。

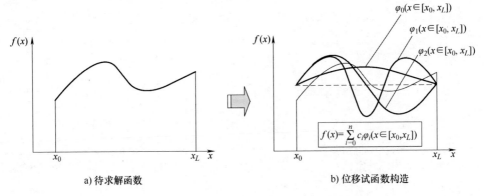

a) 待求解函数　　　　　　　　　b) 位移试函数构造

图 3-3　位移函数

那如何处理呢？参考圆周率的计算，其中有一种方法是这样的，就是用正多边形等效圆形，像切西瓜一样，将圆切成有限个等腰三角形，如图 3-4 所示。

每个等腰三角形的面积为

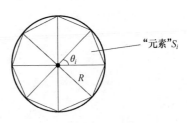

图 3-4　圆面积求解示意图

$$S = \frac{1}{2}R^2\sin\theta \tag{3-12}$$

所有等腰三角形组成的正多边形面积为

$$S_N = \sum_{1}^{N} S_i = \frac{1}{2}R^2 N\sin\left(\frac{2\pi}{N}\right) \tag{3-13}$$

$$\lim_{x \to 0}\frac{\sin x}{x} = 1 \tag{3-14}$$

所以当 $N \to \infty$ 时

$$\lim_{N \to \infty} N\sin\left(\frac{2\pi}{N}\right) = 2\pi \tag{3-15}$$

正多边形就逐渐趋向于圆形了，此时可获得圆的面积为

$$S = \pi R^2 \tag{3-16}$$

我们可以采用"化整为零"的思想，将复杂不易求解的东西切割成简单

71

的容易计算的几何形状来进行等效。也就是说，当整体曲面或者曲线较为复杂时，我们就可以把它分割切开，切开的每一个规则的小块称之为单元，单元与单元之间通过节点联系起来，整个弹性体就被划分成了有限个单元，简称有限元。

对一个规则单元（子域）再假设位移函数就简单多了，比如可以采用线性试函数

$$a+bx(x \in [x_i, x_{i+1}]) \tag{3-17}$$

试函数的要求也不高（连续性阶次较低），缺点是计算量变大了，适合计算机计算。简而言之，有限元分析就是"化质为量"，就是将解微分方程这个难题（质）转化为大量的数值计算（量），体现了数学思想的本质。

3.1.3 有限元法的数学基础——降维

"降维"这种做法人类早就使用了，比如"地图"就是典型降维的结果，因为我们关心的是经纬度，不关心每块地区的海拔高度，这样就可以将三维的地球信息用二维的地图表示。人类最大的优点是把复杂的事物进行次复杂的分解，例如运用相图来描述质点运动，创立复数来描述振动。有限元分析其实也就是降维分析，将"无限维"降低到"有限维"进行计算。

以上都是抽象描述，接下来我们看看在数学上怎么描述。举个简单的例子，在每个节点，我们选择线性分段函数作为试函数 $\varphi_i(x)$，它的特点是在节点 x_i 处取值为 1，在 $x_j(i \neq j)$ 处取 0，其他位置线性变化，形状曲线如图 3-5 所示。

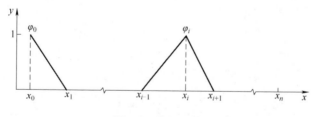

图 3-5　分段函数

数学表达式为

$$\varphi_i(x) = \begin{cases} (x-x_{i-1})/(x_i-x_{i-1}) & \text{if} x \in [x_{i-1}, x_i] \\ (x_{i+1}-x)/(x_{i+1}-x_i) & \text{if} x \in [x_i, x_{i+1}] \\ 0 & \text{其他} \end{cases} \tag{3-18}$$

由于 $\varphi_i(x)$ 长得像个帽子，所以一般称之为帽函数。这些函数有个特点就是"作用范围"很小，它们只在节点周围的若干个单元上有值，其他地方一概

为 0。

接下来引入一个重要的概念：$\varphi_i(x)$ 作为基函数，可以涨成空间 V_h，V_h 中任一函数都可以表示成：

$$v(x) = a_1\varphi_1(x) + a_2\varphi_2(x) + \cdots + a_n\varphi_n(x) = \sum_{i=0}^{n} a_i\varphi_i(x) \tag{3-19}$$

可类比积木，基础模块只有几种，通过各种不同的空间组合，却能拼出各种房子、动物等。前面我们说的 $\varphi_i(x)$ 就可以看成是积木中的基础模块，我们称之为基函数；积木搭建的各种房子、动物等，我们称之为基函数涨成的空间 V_h；$\varphi_i(x)$ 的线性组合就是 V_h 中一个函数向量。

这个点我们要补充一下，因为对于没有接触过泛函分析的人，不太容易理解。大学二年级后都很熟悉泰勒：

$$f(x) = f(x_0) + \frac{f'(x_0)}{1!}(x-x_0) + \frac{f''(x_0)}{2!}(x-x_0)^2 + \cdots + \frac{f^n(x_0)}{n!}(x-x_0)^n + R_n(x) \tag{3-20}$$

多项式 1，x^1，$x^2\cdots$，$x^n\cdots$，为基函数组成一个空间，空间里的任意函数（足够光滑）都可以由这些基函数线性叠加而来。

这是一种重要的数学思想，傅里叶分解也类似：任意周期函数（满足狄利克雷条件），都可由正余弦函数叠加而来，而系数就是被分解函数与基函数的内积，也就是被分解函数在基函数上的投影。

说到投影大家都很熟悉了，例如 X 射线透射，就是射线透过三维物体留下的二维影像。

那函数 $f(x)$ 是不是也可以通过计算其在空间 V_h 的投影来计算投影后系数呢？当然是可以的，比如可以这么计算：

$$\int_I (f(x) - f_{prj}(x)) v(x) \mathrm{d}x = 0, \forall v(x) \in V_h \tag{3-21}$$

其中，$f_{prj}(x)$ 为 $f(x)$ 在空间 V_h 的投影，$v(x)$ 为空间 V_h 任意函数向量。既然 $f(x)$ 与所有的函数 $v(x)$ 正交，则说明 $f_{prj}(x)$ 为 $f(x)$ 在空间 V_h 中的投影，具体如图 3-6 所示。

由于 $v(x)$ 的任意性，为方便，我们可以选择基函数 $\varphi_i(x)$，于是可以得到：

$$\int_I (f(x) - f_{prj}(x)) \varphi_i(x) \mathrm{d}x = 0 \tag{3-22}$$

由于 $f_{prj}(x)$ 在空间 V_h 中，我们可以假设：

$$f_{prj}(x) = \sum_{j=0}^{n} a_j\varphi_j(x) \tag{3-23}$$

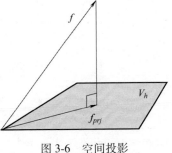

图 3-6　空间投影

所以，$\int_I f_{prj}(x)\varphi_i(x)\,\mathrm{d}x = \int_I\left(\sum_{j=0}^n a_j\varphi_j(x)\right)\varphi_i(x)\,\mathrm{d}x = \sum_{j=0}^n a_j\int_I\varphi_j(x)\varphi_i(x)\,\mathrm{d}x$ （3-24）

我们定义

$$M_{ij}=\int_I\varphi_j(x)\varphi_i(x)\,\mathrm{d}x, i,j=0,1,\cdots,n$$

$$b_i=\int_I f(x)\varphi_i(x)\,\mathrm{d}x, i,j=0,1,\cdots,n \qquad (3\text{-}25)$$

因此方程$\int_I (f(x)-f_{prj}(x))\varphi_i(x)\,\mathrm{d}x=0$ 表达形式可变为

$$\sum_{j=0}^n M_{ij}a_j=b_i, i=0,1,\cdots,n \qquad (3\text{-}26)$$

这是一个 $(n+1)\times(n+1)$ 线性方程组，a_j 为 $(n+1)$ 个未知量，通过解这个线性方程组，就可以获得基函数的系数 a_j，进而获得函数 $f(x)$ 的近似值。式中 b_i 称为负载向量，由于历史原因，M 一般称为质量矩阵。

接下来我们详细看一下这个线性方程组具体长什么样。我们先画出相邻的两个帽函数，如图 3-7 所示。

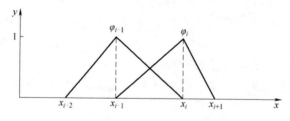

图 3-7　帽子函数

采用辛普森积分法则，可以得到

$$M_{i,i}=\int_I\varphi_i^2(x)\,\mathrm{d}x=\int_{x_{i-1}}^{x_i}\varphi_i^2(x)\,\mathrm{d}x+\int_{x_i}^{x_{i+1}}\varphi_i^2(x)\,\mathrm{d}x$$

$$=\frac{h_i}{3}+\frac{h_{i+1}}{3}, i=0,1,\cdots,n-1 \qquad (3\text{-}27)$$

其中 $x_i-x_{i-1}=h_i$，$x_{i+1}-x_i=h_{i+1}$，$M_{0,0}$ 和 $M_{n,n}$ 是 half hat，因此需要单独计算 $M_{0,0}=h_i/3$，$M_{n,n}=h_n/3$，同样可以计算如下

$$M_{i+1,i}=\int_I\varphi_i(x)\varphi_{i+1}(x)\,\mathrm{d}x=\int_{x_i}^{x_{i+1}}\varphi_i(x)\varphi_{i+1}(x)\,\mathrm{d}x$$

$$=\frac{h_i}{6}, i=0,1,\cdots,n \qquad (3\text{-}28)$$

同样可以得到：$M_{i,i+1}=h_{i+1}/6$。对质量矩阵进行组装，可以得到

$$M = \begin{bmatrix} \dfrac{h_1}{3} & \dfrac{h_1}{6} & & & & \\ \dfrac{h_1}{6} & \dfrac{h_1}{3}+\dfrac{h_2}{3} & \dfrac{h_2}{6} & & & \\ & \dfrac{h_2}{6} & \dfrac{h_2}{3}+\dfrac{h_3}{3} & \dfrac{h_3}{6} & & \\ & & \ddots & \ddots & \ddots & \\ & & & \dfrac{h_{n-1}}{6} & \dfrac{h_{n-1}}{3}+\dfrac{h_n}{3} & \dfrac{h_2}{6} \\ & & & & \dfrac{h_n}{6} & \dfrac{h_n}{3} \end{bmatrix} \qquad (3\text{-}29)$$

然后采用梯形积分法则，可以计算负载向量如下

$$b_i = \int_I f(x)\varphi_i(x)\,\mathrm{d}x$$

$$= \int_{x_{i-1}}^{x_i} f(x)\varphi_i(x)\,\mathrm{d}x + \int_{x_i}^{x_{i+1}} f(x)\varphi_i(x)\,\mathrm{d}x$$

$$= f(x_i)(h_i + h_{i+1})/2 \qquad (3\text{-}30)$$

其完整矩阵形式为

$$b = \begin{bmatrix} f(x_0)h_1/2 \\ f(x_1)(h_1+h_2)/2 \\ f(x_2)(h_2+h_3)/2 \\ \vdots \\ f(x_{n-1})(h_{n-1}+h_n)/2 \\ f(x_n)h_n/2 \end{bmatrix} \qquad (3\text{-}31)$$

3.1.4　如何获得"弱形式"的解

前面计算了函数的基函数空间的投影情况，即有限元是为了解决偏微分方程求解，那和偏微分方程又有什么关系呢？这就涉及到微分方程的"弱形式"了，获得微分方程的"弱形式"解，是有限元法最重要的概念之一。假设微分方程具有下列形式

$$-\frac{\partial^2 u}{\partial x^2} = f(x), x \in I = (0,1) \qquad (3\text{-}32)$$

边界条件为

$$\left. \frac{\partial u}{\partial x} \right|_{x=0} = k_0 \left(u \left|_{x=0} - g_0 \right. \right)$$

$$\frac{\partial u}{\partial x}\bigg|_{x=1} = k_1(u\big|_{x=1} - g_1) \tag{3-33}$$

其中 $k(x)>0$ 和 $f(x)$ 为给定的函数，$k_0>0$，$k_1>0$，g_0 和 g_1 是给定常数。具有给定热源的一维热传导方程就具备这种形式。微分方程描述的是微观状态，但是一般更容易掌握的是宏观现象，所以一般把微分方程转化成积分方程，比如对上式两边同时积分，即

$$\int_0^1 -\frac{\partial^2 u}{\partial x^2}\mathrm{d}x = \int_0^1 f(x)\,\mathrm{d}x \tag{3-34}$$

以上方程表示在整个计算域 $[0,1]$ 中，方程的积分值相等，也就是平均值相等，与原来要求处处相等相比，显得"太弱了"！那怎么办呢？可以找一个试函数 $v(x)$（任意的），将原方程改写成如下方式，即

$$\int_0^1 -\frac{\partial^2 u}{\partial x^2}\cdot v(x)\,\mathrm{d}x = \int_0^1 f(x)\cdot v(x)\,\mathrm{d}x \tag{3-35}$$

当然，$v(x)$ 不能表现太糟，至少要保证两边积分都是收敛的。上述方程对于所有满足条件的 $v(x)$ 都成立，这个要求太强了，显然当 $-\frac{\partial^2 u}{\partial x^2}=f(x)$ 时这个方程是成立的，那是不是只有这种情况下才成立呢？实际上就是，这可以通过变分法证明。

但是下一个问题就来了，既然试函数有千千万万，到底选择哪一个？前面说了，有限元就是为了解决偏微分方程的求解问题，思路就是将复杂的空间切成很多小区域，每个区域上假设一个试函数 Test Function｛或者叫形函数 Shape Function $\varphi_i(x)$｝，然后通过求取试函数的系数 a_i 来获得函数 $f(x)$ 的近似。试函数有一个特点，它只在一个很小的区间上有数值，其他地方都为零。如果我们在每个点上都用试函数测试一遍，这样至少能保证所有单元上都是成立的！这种将试函数和形函数选择为同一个函数的方法，由俄国人最先使用的，我们称之为伽辽金（Galerkin）法。

这样我们就得到了如下的方程

$$\int_0^1 -\frac{\partial^2 u}{\partial x^2}\cdot \varphi_i(x)\,\mathrm{d}x = \int_0^1 f(x)\cdot \varphi_i(x)\,\mathrm{d}x \tag{3-36}$$

上述方程即是原微分方程的弱形式。之所以"弱"，是因为这个方程的解只能保证在每个单元上方程左右两边的平均值相等，而不是原微分方程要求的每一点都相等。注意此时的 $u_h(x)$ 已经与原微分方程的解 $u(x)$ 有了差异，因为现在是用有限维空间去近似了原无限维空间。

接下来我们可以继续变形，采用分部积分法：假设有函数 w 和 v，则很容易得到 wv，乘积的微分为

$$\mathrm{d}(w \cdot v) = w\mathrm{d}v + v\mathrm{d}w + \mathrm{d}v \cdot \mathrm{d}w \tag{3-37}$$

$\mathrm{d}v \cdot \mathrm{d}w$ 为二阶无穷小，可以略去，所以可以得到

$$w\mathrm{d}v = \mathrm{d}(wv) - v\mathrm{d}w \tag{3-38}$$

两边积分得到：
$$\int w\mathrm{d}v = \int \mathrm{d}(wv) - \int v\mathrm{d}w = wv - \int v\mathrm{d}w \tag{3-39}$$

现在令 $w = \varphi_i(x)$，$v = \dfrac{\partial u}{\partial x}$，则有

$$\int_0^1 -\frac{\partial^2 u_h}{\partial x^2} \cdot \varphi_i(x)\,\mathrm{d}x = -\int_0^1 \varphi_i(x)\,\mathrm{d}\left(\frac{\partial u_h}{\partial x}\right)$$

$$= \int_0^1 \frac{\partial u_h}{\partial x}\frac{\partial \varphi_i}{\partial x}\mathrm{d}x - \left(\frac{\partial u_h}{\partial x} \cdot \frac{\partial \varphi_i}{\partial x}\right)\bigg|_{x=0}^{x=1} \tag{3-40}$$

因此可以得到

$$\int_0^l f(x) \cdot \varphi_i(x)\,\mathrm{d}x = \int_0^1 \frac{\partial u_h}{\partial x}\frac{\partial \varphi_i}{\partial x}\mathrm{d}x - \left(\frac{\partial u_h}{\partial x} \cdot \varphi_i(x)\right)\bigg|_{x=0}^{x=1} \tag{3-41}$$

经过这种变化，对 $u(x)$ 的要求由 2 阶降到了 1 阶，将形函数 $\varphi_i(x)$ 从 0 阶增加到了 1 阶，由于形函数是我们自己设计的，这就降低了对原微分方程解的光滑性要求。将边界条件代入上式，可得展开的微分方程弱形式，即

$$\int_0^l \frac{\partial u_h}{\partial x}\frac{\partial \varphi_i}{\partial x}\mathrm{d}x + k_1 u_h(x)\varphi_i(x)|_{x=1} + k_0 u_h(x)\varphi_i(x)|_{x=0}$$

$$= \int_0^1 f(x) \cdot \varphi_i(x)\,\mathrm{d}x + k_1 g_1\varphi_i(x)|_{x=1} + k_0 g_0\varphi_i(x)|_{x=0} \tag{3-42}$$

假设

$$u_h(x) = \sum_{j=1}^{n-1} a_j\varphi_j(x) \tag{3-43}$$

代入展开的微分方程弱形式得到

$$(A+R)a = b+r \tag{3-44}$$

其中 A 和 R 为 $(n+1)\times(n+1)$ 矩阵，b 和 r 为 $n+1$ 向量，具体表达式如下

$$A_{i,j} = \int_0^1 \frac{\partial \varphi_j}{\partial x}\frac{\partial \varphi_i}{\partial x}\mathrm{d}x \tag{3-45}$$

$$r_i = k_1 g_1(x)\varphi_i(x)|_{x=1} + k_0 g_0(x)\varphi_i(x)|_{x=0}$$

$$R_{i,j} = k_1\varphi_i(x)\varphi_j(x)|_{x=1} + k_0\varphi_i(x)\varphi_j(x)|_{x=0} \tag{3-46}$$

$$b_i = \int_0^1 f(x)\varphi_i(x)\,\mathrm{d}x \tag{3-47}$$

这样使微分方程转化成线性矩阵方程

$$\sum_{j=1}^{n-1} \left(A_{i,j} + R_{i,j} \right) a_j = b_i + r_i \qquad (3\text{-}48)$$

其中 A 为 $(n+1)\times(n+1)$ 矩阵，称之为刚度矩阵，b_i 为负载矩阵，和前面的定义一样。和前面的计算相似，可以获得 A 的完整矩阵形式如下

$$A = \begin{bmatrix} \dfrac{1}{h_1} & \dfrac{-1}{h_1} & & & & \\[2mm] \dfrac{-1}{h_1} & \dfrac{1}{h_1}+\dfrac{1}{h_2} & \dfrac{-1}{h_2} & & & \\[2mm] & \dfrac{-1}{h_1} & \dfrac{1}{h_2}+\dfrac{1}{h_3} & \dfrac{-1}{h_3} & & \\[2mm] & & \ddots & \ddots & \ddots & \\[2mm] & & & \dfrac{-1}{h_{n-1}} & \dfrac{1}{h_{n-1}}+\dfrac{1}{h_n} & \dfrac{-1}{h_n} \\[2mm] & & & & \dfrac{-1}{h_n} & \dfrac{-1}{h_n} \end{bmatrix} \qquad (3\text{-}49)$$

$R_{i,j}$ 为边界条件带来的等效矩阵，显然只有 $i=j=0$ 或者 $i=j=n$ 时 $R_{i,j}$ 才有取值，很容易求得 $R_{0,0}=k_0$，$R_{n,n}=k_1$，即

$$R = \begin{bmatrix} k_0 & & \\ & \ddots & \\ & & k_1 \end{bmatrix} \qquad (3\text{-}50)$$

可以得到

$$A+R = \begin{bmatrix} \dfrac{1}{h_1} & \dfrac{-1}{h_1} & & & & \\[2mm] \dfrac{-1}{h_1} & \dfrac{1}{h_1}+\dfrac{1}{h_2} & \dfrac{-1}{h_2} & & & \\[2mm] & \dfrac{-1}{h_1} & \dfrac{1}{h_2}+\dfrac{1}{h_3} & \dfrac{-1}{h_3} & & \\[2mm] & & \ddots & \ddots & \ddots & \\[2mm] & & & \dfrac{-1}{h_{n-1}} & \dfrac{1}{h_{n-1}}+\dfrac{1}{h_n} & \dfrac{-1}{h_n} \\[2mm] & & & & \dfrac{-1}{h_n} & \dfrac{-1}{h_n} \end{bmatrix} + \begin{bmatrix} k_0 & & \\ & \ddots & \\ & & k_1 \end{bmatrix} \qquad (3\text{-}51)$$

即可得到：

$$b+r = \begin{bmatrix} f(x_0)h_1/2 \\ f(x_1)(h_1+h_2)/2 \\ f(x_2)(h_2+h_3)/2 \\ \vdots \\ f(x_{n-1})(h_{n-1}+h_n)/2 \\ f(x_n)h_n/2 \end{bmatrix} + \begin{bmatrix} k_0 g_0 \\ \\ \\ \\ \\ k_1 g_1 \end{bmatrix} \tag{3-52}$$

举个例子：假设现在有一维导热方程如下

$$\frac{\partial^2 T}{\partial x^2} = 0.03(x-6)^4 \tag{3-53}$$

边界条件为

$$T\big|_{x=2} = -1$$
$$\frac{\partial T}{\partial x}\bigg|_{x=8} = 0 \tag{3-54}$$

即是左端是恒定温度边界条件，右端是绝热边界条件。对照之前理论推导，设定的边界条件应该具有下列形式

$$\frac{\partial T}{\partial x}\bigg|_{x=2} = k_0(T\big|_{x=2} - g_0) \tag{3-55}$$

$$\frac{\partial T}{\partial x}\bigg|_{x=8} = k_0(T\big|_{x=8} - g_1) \tag{3-56}$$

可是两者貌似不一致，怎么回事？我们之所以用诺依曼边界条件进行推导，是因为微分方程弱形式进行分部积分的时候会用到诺依曼条件，那假如是别的边界条件怎么办呢？比如本例中的就有狄利克雷条件：$T\big|_{x=2} = -1$。

大家知道，物理模型的量一般都是有界的，因此，我们可以认为 $\frac{\partial T}{\partial x}\big|_{x=2}$ 是一个有限值，现在假如 k_0 非常大，比如说达到 10^8，那 $T\big|_{x=0} - g_0$ 要非常接近 0 才行，于是 $(T\big|_{x=0} = g_0)$，所以只要我们设置 $g_0 = -1$ 即可；第二个边界条件本身就是诺依曼条件，直接设置 $k_0 = 0$ 即可；显然，$T = 0$ 时取值为 -1，目视 $T = 8$ 时导数为 0，是符合我们边界条件设置的，如图 3-8 所示。

3.1.5　二维、三维有限元计算

以上描述的都是一维情况，其节点形函数如图 3-9 所示。

插值函数为

$$u_h(x) = \sum_{i=1}^{N} a_i \varphi_i(x) \tag{3-57}$$

对于二维几何域，其形函数基本类似，选用了 x 和 y 两个方向的线性函数，

79

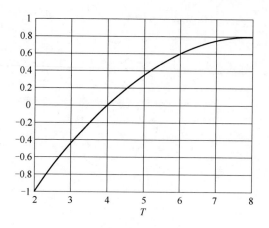

图 3-8　边界条件

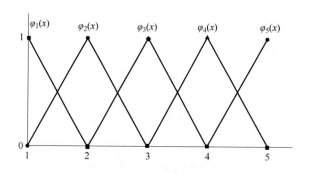

图 3-9　节点形函数

与一维的帽函数类似，每个函数在点 i 上的值为 1，但在其他非相邻点 k 上的值为零，此时插值函数变成

$$u_h(x,y) = \sum_{i=1}^{N} a_i \varphi_i(x,y) \qquad (3\text{-}58)$$

情况复杂一点，但是基本思想和处理方式是一致的。当然，最常用的还是二维和三维的情况，对于二维和三维的线性函数，最常见的单元如图 3-10 所示。

前面说的都是一阶插值，就是节点之间都是线性的，优点是简单，缺点是精度偏低，但可以通过提高阶数来提升精度，比如采用二阶，此时单元的边和面都可以是弯曲的，如图 3-11 所示。

因此，在有限元方法中，有两种提高精度的方法：1）细化网格，此时数值解更逼近真解，我们称之为 h-refinement，即 h 法；2）保持网格不变，选择更高阶数的形函数，称之为 p-refinement，即 p 法。

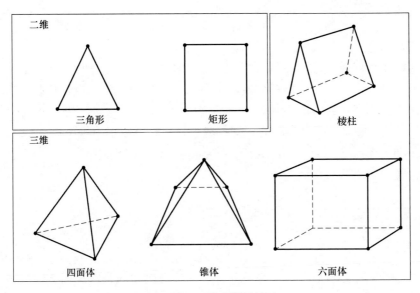

图 3-10　一阶有限元单元

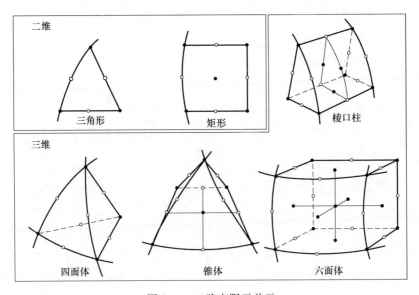

图 3-11　二阶有限元单元

人们对于有限元有两种对立的看法：一种认为有限元无所不能，上算天文，下算地理，给个计算机就能工作；另一种认为有限元就是个花架子，除了花花绿绿的图片装点门面外，没啥太大的参考价值，因为有时计算误差很大。两边都有道理，因为随着商业 CAE 软件的普及，大部分人不需要怎么培训，模型给他，点击鼠标就能算出结果，这会给人一种错觉，认为仿真无所不能。这其实忽略了一个重要的问题，那就是给出结果和给出正确的结果是两回事，而正确的结果是什么，可能压根就没人知道。

真的想做好焊接变形仿真，首先，要知道碰到的问题的数学模型是什么，边界条件是什么，其中边界条件往往更复杂，难以获得，这就需要评估其中误差有多大；其次，要知道数值计算的基本原理和过程，知道自己的模型输入到计算机之后，数据是怎么处理的，要有基本的预判。仿真的作用不是复现现实，而是帮助工程师理解现实，仿真只能代替人计算，不能代替人思考，而人的价值，就在于会思考，有想象力和创造力。

3.2 焊接变形有限元计算流程

焊接过程是包含材料非线性、几何非线性、边界非线性的高度非线性现象，焊接数值模拟需要完成大规模的矩阵计算，计算时间冗长，采用有限元方法是大型结构焊接变形计算工作的利器。

3.2.1 常见焊接变形计算软件

随着计算机技术的快速发展，计算机辅助工程（CAE）技术已被广泛地应用于工业过程的数值模拟。计算机模拟可以提升材料利用率，节约生产成本、缩短设计至投产时间。

焊接仿真是借助计算机技术和数学理论，对焊接这一复杂物理化学过程进行数值模拟。使用计算软件开展虚拟焊接，可以给出最优焊接顺序，减少或避免焊接试验，分析焊接残余应力及金属组织的分布，指导焊接工艺的制定等，减小实际试验的花费。例如对于特定焊接工艺条件下（如焊接顺序、拘束条件等）对焊接结构的变形进行预测，通过对焊接顺序、拘束条件等优化，来减少焊接残余变形，提高产品的质量，降低生产成本。

现有多种焊接仿真分析软件（Sysweld、Abcqus、Ansys 等）已经在产品工艺分析中得到广泛应用，为各类产品焊接工艺分析提供科学、量化的计算依据。焊接变形计算也多采用前处理软件进行有限元网格的划分，建立焊接线及其相关单元集合，形成有限元计算前的基本模型。

焊接仿真软件可分为两大类，一类是通用结构有限元软件，例如 Marc、Abaqus、Ansys 等，主要考虑焊接的热物理过程，约束条件，进行热-结构耦合分析，得到变形和残余应力结果。需要操作人员来控制和定义的内容多，需对软件有很深的应用功底和较强的专业知识才能更好把握结果的精度和意义；另一类是焊接专用有限元软件，例如 Sysweld。专业焊接软件特点是针对性强，有针对焊接工艺的界面和模型，比较方便定义焊接路径、热源模型、比较容易学习和使用。

3.2.2　术语及定义

1. 几何模型

建立焊接仿真有限元模型的几何图形。主要由点、线、面组成。

2. 有限元模型

以几何模型为基础建立的焊接仿真虚拟模型，主要有一维单元、面单元、体单元网格等形式组成，同时包含焊接轨迹、散热面、边界约束集合等信息。

3. 焊接热源

用于模拟焊接热源的函数。对于弧焊采用高斯热源、双椭球热源等，对于激光焊、搅拌摩擦焊、电阻点焊等采用特殊热源。

4. 双椭球热源

双椭球热源适合 MIG 焊接方法，双椭球热源一般采用图 3-12 所示进行描述，数学表达如式（3-59）所示。

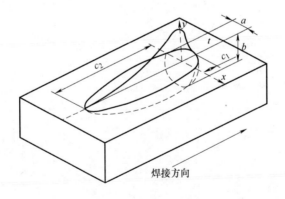

图 3-12　双椭球热源模型

双椭球热源表达式为

$$\begin{cases} Q(x,y,z,t) = fQ_f \exp\left[-\left(\dfrac{(x-vt)^2}{a_f^2} + \dfrac{y^2}{b^2} + \dfrac{z^2}{c^2}\right)\right] \\ Q(x,y,z,t) = fQ_r \exp\left[-\left(\dfrac{(x-vt)^2}{a_r^2} + \dfrac{y^2}{b^2} + \dfrac{z^2}{c^2}\right)\right] \end{cases} \tag{3-59}$$

该热源模型所描述的热流密度分布在椭球形体积内，其中，$Q(x,y,z,t)$ 为

时间 t 时在（x，y，z）位置的热流量；Q_f、Q_r 分别为前、后两椭球的能量输入；v 为焊接速度；a_f、a_r、b、c 为高斯参数，a_f、a_r 分别表示前、后半部椭球的长度，b 为熔宽，c 为熔深。

5. 焊接热源参数

熔池长、宽、深等参数，电流、电压、焊接速度、熔池参数等热源参数，根据实际情况输入到模型当中。

6. 热源函数

焊接热源经过设置和校核后以参数形式保存的热源信息。

7. 材料物理参数

焊接仿真计算依据材料的热物理参数，不同材料具有不同的热物理及力学参数。材料的热物理及力学参数是温度的函数，对于焊接模拟结果准确性有着重要的作用。参数均随温度而变化，包括热膨胀系数、弹性模量、屈服强度、热导率、比热等，如图 3-13 所示。

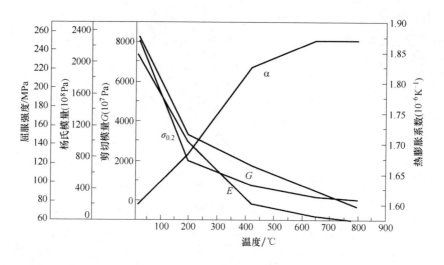

图 3-13　焊接热物理参数

8. 焊接线、焊接参考线

在有限元模型中建立的用以模拟焊枪轨迹的单元集合，焊接线是熔池中心所处线，参考线与焊接线平行，代表和控制焊接前进方向。

9. 起始节点

焊接线上的第一个节点，控制焊枪的起始点。

10. 终止节点

焊接参考线上的最后一个节点，控制焊枪的收弧点。

11. 起始单元

焊接线、焊接参考线上的第一个单元，控制焊枪的起始点。

12. 散热面

根据焊接散热系数等边界条件，构成有限元模型的散热面模型。

13. 边界位移约束

用于数值模拟计算求解的边界条件，防止模型刚性移动的位移边界条件，用于模拟焊接工装的装夹方式、定位焊的模拟。

14. 焊接温度场、残余应力场

焊接过程中某一瞬间模拟结构各点的温度分布状态，通常用等温线、等温面表示。

15. 焊接残余应力场

焊接过程中或结束后，模拟结构某时刻各点的残余应力分布状态，通常用等值线、等值面表示。

16. 单元

有限元分析中对实际结构进行的离散化处理。在模型中以网格形式出现。面单元主要有三角形、四边形。体单元主要有四面体单元、六面体单元。一维单元有杆单元、点单元。按照积分形式还分为一次单元、二次单元、等参单元等。

17. 热源校核

利用局部模型和软件指定模块校核热源参数设置的正确与否。

18. 集合

根据软件程序约定，以特定名称用来定义已存在的单元、几何信息等集合，以便求解计算。

19. 材料库

多种材料的热物理参数以函数形式保存。

3.2.3　焊接变形计算工作流程

采用有限元软件进行焊接变形计算的主要过程为：前处理、有限元分析信息加载、求解、后处理。具体示例如下：

85

1. 几何导入/创建

导入三维造型软件创建好的几何模型，将设计好的焊接结构 CAD 几何模型导入系统当中，几何模型为 Pro/E、Catia 软件建立文件或输出的中间格式文件，包括 IGES，＊.igs；CATIA V4，＊.model 等格式。或在前处理软件中进行几何模型的建立。

2. 网格划分

对创建或导入的几何模型进行网格划分并分组，实现典型焊接结构模型二维、三维网格划分。

1）先清理几何模型，去掉无用的点、线。

2）建立几何面。

3）利用手动划分、自动划分、面拉伸和体拉伸等基础操作划分网格，利用镜像、平移等较高级的命令对略微复杂的工件进行网格划分。

4）网格必须保证节点与节点相连，网格连续，焊缝处或重点区域网格较密。

5）保存为＊.vdb 格式文件，输出＊.asc 格式网格文件。

3. 焊缝轨迹建立

建立焊接轨迹，为后续计算定义好焊枪的轨迹线，规定焊枪的前进路线和行进方向、焊枪的位姿。

1）建立焊接线、焊接参考线。焊接参考线与焊接线平行。并对不同焊道进行编号。

2）建立起始节点、终止节点，建立起始单元集合。

4. 建立相关集合及导出前处理有限元模型。

在前处理软件中导出＊.asc 格式文件，用以在求解器中进行求解计算。

1）清理有限元模型，删除重复节点、重复单元，检查网格质量，消除有限元网格空隙。

2）在模型中建立散热面集合，边界约束集合。

3）导出有限元模型。

5. 启动求解器

1）在工作目录 Working Directory，定义本次仿真分析的工作目录。如果是已有的流程配置文件，可以选择相应的配置文件，对此配置文件进行修改，并生成新的仿真前处理文件（不会改变已有仿真文件）。

2）启动求解器，设置工作路径。在 Sysweld 下拉菜单中切换到焊接模式。

6. 加载材料库

创建和导入材料库数据并施加于有限元模型上。软件提供了一些金属材料的材料库，如果不能包涵，需要自己输入材料的热物理参数。

1）在材料库创建界面通过导入焊接材料数据库 welding. mat。

2）在 Material Properties 界面中选择相应的材料数据库，导入各集合的材料库；完成材料施加。

7. 加载热源函数

1）导入热源函数库 ∗. fct 文件；并施加于有限元模型上。

2）从热源函数库中选取具体热源函数施加于模型上。

8. 加载网格

此步骤的主要作用是导入前处理生成的 ∗. asc 文件于 Sysweld 中。

9. 焊接参数设置

输入焊接参数、焊接轨迹，导入焊接热源参数和焊枪轨迹参数。前期的热源函数中包括焊接电流、电压，焊接速度，热源效率等焊接参数，以及熔深、熔宽，熔池长度等熔池几何信息，以及热源类型等参数。

1）选择相应的被焊接集合，使热源指向焊缝及附近区域减少寻找时间。

2）设置焊接线参数，进行设置的参数包括焊接线、焊接参考线、起始节点、终止节点。

3）设置热源参数，热源函数、焊接速度或开始时间、熔池估计长度等参数。

10. 夹具设置

设置焊接结构夹具的夹持约束，根据焊接结构实际装夹的情况进行设置。约束有弹性约束、刚体约束等。选择要设置夹具的模型部位，施加夹具的类型，设置相应的数值。

11. 散热边界条件

加入散热边界条件用以模拟实际焊接结构与周围大气的热交换。对要设置散热的面单元集合；选择散热函数类型；设置周围环境温度。

12. 求解参数设置及求解

生成求解文件 ∗_SOLVE. dat，然后利用 Sysweld 求解器对模板定义的参数进行求解以便生成后处理所需的温度、变形和应力结果。设置初始环境温度、焊接起始时间、相组成、求解参数等。

1）求解参数设置，在 Sysweld 中自动导出工程 ∗. prj 文件。

2）生成求解信息文件 ∗_SOLVE. dat。

3）导入求解输入文件 ∗_SOLVE. dat 求解，求解完成后生成 ∗_V_POST1000. fdb 和 ∗_V_POST2000. fdb 后处理文件。

13. 结果后处理查看

求解结果读入后处理器中，根据需要以云图、等值线和动画等形式显示和提取数值模拟结果。

（1）选取读取的结果文件：模拟结果输出到指定工作路径下，导入温度场结果 * _V_POST1000.fdb 和应力场结果 * _V_POST2000.fdb 到 Sysweld 进行后处理。

（2）选取结果查看的类型，温度、相变、残余应力等类型。在 Post Processing 中根据需要以云图、等值线等形式提取模型的计算结果。

3.2.4 焊接变形有限元计算关键技术

1. 热物性参数及材料数据库

（1）物性参数测试 例如为进行精确的计算仿真，测试计算模型用材料和焊丝的固、液相线，热扩散率、比热、密度和热导率等热物性和力学参数。例如：热导率采用非稳态法测量，热扩散率的测试采用激光脉冲法，弹性性能的测试采用动态测量方法——敲击共振法，热膨胀系数采用顶杆法测量；使用 Anter 公司 FlashlineTM-5000 热分析设备完成热扩散率、比热、热导率的测试和计算，测试标准为 GJB 1201.1—1991；热膨胀系数测试装置为 Anter 公司 UnithermTM-1252 高温分析设备；杨氏模量测试标准为 GB/T 22315—2008，测试装置为 IMCE 公司 RFDA HTVP 1750-C；不同温度下材料屈服强度测试在 INSTRON 5582 电子万能试验机完成。

（2）材料数据库建立 由于实验设备可测量的最高温度一般低于初熔点温度，所以需要根据已有实验数据拟合出其他高温区物性数据，然后将数据输入到相应软件中。除了通过拉伸试验获得不同温度下的材料屈服点外，焊接有限元计算还需要设定材料的应变硬化，应变硬化的计算基于 Ramberg-Osgood 方程：

$$\varepsilon = \frac{\sigma}{E} + K\left(\frac{\sigma}{E}\right)^{n} \tag{3-60}$$

其中，K 和 n 是材料硬化常数，E 为弹性模量，σ 为屈服强度（MPa），ε 为弹性应变。测量材料在不同温度下的杨氏模量，拟合获得室温下的应力-应变关系，与室温下应变-应力关系试验值相对比，即可确定 K 和 n 的值，获得该材料的 Ramberg-Osgood 方程表达式。

例如，某企业进行了 6N01 铝合金材料的热物理参数材料测试，获取了材料不同温度下的热物理参数，建立了焊接仿真的基础材料物性数据库，用于计算实际产品焊接变形时精度提高了 12%。

2. 热源模型

焊接过程是包含材料非线性、几何非线性、边界非线性的高度非线性现象，焊接数值模拟中包含大规模的矩阵计算，计算时间冗长，采用热弹塑性有限元方法很难实现大型结构的虚拟焊接工作。例如采用热弹塑性有限元方法（网格为实体单元）进行 2000mm 长的地板结构焊接模拟，普通计算机计算时间约为 5h，地板实物建模（网格为实体单元）后单元数超过百万，导致模拟计算工作难于进行，所以在企业现场采用这种方法进行计算是不切实际的。

　　因此针对大型焊接结构数值模拟存在的网格数目大、计算量大的难点，开发采用了温度函数法、串状带热源等多种热源模型，实现大型结构焊件的快速数值模拟。串状带热源基于以下原理：对于焊接过程中的一条焊缝来说，如果焊接热源的移动速度较快，那么在焊缝上施加的移动热源就可近似变换为等效的、垂直于运动方向上呈高斯分布的带状热源。对于具有某一焊接速度的移动热源，总存在某一焊缝长度，在这个长度内，移动热源可以近似处理为带状热源。那么对于长度为 l 的焊缝，可以被分成 n 段，其中每一段长度小于或等于 d。在每一段内，将移动热源看作为等效的、作用一定时间的带状热源。从整体上看，这 n 段带状热源可以看成是串状带热源，如图 3-14 所示。

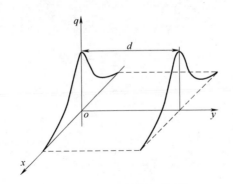

图 3-14　串状带热源模型示意图

　　以椭球热源为基础，推导出的串状带热源表达式如下

$$Q_l = \frac{\pi q_m b c d_1 d_2}{6a}, \quad t_1 = \frac{\sqrt{\pi}}{\sqrt{3}} \frac{a}{v} \tag{3-61}$$

　　其中，Q_l 为串状带热源的热流密度（J）；q_m 为焊接热源中心的热流密度（J）；d_1 为焊缝宽度（mm）；d_2 为串状热源沿焊缝方向作用长度（mm）；a、b 与 c 为椭球热源轴参数；t_1 为串状带热源加载时间（s），v 为焊接速度（mm/s）。

3. 高效计算方法

　　针对大型焊接结构数值模拟存在的计算量大、求解收敛困难的难点，开发采用"线弹性体积收缩法""局部-整体"等高效焊接数值计算方法。

　　针对特定结构采用"线弹性体积收缩法"计算方法。该方法基于稳态焊接过程，假定熔化金属冷却过程中的热收缩是导致焊接变形的主要因素，这种热收缩受周围母材约束，导致内应力的形成，在焊缝及其附近高温区累积了压缩塑性变形，导致焊件发生整体变形；利用试验或数值模拟可以得到接头处垂直于焊缝方向发生熔化的截面形状，在有限元模型中将该部分单元一次性施加较高温度值的初始条件，然后模拟冷却过程，得到残余变形。高速列车车身大型结构的虚拟焊接中，地板等长直结构采用了此方法进行计算。

　　针对特定结构可采用"局部-整体"计算方法，如图3-15所示。高温和材料的非线性出现在焊缝周围的很小区域内，在这个局部区域内存在较大的内应力及塑性应变，即焊接中的局部现象；但是焊接结构的整体变形由局部塑性应变引起，焊件的整体变形是由各焊缝周围的局部内应力引起的，焊件的整体变形可认为是弹性的，即焊接中的整体现象；采用局部-整体方法进行计算，抽取局部接头模拟结果，然后通过焊接宏单元技术映射到整体模型上，模拟整体结构焊接变形，与热弹塑性法相比，网格数量大幅减少，节省计算时间。

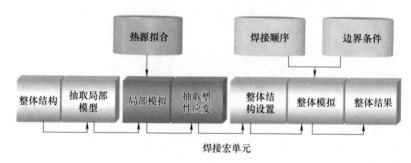

图 3-15　局部-整体模拟思想

3.3　焊接变形有限元计算实例

　　焊接变形有限元计算，我们通过以下几个实例进行讲解：

3.3.1　焊工考试管板接头焊接仿真计算

1. 使用软件

法国 ESI 焊接仿真软件（Sysweld）。

2. 板管工件

　　根据标准，焊工考试有一项采用板管典型焊接结构。奥氏体型不锈钢导热慢，热导率仅为碳素钢的 1/3 左右，膨胀系数比碳素钢大 50% 左右，电阻为碳素钢的 5 倍，焊接变形大。奥氏体型不锈钢板管典型焊接结构易发生失稳变形。

板管结构材质为 X5CrNi1810 不锈钢，由板厚 1.5mm 的方形板和壁厚 2.3mm 的圆管焊接而成，方板宽 150mm，管高 125mm，焊接时工件管子中插入方管进行支撑，如图 3-16 所示。

焊接参数：电弧电压 20V，焊接电流 70A，焊接速度 4mm/s。

图 3-16　板管工件

3. 材料

材料 X5CrNi1810，力学性能见表 3-1。

表 3-1　X5CrNi1810 力学性能

屈服强度/MPa	抗拉强度/MPa	伸长率（%）
263	625	46

采用软件材料数据库中提供的热物理参数。

4. 热源模型

焊接温度场的精确描述是进行焊接应力分析的基础，焊接温度场决定了焊接应力场和应变场。温度场计算精确取决于热源模型，为了准确计算三维热传导，采用接近电弧焊熔池的 3D 双椭球热源模型，热源模型如图 3-17 所示。

在双椭球热源模型中，前半部分椭球热源表达式为

$$q(x,y,z,t) = \frac{6\sqrt{3}\,Qf_f}{abc_1\pi\sqrt{\pi}}e^{-3\left(\frac{x^2}{a^2}+\frac{y^2}{b^2}+\frac{(z-v\times t)^2}{c_1^2}\right)} \tag{3-62}$$

后半部分椭球热源表达式为

$$q(x,y,z,t) = \frac{6\sqrt{3}\,Qf_r}{abc_2\pi\sqrt{\pi}}e^{-3\left(\frac{x^2}{a^2}+\frac{y^2}{b^2}+\frac{(z-v\times t)^2}{c_2^2}\right)} \tag{3-63}$$

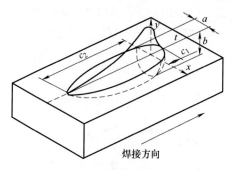

图 3-17　双椭球热源模型

上述两式中，a、b 分别是椭球的 x、y 半轴长度（mm）；c_1、c_2 分别是前后椭球体 z 向的半轴长度（mm）；f_f、f_r 是前后椭球的热源集中系数，$f_f+f_r=2$；Q 是热输入量（J），$Q=\eta UI$（η 是电弧的热效率），v 是焊接速度（mm/s）。在实际计算时，各参数的取值为：$a=2.5\mathrm{mm}$、$b=3\mathrm{mm}$、$c_1=4\mathrm{mm}$、$c_2=6\mathrm{mm}$、$f_f=0.6$、$f_r=1.4$、$\eta=0.75$、$v=4\mathrm{mm/s}$。

5. 边界条件

模拟实际焊接状况，约束管子头部，三向约束。平板三个角进行约束。

6. 仿真结果分析

（1）焊接变形　焊接变形云图如图 3-18 所示，工件俯视变形计算云图与焊件实际形状对比如图 3-19 所示。

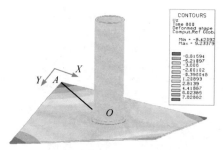

图 3-18　焊接变形云图分布

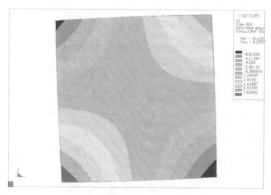

a) 工件俯视变形（放大4倍）

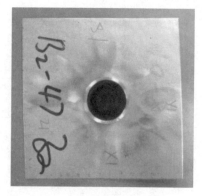

b) 实际工件俯视图

图 3-19　焊接俯视变形

板管结构实际焊接后的变形如图 3-20a 所示，图 3-20b 为板边实际变形和模拟结果的对比，可以看到 Z 方向最大相对变形为 14mm。

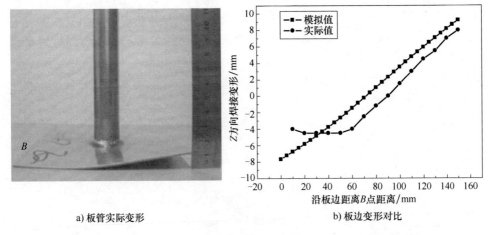

a) 板管实际变形　　　　　　　　b) 板边变形对比

图 3-20　板管变形对比

（2）焊接残余应力分布　沿图中所示对角线 AO，整体坐标 X、Y 方向残余应力分布如图 3-21 所示。在距焊趾 40mm 处呈压应力分布。焊缝周围受拉，外圈受压，焊缝部位收缩时，发生波浪变形，板宽方向的弯曲和板长方向的弯曲是相反的。从结果看，残余应力值比屈服强度高，因为奥氏体钢具有高的线膨胀系数，应变硬化指数高，另一方面，一点 X、Y 方向残余应力并不为其最大主应力。

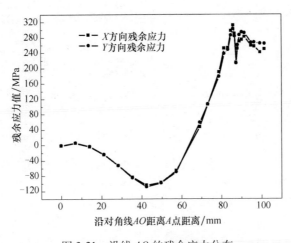

图 3-21　沿线 AO 的残余应力分布

（3）硬度模拟分布　奥氏体型不锈钢焊缝的结晶模式主要取决于焊缝的铬

镍当量，通过对本试验材料铬镍当量的计算，[Cr/Ni]eq>（1.47~1.58），为先δ铁素体结晶模式，即焊接形成焊缝的结晶模式均为先δ铁素体模式，即一次结晶为δ铁素体，冷却过程中发生δ→γ转变，冷却到室温后形成奥氏体，但转变不完全，焊缝组织中仍存在残余δ铁素体。Sysweld软件硬度计算根据初始材料化学成分（C、Si、Mn、Ni、Cr、Mb、V等）、相组织等进行计算。硬度模拟结果如图3-22所示。

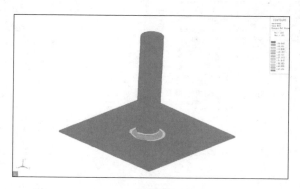

图 3-22   硬度模拟分布

7. 分析结论

通过软件模拟仿真分析，可发现：

1）薄板结构，在拘束度很大的情况下易发生失稳变形。

2）焊接残余应力最大值达到甚至超过了材料的屈服强度。

3.3.2   车体长型材焊接变形计算分析报告

1. 使用软件

法国ESI焊接仿真软件（Weld Planner）。

2. 车体底架结构双层地板

高速列车铝合金车体底架中部双层地板由多块大型中空铝合金型材自动焊拼焊而成，共正、反两面12条焊缝，由于焊缝长（双层地板长14000mm）、型材板厚较薄（厚度为3~5mm），焊接时产生严重变形，需花费大量的人力和时间进行焊后调修，如图3-23所示。地板结构大，通过试验分析难以确定焊接过程中地板变形规律，另外，焊后变形调修需将铝合金型材加热，加热时间和部位对铝合金型材结构性能的影响难以评估。上述企业现场问题制约了地板双层结构的生产效率及产品质量的提高。

本模拟主要目的是基于Sysweld软件建立快速分析车体长型材结构焊接变形方法，使得长型材结构焊接过程数值计算时间明显优于Marc等软件实体单元法计算时间。

图 3-23　双层地板工件

3. 材料

地板母材为 A6N01-T5 铝合金，焊接材料为 ER5356。基本物理性能参数（室温）见表 3-2。计算过程中拟采用金属所测试的 A6N01 和 ER5356 铝合金材料物性。

表 3-2　基本物理性能参数

焊材	热导率/[W/(m·K)]	比热/[J/(kg·K)]	密度/(kg/m³)	弹性模量/GPa	泊松比	屈服强度/MPa
A6N01	248	1005	2676	69.3	0.24	236
ER5356	133	1044	2594	67.6	0.35	119

4. 有限元模型

为了快速模拟长型材结构焊接变形过程，适当增大网格尺寸，减小网格数量是可行的办法之一。对于长型材结构，厚度仅为 3~5mm，可采用壳单元进行网格划分。焊接接头局部采用尺寸较小的网格划分，远离焊接接头区域的网格尺寸较大。首先针对焊接接头区域进行网格划分，然后对远离焊接接头区域划分。考虑到采用线弹性体积收缩法，因此，焊接接头区域单元宽度与长度的比要小于 1:10，在地板结构中，设定接头区域单元宽度为 1mm，而长度约为 18mm。生成焊接接头区域的网格。根据线弹性体积收缩法原理可知，远离焊接接头区域的网格尺寸并不参加塑性变形计算，只是参加弹性变形计算，因此可采用较大的网格尺寸来划分。

整个地板结构的网格划分情况如图 3-24 所示。为方便 Weld Planner 软件中操作，对不同的部件（由壳单元组成）定义不同的组，并以不同的名字表示。如七块地板可依次定义为 C1、C2、C3、C4、C5、C6、C7；将定位焊焊缝单元定义为一个组，组名为 TACKS；同时定义不同的装夹条件。

图 3-24　地板网格划分

在 Weld Planner 软件中 Load 网格文件后，对地板及定位焊焊缝物性和属性进行设置，根据实际焊接工艺下获得的焊缝宽度，设置每条焊缝的焊接方法和半宽。

5. 边界条件

模拟实际焊接状况，对两端部地板进行下压和侧压的约束，防止结构件移动。如图 3-25 所示。

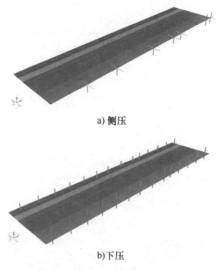

a) 侧压

b) 下压

图 3-25　有限元模型中的装夹条件

6. 焊接顺序和装夹条件设置

模拟实际焊接状况，对地板结构焊接顺序和装夹条件进行设置。

7. 焊接变形仿真结果分析

（1）模型验证　针对现行工艺条件下地板焊接时的变形情况进行有限元模拟。地板结构在焊前需要对 7 块单独的大型铝合金型材进行组对，定位焊之后分别施加侧压和下压力之后进行焊接，焊后冷却至室温后释放夹具。地板结构在现场焊接时同时自动焊接两条，地板正面焊接时的焊接顺序为①④→③⑥→②⑤。正面焊接结束后，现场对①~⑥号的 6 条焊缝上的 8 个点的地板变形值进行采集。如图 3-26、图 3-27 所示。

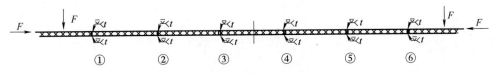

图 3-26　地板结构现场焊接顺序示意图

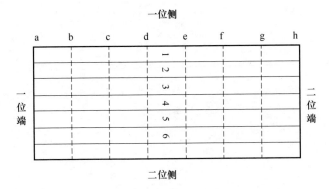

图 3-27　地板结构焊接变形测量点示意图

图 3-28a~c 分别是地板正面①④、③⑥、②⑤焊缝焊接结束后的边沿与地板平面垂直方向的变形情况。由图可见，由于地板两侧型材受侧压和下压作用，导致地板呈现两端上翘、中部下凹的变形趋势。另外，地板变形不均匀，整体呈波浪式变形。①④焊缝焊接结束后，地板上翘的最大值为 3.2mm，下凹的最大值为 4.7mm。③⑥焊缝焊接结束后，地板上翘的最大值为 4.3mm，下凹的最大值为 7.6mm。②⑤焊缝焊接结束后，地板上翘的最大值为 6.4mm，下凹的最大值为 11.5mm。

图 3-29 显示了模拟与实测各条焊缝上各点的平均变形值对比。由图可见，模拟与试验获得的变形值变化趋势一致，造成误差的主要原因来自于模拟分析采用的线弹性体积收缩法忽略了实际焊接过程的非稳态因素（塑性应变累积效应），采用稳态来近似瞬态焊接过程。

（2）焊接顺序对变形的影响　首先分析在地板正面焊接顺序不改变、仅改变地板反面焊接顺序情况下地板结构焊接变形规律，焊接装夹条件与现场工艺下相同。参照地板结构焊缝位置及序号，设计表 3-3 所示 7 种焊接顺序方案。

a) ①④焊缝焊后变形云图

b) ③⑥焊缝焊后变形云图

c) ②⑤焊缝焊后变形云图

图 3-28　地板正面焊接变形情况

表 3-3　不同方案的焊接顺序

方案	焊接顺序
现场	③⑥→①④→②⑤
1	③⑥→②⑤→①④
2	①④→③⑥→②⑤
3	①④→②⑤→③⑥
4	①⑥→③④→②⑤
5	③④→①⑥→②⑤
6	①⑥→②④→③⑤
7	①⑤→②④→③⑥

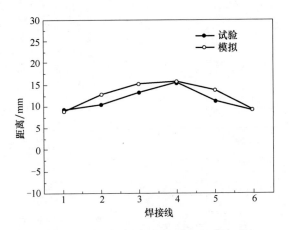

图 3-29　每条焊缝上各点的平均变形值对比

　　模拟结果表明，虽然焊接顺序改变会在一定程度上改变地板变形分布和大小，但最终地板变形分布和大小趋于一致，即在焊后夹具卸载后，在内应力的作用下，地板结构会发生弹性变形，与地板正面焊接结束、夹具卸载后发生下凹变形相比，地板反面焊接结束后，地板结构产生凸起变形，变形量均在 26～27mm，如图 3-30 所示。因此，仅仅改变地板结构反面焊接时的焊接顺序难以有效解决地板结构变形。

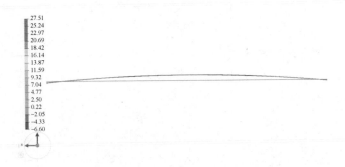

图 3-30　地板反面焊接结束、装夹释放后与焊接前变形对比
（xz 方向，放大倍数 10）

　　（3）装夹条件对变形的影响　通过现有工艺下地板结构焊接变形模拟可见，由于焊后残余应力的存在，导致夹具卸载后地板结构发生严重的弹性变形。此外，夹具的固定方式只对压头附近的地板型材起到明显的约束作用，而远离压头区域，工装对地板的固定作用较小。因此，需考虑增加约束，在中部地板型材上施加固定夹具，以减轻中部地板变形。另外，从减少约束角

度考虑，适当增大夹具卸载前地板的变形量，这样在夹具卸载后可抵消地板反向弹性变形，从而减小地板结构变形。基于上述思想，设计了表3-4所示的不同方案的装夹条件。图3-31a～c显示了不同装夹条件下焊后卸载夹具后的地板变形情况。

表3-4　不同方案的装夹条件

方案	装夹条件
1	两端型材下压条件不变，增加中部型材下压条件
2	减小两端型材下压位置
3	减小两端型材下压位置，增加中部型材下压条件

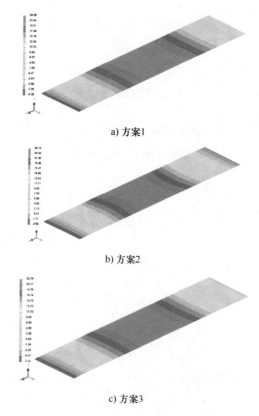

a) 方案1

b) 方案2

c) 方案3

图3-31　不同装夹条件下地板最终变形情况

由模拟结果可知，增加地板中部约束位置，适当布置每块地板型材上的工装夹具数量，有助于改善地板结构焊接变形，可将最大变形量减小至23mm左右。

8. 分析结论

通过软件模拟仿真分析，可发现：

1）仅改变地板结构反面焊接顺序难以有效控制地板焊接变形。

2）适当增加地板中部型材装夹，减少地板两端型材装夹有利于改善地板结构焊接变形。

3.3.3 焊接变形计算操作实例

1. 几何导入/创建

（1）功能描述 此模块功能为导入三维造型软件创建好的几何模型，将设计好的焊接结构 CAD 模型导入系统当中，CAD 文件可以是 ∗.igs 或其他格式。或在前处理软件中进行几何模型的建立。

几何模型为 Pro/E、CATIA 模型文件或输出的中间格式文件，包括 IGES，∗.igs；CATIA V4，∗.model，∗.dlv，∗.exp；CATIA V5，∗.CATPart，∗.CATProduct；PARASOLID，∗.x_t，∗.x_b，∗.xmt_txt，∗.xmt_bin；UG，∗.prt 等。

（2）用户界面 几何导入/创建界面分别如图 3-32、图 3-33 所示。

（3）操作说明

1）选择目录的 Open，定义打开本次仿真分析的几何模型。

2）进行几何参数化建模。

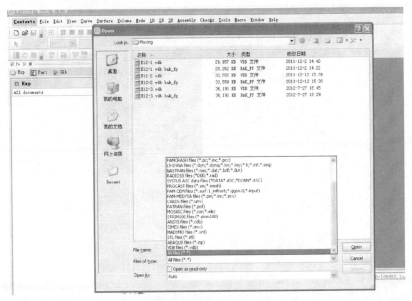

图 3-32 几何模型导入

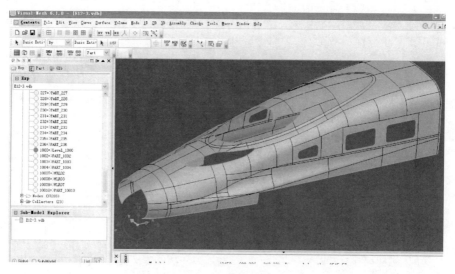

图 3-33　前处理几何模型

2. 网格划分

（1）功能描述　此模块主要的功能为创建或导入的几何模型进行网格划分并分组，实现典型焊接结构模型二维、三维网格划分。在 Visual-Mesh 中加载几何文件，保存为 *.vdb 文件，输出网格文件 *.asc。

（2）用户界面　网格划分用户界面如图 3-34 所示。

图 3-34　网格划分用户界面

（3）操作说明

1）先清理几何模型，去掉无用的点、线。

2）建立几何面（Surface）。

3）利用手动划分、自动划分（Automesh Surface）、Sweep 面拉伸和体拉伸等 Visual-Mesh 基础操作划分网格，利用 MAP、3D、Thransform、镜像等较高级的命令对略微复杂的工件进行网格划分。

4）网格必须保证节点与节点相连，网格连续，焊缝处或重点区域网格较密。

3. 焊缝轨迹建立

（1）功能描述　此模块主要的功能为建立焊接轨迹，为后续计算定义好焊枪的轨迹线，指导规定焊枪的前进路线和行进方向、焊枪的位姿。

（2）用户界面　焊缝轨迹用户界面如图 3-35 所示。

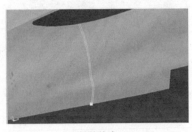 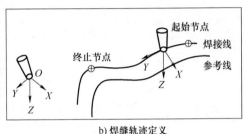

a) 焊缝轨迹　　　　　　　　　　　　　　b) 焊缝轨迹定义

图 3-35　焊缝轨迹用户界面

（3）操作说明

1）建立焊接线、焊接参考线。焊接参考线与焊接线平行。并对不同焊道进行编号。

2）建立起始节点、终止节点，建立起始单元集合。

4. 导出前处理有限元模型。

（1）功能描述　在 Visual Mesh 中导出 ∗ . asc 文件，用以在 Sysweld 中进行求解计算。

（2）操作说明

1）清理有限元模型：无重复节点、重复单元，有限元网格无空隙。

2）检查网格质量。

3）导出有限元模型。散热面集合，边界约束集合。

5. 启动求解器

（1）功能描述　启动 Sysweld 求解器，设置工作路径。如果是已有的流程配置文件，可以选择相应的配置文件，对此配置文件进行修改，并生成新的仿真前处理文件（不会改变已有仿真文件）。

（2）用户界面　求解器打开界面如图 3-36 所示。

（3）操作说明

1）在工作目录 Working Directory 中定义本次仿真分析的工作目录。

2）在 Sysyweld 下拉菜单中切换到焊接模式。

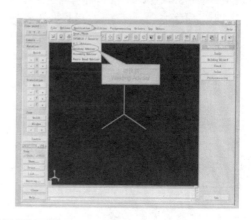

图 3-36　求解器打开界面

6. 加载材料库

（1）功能描述　此模块的主要功能是创建和导入材料库数据并施加于有限元模型上。软件提供了一些金属材料的材料库，如果不能包涵，需要自己输入材料的热物理参数。

（2）用户界面　材料库导入如图 3-37 所示。

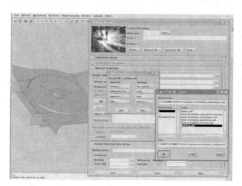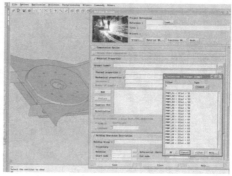

图 3-37　材料库导入

（3）操作说明

1）在材料库创建界面通过导入焊接材料数据库 Welding. mat。

2）在 Material Properties 界面中选择相应的材料数据库，导入各集合的材料库。

3）点击 Add 完成材料施加。

7. 加载热源函数

（1）功能描述　此步骤的主要作用是导入热源函数库数据并施加于有限元

模型上，再从热源函数库中选取具体热源函数施加于模型上。

（2）用户界面 热源函数库及热源函数导入如图 3-38 所示。

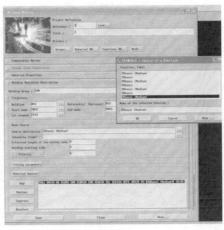

a) 热源函数库　　　　　　　　　　　　　　　b) 热源函数导入

图 3-38　热源函数库及热源函数导入

（3）操作说明

1）导出热源函数库 *.fct 文件。

2）导入热源函数 *（medium）。

8. 加载网格

此步骤的主要作用是导入前处理生成的 *.asc 文件于 Sysweld 中。

9. 焊接参数设置

（1）功能描述 此模块的主要功能是实现焊接参数、焊接轨迹的输入，通过该功能可以导入焊接热源参数和焊枪轨迹参数。前期的热源函数中包括焊接电流、电弧电压、焊接速度、热源效率等焊接参数，熔深、熔宽、熔池长度等熔池几何信息，以及热源类型等参数。

进行设置的参数包括焊接线、焊接参考线、起始节点、终止节点、热源函数、焊接速度或开始时间、熔池估计长度等参数。

（2）用户界面 焊接参数设置如图 3-39 所示。

（3）操作说明

1）选择相应的 Welding Group，使热源指向焊缝及附近区域，减少寻找时间。

2）设置 Trajectory 焊接线参数。

3）设置 Heatsource 热源参数。

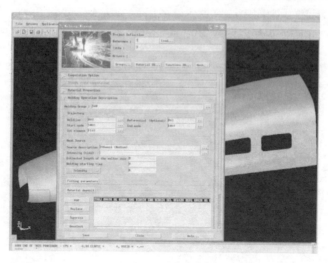

图 3-39　焊接参数设置

4）Add 保存设置。

10. 夹具设置

（1）功能描述　此模块的主要作用是实现焊接结构夹具夹持约束的功能，根据焊接结构实际装夹的情况进行设置。约束有弹性约束、刚体约束等。

（2）用户界面　焊接夹具设置如图 3-40 所示。

图 3-40　焊接夹具设置

（3）操作说明

1）选择要设置夹具的分组。

2）在 Type 下选择要施加夹具的类型，并在出现的空格里面填入相应的数值。

3）点击按钮，完成夹具设置。

11. 散热边界条件

（1）功能描述　此模块的主要作用是加入散热边界条件用以模拟实际焊接结构与周围大气的热交换。

（2）操作说明

1）选择要设置散热的面单元集合。

2）选择散热函数类型。

3）设置周围环境温度。

12. 求解参数设置及求解

（1）功能描述　此模块的功能为生成求解文件 $*$ _SOLVE. dat，然后利用 Sysweld 求解器对模板定义的参数进行求解以便生成后处理所需的温度、变形和应力结果。设置初始环境温度、焊接起始时间、相组成、求解参数等。

（2）用户界面　设置求解参数如图 3-41 所示。

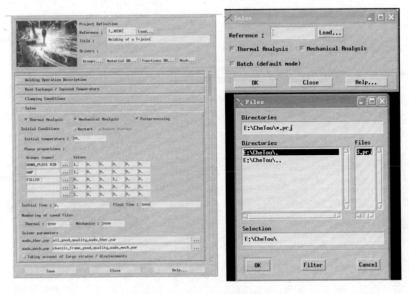

图 3-41　设置求解参数

（3）操作说明

1）求解参数设置，在 Sysweld 中自动导出工程 $*$. prj 文件。

2）生成求解所需要的文件 ＊＿SOLVE. dat。

3）导入求解输入文件 ＊＿SOLVE. dat 求解。求解完成后生成 ＊＿V＿POST1000. fdb 和 ＊＿V＿POST2000. fdb 后处理文件。

13. 结果后处理查看

（1）功能描述　此模块的主要功能是实现焊接模拟结果输出到指定工作路径下，导入温度场结果 ＊＿V＿POST1000. fdb 和应力场结果 ＊＿V＿POST2000. fdb 到 Sysweld 进行后处理。求解结果读入后处理器中，以云图、等值线和动画等形式显示数值模拟结果。

（2）用户界面　后处理界面如图3-42所示。

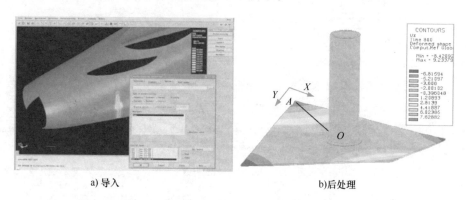

a) 导入 　　　　　　　　 b) 后处理

图 3-42　后处理界面

（3）操作说明

1）点击 Display 打开结果，选取读取的结果文件。

2）选取结果查看的类型：如温度、相变、残余应力等类型。

3）在 Postprocessing 中根据需要以云图、等值线等形式提取模型的计算结果。

14. 形成仿真分析报告

仿真完成后，出具模拟仿真分析报告。分析报告应简洁完整地给出某个产品有限元分析的结论以及建议和注意的问题。报告内容应包括：材料参数、热源类型、焊接残余应力、焊接变形情况、焊接中主要的问题、解决措施建议等。

报告内容应包括：材料参数、热源类型、焊接残余应力、焊接变形情况、焊接中主要的问题、解决措施建议等。仿真分析报告的内容应符合附录中相关规定，但不局限于附录中的内容。技术人员可以根据工艺分析对仿真分析数据的特殊要求增加报告内容，以满足焊接工艺指导、焊接结构设计的需要。

3.3.4 "筛板骨架总成"焊接模拟报告

"筛板骨架总成"为某公司设计的新型产品,由不锈钢材料焊接而成,焊接变形控制难度大。为进行焊接变形预测,降低生产试验成本,先进行焊接变形的有限元计算。

"筛板骨架总成"的矩形管总成组焊件先焊,刚性齿条组焊件后焊,最后进行筛板骨架总成的焊接。本焊接模拟工作也是按照先小后大的顺序。如果矩形管总成组焊件的尺寸超差,则不会进行刚性齿条的焊接,如果刚性齿条组焊件的尺寸超差,在未矫形的情况下也不会进行"筛板骨架总成"的焊接。因此,在进行刚性齿条的焊接模拟时把矩形管总成作为一个零件,即不考虑矩形管总成的焊接。

在进行"筛板骨架总成"的焊接模拟时,把刚性齿条作为一个零件看待。关于焊接模拟正确性的说明:在精确设置各种参数和条件的情况下,虽然有限元模拟软件可以在一定程度上定量研究简单结构件的焊接残余变形,但对于复杂的焊接结构,有限元方法难以模拟装夹情况,使得模拟结果总是偏离试验测得的数据。另外,环境温度的变化、焊接工人情绪的波动、焊枪对中不稳定等因素使得焊接工件残余变形的实测值也不是一个稳定的值,而只能位于一个或大或小的范围之内。因此,本工程结构的焊接变形有限元模拟工作并不以定量预测焊接残余变形为目的。

本产品组进行模拟工作的初衷是对焊接变形形式和焊接残余应力的分布进行预测,对不同焊接方法和焊接顺序进行模拟并比较其残余变形大小的目的是为了获得最优的焊接方案。有限元模拟是定性研究焊接变形形式和残余应力分布情况的有效手段。

特别指明一点,虽然有限元模拟方法定量预测焊接残余变形经常不准确,但根据经验,实际的焊接残余变形量通常大于模拟结果。

1. 矩形管总成的模拟

图 3-43 矩形管总成的有限元模型,单元数量 5.8 万个。该组焊件的模拟主要考察两个方向的焊后变形量,一是 Z 向的变形,即矩形管非焊接一侧表面的面外变形量;二是 Y 向的变形量,目的是了解矩形管曲率的变化。

模拟方案有如下 18 种:

1)矩形管总成的外侧焊缝和内侧焊缝均为满焊,用一把焊枪,先焊外侧焊缝,后焊内侧焊缝。

2)矩形管总成的外侧焊缝和内侧焊缝均为满焊,用一把焊枪,先焊内侧焊缝,后焊外侧焊缝。

3)采用断续焊(短焊缝长度 40mm,间隔 24mm),用一把焊枪对称次序由

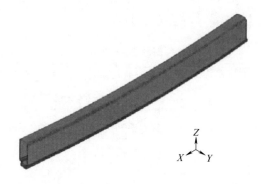

图 3-43　矩形管总成的有限元模型

两端向中间焊，先焊外侧焊缝，后焊内侧焊缝。

　　4）采用断续焊（短焊缝长度 40mm，间隔 24mm），用一把焊枪对称次序由两端向中间焊，先焊内侧焊缝，后焊外侧焊缝。

　　5）矩形管总成的外侧焊缝和内侧焊缝均为满焊，采用两把焊枪对称由两端向中间焊，先焊一半，后焊另一半。

　　6）矩形管总成的外侧焊缝和内侧焊缝均为满焊，采用两把焊枪对称由中间向两端焊，先焊一半，后焊另一半。

　　7）矩形管总成的外侧焊缝和内侧焊缝均为满焊，采用两把焊枪，由两端向中间焊，先焊外侧焊缝，后焊内侧焊缝。

　　8）矩形管总成的外侧焊缝和内侧焊缝均为满焊，采用两把焊枪，由两端向中间焊，先焊内侧焊缝，后焊外侧焊缝。

　　9）采用断续焊（短焊缝长度 48mm，间隔 16mm），采用两把焊枪，由两端向中间对称焊接。

　　10）采用断续焊（短焊缝长度 48mm，间隔 16mm），采用两把焊枪，由两端向中间对称焊接，退焊法。

　　11）采用断续焊（短焊缝长度 48mm，间隔 16mm），采用两把焊枪，由中间向两端对称焊接。

　　12）采用断续焊（短焊缝长度 48mm，间隔 16mm），采用两把焊枪，由中间向两端对称焊，退焊法。

　　13）采用断续焊（短焊缝长度 40mm，间隔 24mm），采用两把焊枪，由两端向中间对称焊。

　　14）采用断续焊（短焊缝长度 40mm，间隔 24mm），采用两把焊枪，由两端向中间对称焊接，退焊法。

　　15）采用断续焊（短焊缝长度 40mm，间隔 24mm），采用两把焊枪，由中间向两端对称焊。

16）采用断续焊（短焊缝长度 40mm，间隔 24mm），采用两把焊枪，由中间向两端对称焊，退焊法。

17）矩形管总成的外侧焊缝和内侧焊缝均为满焊，采用 4 把焊枪由两端向中间焊。

18）矩形管总成的外侧焊缝和内侧焊缝均为满焊，采用 4 把焊枪由中间向两端焊。

图 3-44 为方案 1Z 向焊接变形模拟结果。从左侧端部的位移可知矩形管总成焊后下弯，即朝焊缝所在一侧弯曲，平面度为 3.05mm。局部放大图（见图 3-44b）中显示矩形管的曲率变小。图 3-45 为方案 1Y 向焊接变形模拟结果，其清晰显示矩形管焊后弯曲度的变化趋势。经测量，图中右侧端部的 Y 向变化量为 1.1~1.3mm，应该在可以接受的范围。观察矩形管截面，发现存在略微的扭曲。把 Z 向变形作为重点考察目标，列出所有方案 Z 向变形量的模拟结果见表 3-5。从表中可以看到，采用断续焊的焊后变形明显小于满焊，焊缝间隔大时，残余变形小。

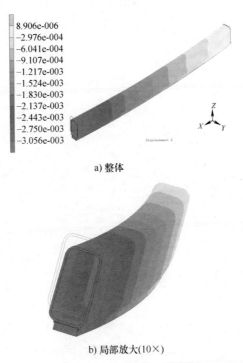

8.906e-006
-2.976e-004
-6.041e-004
-9.107e-004
-1.217e-003
-1.524e-003
-1.830e-003
-2.137e-003
-2.443e-003
-2.750e-003
-3.056e-003

Displacement Z

a) 整体

b) 局部放大(10×)

图 3-44　方案 1Z 向焊接变形模拟结果

图 3-45　方案 1 Y 向焊接变形模拟结果（10×）

表 3-5　矩形管总成 Z 向变形量模拟结果

方案序号	焊枪数量	焊接方案	Z 向变形/mm
1	1	先外侧后内侧	-3.056
2		先内侧后外侧	-3.462
3		断续焊，向中间焊（间隔 24mm），先外侧	-0.850
4		断续焊，向中间焊（间隔 24mm），先内侧	-0.980
5	2	对称向中间焊	-2.961
6		对称向两端焊	-2.737
7		向中间焊，先外侧，后内侧	-2.927
8		向中间焊，先内侧，后外侧	-3.330
9		断续焊，向中间焊	-1.352
10		断续焊，向中间焊，退焊	-1.329
11		断续焊，向两端焊	-1.488
12		断续焊，向两端焊，退焊	-1.514
13		断续焊，向中间焊（间隔 24mm）	-0.903
14		断续焊，向中间焊（间隔 24mm），退焊	-0.770
15		断续焊，向两端焊（间隔 24mm）	-0.895
16		断续焊，向两端焊（间隔 24mm），退焊	-1.053
17	4	向中间焊	-2.995
18		向两端焊	-2.750

　　图 3-46 为方案 1 和方案 16 纵向（焊缝长度方向）焊接残余应力的模拟结果对比，显示虽然方案 16 应力的峰值与方案 1 相近，但拉应力分布不连续。

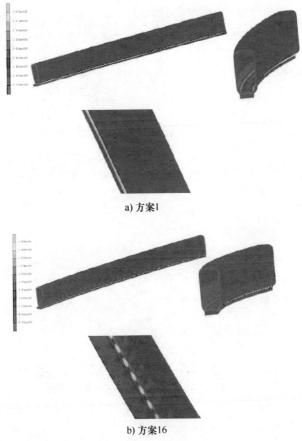

a) 方案1

b) 方案16

图 3-46　方案 1 和方案 16 纵向焊接残余应力模拟结果对比

2. 刚性齿条的模拟

图 3-47 为刚性齿条的有限元模型，图 3-48 为焊接时热源加载情况，用两把焊枪相对顺时针方向焊接。图 3-49 为刚性齿条焊后 Z 向变形云图，显示用于连接圆柱与矩形管总成和托轮弧形板的环焊缝会导致刚性齿条向上弯曲。观察发现，托轮弧形板中间偏右的位置变形最大。

本模型的模拟方案如下：

1）由中间向两端焊接，先焊完一半，再焊另一半。先焊矩形管侧环焊缝。

2）由中间向两端焊接，按对称次序焊接，先焊矩形管侧环焊缝。

3）由中间向两端焊接，按对称次序焊接，先焊托轮弧形板侧环焊缝。

提取各方案中矩形管上表面中间偏右区域某节点的 Z 向变形数据见表 3-6。有限元模拟结果表明，三种方案的 Z 向变形量差别不明显，均超出图样对平面度的要求 1.5mm。

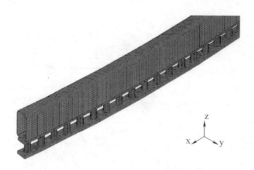

图 3-47　刚性齿条的有限元模型

图 3-48　焊接温度场

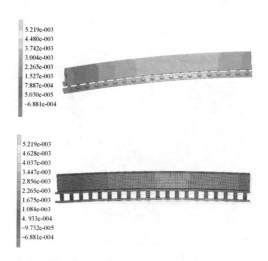

图 3-49　刚性齿条焊后 Z 向变形云图

表 3-6　刚性齿条焊接变形模拟结果

方案	注释焊接方案	Z 向变形/mm
1	非对称焊	3.517
2	对称焊，先上后下	3.569
3	对称焊，先下后上	3.518

3. "筛板骨架总成"的模拟

"筛板骨架总成"一共 300 余条焊缝，焊缝位置如图 3-50 所示。刚性齿条与侧板、侧板与连接板、侧板与加强板、加强板与中间加强板之间的连接焊缝为主要焊缝，其对应的位置标号为 1、2、3、4、5、6、7、8。

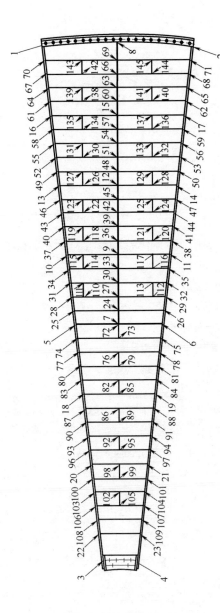

图 3-50　筛板骨架总成的焊缝位置示意图

　　按照"骨架总成焊接工艺"中制定的焊接顺序和图样中给出的焊缝尺寸进行了模拟计算，所有焊缝满焊，采用向下立焊，图 3-51 为筛板骨架总成 Z 向焊接残余变形的模拟结果，显示最大变形为连接板端向上抬起 58mm。

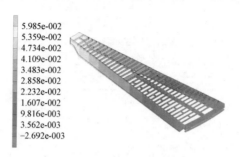

5.985e-002
5.359e-002
4.734e-002
4.109e-002
3.483e-002
2.858e-002
2.232e-002
1.607e-002
9.816e-003
3.562e-003
-2.692e-003

图 3-51　筛板骨架总成 Z 向焊接残余变形云图

4. 焊接变形的分析与对策

此结构的有限元模拟结果说明：

1）采用满焊不可行，采用断续焊并在满足强度要求的前提下尽量减小焊缝长度非常必要。

2）采用退焊来控制矩形管总成焊接变形的意义不大。从两端向中间焊，采用退焊变形会小一些，从中间向两端焊，采用退焊变形会增大。

3）矩形管总成焊接时，应先焊外侧焊缝。

4）矩形管总成焊接时，采用一把焊枪和两把焊枪对残余变形的影响不大。

5）"筛板骨架总成"焊接所引起的变形远大于刚性齿条上焊缝所引起的变形。

6）通过优化焊接工艺来满足图样平面度要求难度很大。认为"筛板骨架总成"侧板与加强板和纵向加强板之间焊接所引起的变形是导致平面度超差的最主要原因，而变形的根源来自侧板上焊缝的横向收缩。图 3-52 为侧板上焊缝横向收缩导致变形的示意图。非对称焊接和热输入大都会导致严重的焊接变形，控制焊接热输入和合理布置焊缝是减小焊接变形的有效手段。

为了能将"筛板骨架总成"的焊接残余变形控制到最小，可采取如下措施：

1）矩形管总成的焊接采用断续焊，在满足力学强度的条件下尽可能减少焊缝长度，增大焊缝间距；采用对称施焊工艺；由两端向中间焊或由中间向两端焊；要先焊外侧焊缝。

2）刚性齿条圆柱的焊接采用断续焊，可分为三段，每段长度 25～30mm；先焊托轮弧形板侧环焊缝。

3）对于"筛板骨架总成"的焊接，侧板与刚性齿条之间的焊缝应为满焊缝，其余焊缝皆应为断续焊缝，尤其是侧板与加强板和纵向加强板之间的焊缝；

无论是"制造平衡焊缝"方法（设计对称焊缝结构、采用对称施焊工艺），还是"反变形"方法，应在进行工艺试验前先进行模拟试验，试验中的板长、板厚都可以减小，材料也可以换成 Q235，确认方法可行后，再用不锈钢材料试验。

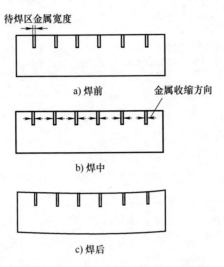

图 3-52 焊缝横向收缩导致变形示意图

第4章

焊接变形控制方法

产生焊接变形的因素非常多，也非常复杂。本章结合实际生产，分别从焊接原理、焊接结构设计、焊接工艺设计、焊接生产等不同角度阐述焊接变形的消除方法，供焊接技术人员参考。

在焊接结构中，焊接应力和变形并不是孤立的，它们既同时存在、又相互制约。特别强调，焊接构件的焊接变形大小与焊后残余应力值高低无绝对关系，即焊后不变形，并不一定是内部无焊接残余应力，例如，搅拌摩擦焊结构一般焊后变形不大，但残余应力水平仍较高。

焊接构件的焊接变形也并不都是在焊后立即显现出来，例如对于某些结构，焊后无变形，但在喷砂、装配等后续工艺或服役一段时间后，出现失稳变形，内部应力在外力作用下发生释放，引起的焊后变形，更应值得注意。

如果在焊接过程中，常采用焊接夹具等刚性固定法施焊，这样变形减小了，而应力却增加了，反之，为使焊接应力减小，应允许焊件有一定程度的变形。在生产实践中，我们往往既要使结构不产生大的焊接变形，又不允许存在较大的焊接应力，因此必须采取合理的防止和减少焊接应力与变形的措施。

4.1 从焊缝压缩塑性应变角度控制焊接变形

从焊缝压缩塑性应变角度减小焊接应力和变形措施分为三类：焊前、焊中和焊后措施。焊前措施指焊接开始前为达到减小焊接应力与变形目的而采取的措施；焊中措施指针对焊接应力变形的产生机制而开发的实时控制方法，焊后措施指焊接完成后"被动"采取的变形矫正方法。三类控制措施的典型方法有：

焊前：预拉伸变形、刚性固定法及反变形法等。

焊中：预置应力法、焊时温差拉伸、随焊锤击法、随焊碾压法及随焊冲击碾压法等。

焊后：锤击、滚压、逐点挤压、机械拉伸、振动时效、火焰矫形、温差拉伸及爆炸消应力法等。

4.1.1　焊前变形控制方法

焊前控制变形的方法有：预拉伸变形、刚性固定法、反变形法等。

1. 预拉伸法

乌克兰巴顿焊接研究所（以下简称"巴顿焊接所"）于 1994 年提出单向预置应力焊接法（LTPS），在焊接平行方向施加拉伸载荷的方法，巴顿焊接所 Lobnov 指出：在焊接前和焊接过程中对母材施加一个达到 50% 以上屈服强度的弹性张力，可以减少瞬态应力和残余应力。

预拉伸法是在焊前对焊件沿特定方向进行应力预置。预拉伸法通过对板材两端施加沿焊缝方向的预置拉应力与焊接温度场在焊件上引起的应力相叠加，来改变焊件内应力应变的分布状况，从而达到控制焊接应力与变形的目的。巴顿焊接所的研究者认为，预拉伸法可以成功地应用于控制宽板焊接和窄板焊接的焊接变形，特别适用于控制长薄板自动焊接时的焊接变形。研究表明，在焊前和焊接过程中施加大于母材屈服强度 50% 的弹性拉伸，能够明显降低焊件的残余应力和变形。用预拉伸法对厚度为 4mm 的 5A05 铝合金板焊接进行研究，焊后残余应力及变形的测定结果表明，当预拉伸应力为材料屈服强度的 90% 时，其焊后残余应力的绝对平均值仅为 7.84MPa，比无预拉伸时的 32.56MPa 降低了近 76%，而纵向挠曲变形量由 3.85mm 下降至 1.20mm。

哈尔滨工业大学周广涛博士基于力学角度，针对铝合金薄板焊接应力变形控制，提出了一种综合控制焊接变形的新方法——双向预置应力法（TDPS），双向预置应力法工作原理如图 4-1 所示。通过在平行于焊缝的方向施加纵向预置拉伸应力（LTPS），产生塑性延展能够降低焊缝区的纵向残余拉应力水平，从而起到减小甚至消除焊接挠曲变形的作用；通过在垂直于焊缝的方向施加横向

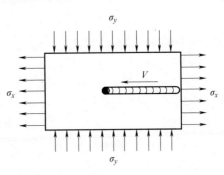

图 4-1　双向预置应力法工作原理图

预置挤压应力（TCPS），对凝固过程中处于脆性温度区间的焊缝金属产生横向压缩应变来抵消焊缝金属收缩受到的致裂拉伸应变，从而防止热裂纹的产生和扩展。该方法可以避免焊缝表面损伤，不影响接头的力学性能，具有电弧稳定不受干扰，成形自然等特点，为解决高强铝合金薄板焊件变形问题提供了一种新工艺。

预拉伸工艺在控制焊接变形方面取得了明显效果，采用有限元分析方法对

LTPS 作用下应力场进行数值模拟计算，量化应力横截面上残余拉应力峰值降低量与施加的预应力之间的关系：在预置拉应力与残余应力叠加后不导致焊件发生局部屈服的前提下，LPTS 工艺使残余应力峰值的降低量等于预拉应力值。同时，残余压应力也随之降低，并与拉应力保持平衡关系，通过对 LTPS 条件下纵向应力演变过程的模拟计算，以截面内应力平衡为原则，推导出完全消除铝合金薄板失稳变形的判据，确定消除薄板焊接失稳变形所需加载的最小预应力，为指导实际生产提供了理论依据。对于尺寸为 300mm×200mm×2mm 的 LY12 铝合金薄板焊件，当预拉应力为 0.75 倍的屈服强度（为铝合金的屈服强度）时，可以完全消除失稳变形，其最大纵向变形量为 0.5mm，只有常规焊接的 5%。

研究发现预拉伸对熔池后方处于脆性温度区间的焊缝金属产生额外的横向拉伸作用，增加了横向拉伸应变，使焊接热裂纹倾向增大。对于尺寸为 200mm×100mm×2mm 的试件，采用表面熔敷形式，当预拉应力为 0.7 时，产生的裂纹长度为 10.1mm。

针对预拉伸产生的热裂纹缺点，并根据热裂纹产生的力学条件，提出了横向预置挤压应力（TCPS）控制焊接热裂纹的方法。该方法控制热裂纹的机理为：TCPS 产生的预压应力对脆性温度区间金属通过应变传递方式对焊缝处金属产生横向压缩应变，减小甚至抵消脆性温度区（BTR）焊缝金属的横向拉伸应变，使之低于金属最低塑性值。TCPS 能有效地控制铝合金焊接热裂纹的扩展与产生，鱼骨状试样裂纹试验结果表明，采用整体加载时，随着预置压应力的增加，裂纹长度逐渐减小，常规焊时试件热裂纹率高达 45%，当 TCPS 为 0.1 时，能完全消除热裂纹。

为了同时控制焊接变形和热裂纹，将两向预应力结合起来形成双向预置应力，通过理论、数值模拟和试验三者结合，证明了双向预应力条件下，纵、横两预应力之间存在交互作用，每个方向的预应力都会对另一个方向的应力、应变产生影响，综合作用结果是两向预应力效果的叠加，通过两者合理的配比，可以得到低应力、小变形、无裂纹的焊件。

采用 300mm×200mm×2mm 的 LY12 铝合金薄板试件，进行平直缝焊接试验，结果表明，常规焊状态下试件最大纵向挠曲变形量为 9.92mm，在 0.6 LTPS 和 0.1 TCPS 配比下，最大挠曲变形量下降到 0.5mm。构件横截面上残余压应力已经降至临界失稳应力以下，失稳变形完全消失，并且没有出现热裂纹。双向预置应力对焊缝的表面形貌没有影响，由于属于自然成形，和常规焊接保持一致的外观。拉伸、弯曲等力学试验结果表明，双向预置应力接头抗拉强度提高了 8%，弯曲强度提高了 6%，伸长率未降低，接头区特别是焊缝中心和焊趾部位硬度也稍有提高，说明接头软化得到了有效改善。

预拉伸法要求有专门设计的机械装置与自动焊接设备配套，以便进行快速应力预置，预置应力方法及装备如图4-2所示。

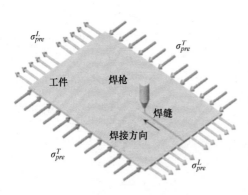

a) 周广涛双向预置应力方法

b) 筒装结构预置应力装置

图 4-2 预置应力方法及装备

2. 温差拉伸法

自美国首先提出采用温差拉伸法降低焊接残余应力以来，温差拉伸法促进了焊接技术的发展，至今为止，温差拉伸法仍是控制焊接变形简便而有效的方法。温差拉伸法基本原理是在对焊缝两侧加热的同时对焊缝区快冷（也可单独对焊缝区快冷），形成一个温差，对焊缝及近缝区产生拉伸作用，控制焊接过程中不协调应变的产生和发展过程，从而达到降低焊接残余应力和变形的目的。

国内外学者对温差拉伸工艺做了大量细致的研究工作。在 20 世纪 80 年代末，关桥院士提出了薄壁构件低应力无变形焊接法（LSND 法），该法的工作原理如图4-3所示。其关键技术是采用两个外加拘束力防止焊件在焊接温度场作用下发生瞬态面外失稳变形，从而保证有效的"温差拉伸效应"始终跟随焊接热源。LSND 法能将焊接残余应力和变形控制在很低的水平。

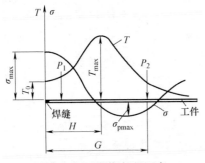

a) 低应力无变形焊接法原理示意

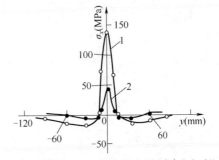

b) 常规焊(曲线1)和LSND焊(曲线2)残余应力对比

图 4-3 温差拉伸法工作原理

郭绍庆等采用分体式温差拉伸夹具实现了静态温差拉伸。图4-4所示为分体式温差拉伸焊接夹具。采用分体式底板静态温差拉伸可以产生显著的马鞍形温度场，在此温度场的作用下对焊缝施加拉伸应变，达到减小焊接残余应力和变形的目的。M. V. Deo等也对温差拉伸法进行了研究。静态温差拉伸法由于受预置温度场和专用夹具的限制，只适用于对直线焊缝的静态控制。

关桥院士在LSND法的基础上又发展了动态控制的低应力无变形焊接技术（DC-LSND）。此法采用可跟随焊接热源移动的热沉装置（见图4-4），形成一个热源-热沉多源系统。跟随焊接热源移动的热沉急冷收缩，产生很强的拉伸作用，可用于定量控制焊接过程中的不协调应变和焊接应力的水平，从而达到薄壁结构动态控制的低应力无变形焊接效果。

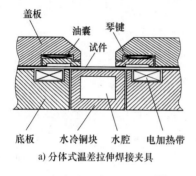
a) 分体式温差拉伸焊接夹具

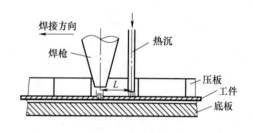
b) 热源-热沉多源系统装置

图 4-4　低应力无变形焊接技术

学者姚君山等应用数值模拟方法对热源-热沉多源系统控制薄板焊接压曲变形的机理进行研究，并用试验进行了验证。郭绍庆、田锡唐等在研究了夹具预热措施对随焊激冷减小铝合金薄板焊接变形效果的影响，指出：在整体式底板不采取预热措施的条件下，随夹具散热条件的降低，随焊激冷减小变形的效果增强，但仍不明显，其机理是减小焊接热输入的等效作用；采用预热措施后，随焊激冷减小变形效果比较明显，其机理是激冷和预热的共同作用加大了温度梯度，形成了两侧温度高而焊缝温度低的马鞍形温度场，利用马鞍形温度场形成的温差拉伸效应将先期形成的纵向压缩塑性应变部分抵消。适当提高预热峰值温度，增大温差，控制焊接变形的效果会更好。静态温差拉伸与随焊激冷结合使用，可以充分发挥两类温差拉伸的作用，获得最小的焊接残余变形。

静态温差拉伸法，如LSND法在航空航天领域薄壳焊接结构的生产中已经获得成功的应用，其不足之处是为了达到所需的温差，需要较长时间的预热，操作复杂，生产效率不高。对于大尺寸焊接结构，需要设计专门的配套设备，增加了该技术的应用难度。动态温差拉伸法由于装置简单，灵活，虽然可对薄壁结构上直线、圆形和环形形式的焊缝进行焊中控制，但采用水做冷却剂则容易污染焊接熔池，导致焊缝缺欠，而采用液氮冷却成本又太高。可是，无论是静态温差拉伸法还是动态温差拉伸法都不能降低焊缝的横向收缩，特别是动态温差拉伸法还有使焊缝横向收缩加大趋势。因此，如何通过改善焊接工艺和焊接设备使温差拉伸工艺更加成熟，提高该方法的工作效率，在保证焊接质量的同时降低生产成本，是今后需要进行的工作。

3. 反变形法

根据焊接变形的规律，先预估焊件残余变形的大小和方向，在焊前预置一个相反方向的变形，使该变形与焊后产生的变形方向相反而变形量相近，补偿由于收缩引起的变形，使焊接构件尺寸精度达到设计要求，这种方法称为反变形法。即事先估计好结构变形的大小和方向，然后在装配时预置一个相反方向的变形与焊接变形相抵消。反变形法在焊接中应用广泛，根据焊件的具体结构和工厂的条件，灵活地运用这种方法，可以完全防止变形的产生。

反变形施加的方式有：在工装中预置工件的反向挠度、在结构设计中加入反变形设计，如图 4-5 所示。

a) 在工装设置反变形方法

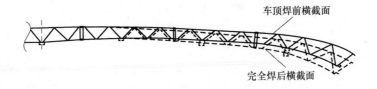

b) 产品结构引入反变形设计

图 4-5 反变形控制焊接技术

（1）在工装中预置工件反向挠度的焊接反变形方法 构件在焊前预置与变形方向相反的变形，这种方法可以防止弯曲变形和角变形。例如，在工装上采用预变形工艺，控制薄壁板壳结构上封闭型焊缝的焊后变形，在焊前对焊件进行人为的反方向变形，焊接过程中，焊接变形抵消了反变形量，达到变形控制的目的。其难点在于反变形量的预置，通常是通过试验或数值模拟方法结合焊接施工经验得到。

（2）在结构设计中加入反变形设计　例如，在高速列车铝合金车体大部件制造中，为保证总组成后车体具有设计挠度，需要在侧墙上设置挠度。另外，为保证工件焊后得到合格产品，往往采用预置焊接反变形的工艺措施。这样在工装设计中要有相应的机构满足工艺要求。车体大部件焊接的另一个特点是决定焊接变形量的因素非常多，如焊接参数、焊接顺序、母材、填充材料、压紧力等，因此，很难在首件焊前预测焊接变形量的大小，这样给工装设计带来难度。在工装设计时首先预测焊接变形量的大小，给出反变形量，在首件焊后再根据实际情况调整。在工装上要设计易于改变反变形量的机构，如采用垫片调整、螺旋调整、液压顶紧等结构。

4. 刚性固定法

刚性固定法又被称作刚性约束法，是在外力约束的情况下阻止焊件变形。刚性固定法的实质是在焊前，将焊件固定在具有足够刚性的基础上，使焊件在焊接时不能移动，在焊后完全冷却后再将焊件放开，这时焊件的变形要比在自由状态下焊接时所发生的变形小，如图 4-6 所示。

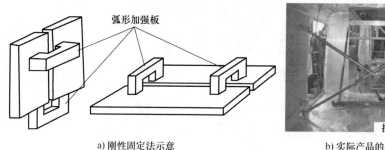

a) 刚性固定法示意　　　　　　　　　b) 实际产品的刚性固定

图 4-6　刚性固定控制变形方法

由于刚性固定阻止了构件的外形形变，却无法阻止构件内部组织或相变引起的变形，刚性固定的焊件焊后残余应力大，存在时效形变的可能，甚至会影响构件力学性能，一般刚性固定方法结合反变形法使用，或通过锤击焊缝的方法消除残余应力。

焊接结构本身刚度越大，焊接膨胀和收缩对结构的影响就越小，因此，适当加大结构刚度会减少焊接变形。如结构段焊密些或加一些临时刚性固定块，可以减少焊接变形。通过增加结构刚度减少焊接变形的例子在实践中非常普遍，如增加临时横梁或虚假结构的办法增大结构刚性，制造完成后再去除，简便易行。

4.1.2 焊中变形控制方法

1. 随焊锤击法

随焊锤击法是哈尔滨工业大学提出的一种适用于薄壁结构的随焊控制新工艺，既可控制焊接应力和变形，又可控制热裂纹。图 4-7 为随焊锤击法的示意图和锤击方式。

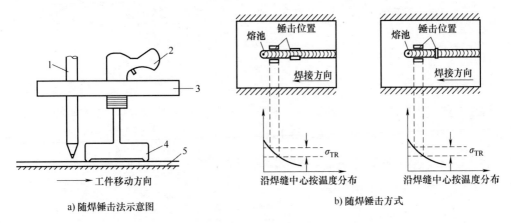

a) 随焊锤击法示意图   b) 随焊锤击方式

图 4-7 随焊锤击法
1—焊枪 2—气锤 3—固定平台 4—锤头 5—工件

离焊接熔池较近的一对锤头，锤击部位是焊脚及热影响区金属，其主要作用是防止裂纹产生；离熔池相对较远的锤头，分别对焊脚或焊缝部位金属进行锤击，其所产生的纵向和横向的塑性延展可以减少甚至消除焊缝及近缝区的压缩塑性应变，从而获得较好的残余应力变形控制效果。该方法在铝合金、钛合金薄板的焊接变形和残余应力的控制上已经得到成功的应用。

2. 随焊碾压法

20 世纪 80 年代，前苏联学者 Куркин 等率先提出了随焊碾压焊缝的方法，该方法如图 4-8 所示。铝合金薄壁构件的随焊碾压试验结果表明，该工艺不但可以获得综合性能良好的焊接接头，还可以消除薄壁焊件的翘曲变形，降低焊接残余应力的水平。Kondakov 在上述研究的基础上，应用随焊碾压法对钛合金和不锈钢材质的薄壁焊件进行了研究。我国学者刘伟平提出了焊缝两侧随焊同步碾压反应变的理论及方法，并研制出随焊同步碾压实验设备，其主要作用是用来防止焊接热裂纹。

3. 随焊冲击碾压法

随焊冲击碾压法是为了解决大面积高强铝合金薄壁板的拼焊变形问题而研

125

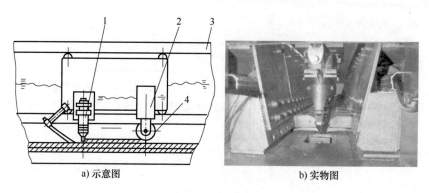

a) 示意图　　　　　　　　　　　　b) 实物图

图 4-8　随焊碾压法

1—焊枪　2—加压装置　3—导规　4—碾压轮

发的一种工艺方法，如图 4-9 所示。它把随焊锤击法冲击能量大的优点和随焊碾压法可以钝化应力集中的特点结合起来。随焊冲击碾压法的作用机理是：作用

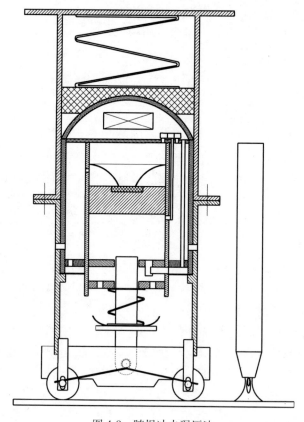

图 4-9　随焊冲击碾压法

于焊缝部位的冲击碾压前轮迫使焊缝金属由焊脚处向焊缝中心流动，对处于脆性温度区间的焊缝金属施加一个横向挤压塑性应变，减小甚至抵消致裂的拉伸应变，获得防止焊接热裂纹的效果；后轮也作用于焊缝上，对焊缝金属向两侧和前方进行冲击碾展，将焊缝金属的纵、横向压缩塑性变形和前轮对焊缝区额外施加的横向挤压应变充分碾展，从而达到控制焊接残余应力和变形的目的。

随焊冲击碾压法实现了铝合金薄壁结构平板对接低应力、小变形、无热裂焊接，并做到了平面封闭焊缝残余应力变形的随焊控制，提高了航空航天领域中薄板壳结构的几何完善性和安全性。

4. 随焊旋转挤压工艺

哈尔滨工业大学方洪渊教授提出了随焊旋转挤压工艺，理论和试验研究结果表明，该工艺能很好地控制薄板构件的焊接残余应力和变形，即能减少焊缝及近缝区的残余压缩塑性应变，达到减小残余应力和变形的目的，其原理、装备、实施效果如图 4-10 所示。随焊旋转挤压工艺可以将焊件的纵向挠度降至常规焊状态的 10% 以下，将最大焊接纵向应力由正应力降为零或压应力。

工件运动方向

a) 随焊旋转挤压原理

b) 随焊旋转挤压装置

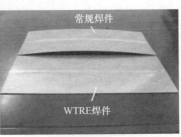

常规焊件

WTRE焊件

c) 随焊旋转挤压实施效果

图 4-10　随焊旋转挤压技术装置

4.1.3 焊后变形控制方法

1. 机械矫正法

机械矫正法是根据焊件结构形状、尺寸大小、变形程度，选择锤击、压、拉等机械作用力，对焊接变形进行矫正。机械矫正的基本原理是，将焊件变形后尺寸缩短的部分用机械外力加以延伸，并使之与尺寸较长的部分相适应，恢复到所要求的形状。

对于薄板结构，当其焊缝较为规则时，可采用碾压法来碾压焊缝及其两侧，使之伸长以达到消除变形的目的。这种方法具有效率高、质量好等优点。也可以采用手工锤击的方法矫正薄铝板波浪变形，正确的锤击方法是：锤击凸起部位的四周，使周边金属延伸，方能使凸起的部位展平，最好的方法是沿半径方向由内向外逐渐锤击，或者沿凸起部位四周逐渐向内锤击。

对于焊缝布置复杂，很难判别调修受力方向的结构，可以采用机械调修的方法，如图 4-11 所示机械调修。机械调修不允许出裂纹，如任何一处开裂，该种工艺方法都是禁止的，此时应考虑火焰调修和机械调修相结合；较严重的焊接变形禁止纯机械调修。

图 4-11　机械调修

2. 火焰喷水法

大约在 1950 年开始在火焰喷水法消除残余应力和焊后变形于美国应用，其原理如图 4-12 所示。两个相距 120~270mm 的并列气体火焰喷管沿焊缝两侧纵向移动，在喷管之后 150~200mm 处设一个横向水冷喷嘴，用以将板子冷却至室温。火焰喷管和水冷喷嘴以 1~10mm/s 的速度同向移动。由于火焰加热与喷水冷却配合进行，因而在焊缝两边形成有边界加热区，加热区的膨胀使焊缝区产生纵向拉伸与横向压缩。在此过程中，焊缝区产生屈服，焊缝发生塑性拉伸变形，冷却后残余应力和变形得以降低。

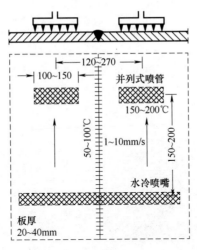

图 4-12 火焰喷水法

3. 电弧矫形法

国内部分企业也有采用电弧矫形的方法进行变形矫正，其原理如图 4-13 所示。

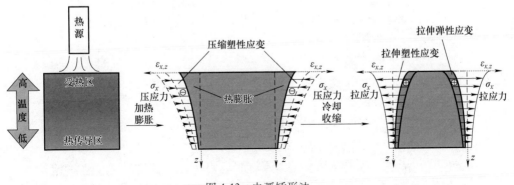

图 4-13 电弧矫形法

加热阶段：热源在上表面工作时，热量沿板厚方向呈温度递减，上表面热膨胀系数大于下表面。由于受到周围材料的约束作用而产生压应力，当压应力超过材料的高温屈服应力后产生压缩塑性变形，上表面压缩塑性应变大于下表面。

冷却阶段：材料降温发生收缩，由于变形协调的影响，周围材料抑制微元的收缩，产生拉伸作用，且上表面产生拉伸作用大于下表面，大致呈梯形分布。

此种方法对材料的损伤需引起重视。

4. 火焰矫正法

火焰矫正法就是利用火焰对焊件进行局部加热，使焊件产生新的变形来抵消焊接变形，图 4-14 是火焰调修控制焊接变形。过量、多次火焰调修会降低材料力学性能，应特别注意，对于铝合金等金属材料，过高调修温度降低其耐腐蚀能力。火焰调修过程中，如果能够使调修区域产生急冷，将使调修效果更好。

图 4-14　火焰调修控制焊接变形

火焰矫正法分空冷、正冷和背冷三种方式，适用不同材料及结构。例如铝合金宜选择正冷法，避免使用背冷法；火焰矫正时，焊枪保持与工件表面垂直，焊枪与工件之间应保持 20～25mm 的距离；水冷点与火焰加热点的距离应在200mm 以内。

火焰加热矫正法主要用于弯曲变形、角变形、波浪变形及扭曲变形的矫正。常用的加热方法有点状、线状和三角形加热等。线状加热的特点是加热引起的横向收缩要比纵向收缩大得多，而横向收缩随着加热线宽度的增加而增加。上述三种加热以加热带式的横向收缩量最大。线状加热的宽度一般不大于工件厚度的两倍，主要用于变形大或刚性强的构件矫正。

（1）点状加热　为消除结构的波浪变形，可采用点状加热法，在凹陷或凸起的四周进行点状加热。加热处的金属受热后膨胀，由于周边冷金属阻碍其膨胀，加热点的金属便产生了塑性变形。随后在冷却过程中，加热点金属体积收缩，就会将相邻金属拉紧，这样凹凸变形的周围各加热点的收缩，就把变形处拉平。

加热点的数量可根据变形情况而定，加热点直径取决于工件厚度和变形的大小，一般为 15～25mm。加热点的间距一般取 50～100mm，变形量大时，间距选小些。这种方法主要用于薄铝板波浪变形的矫正。

（2）三角形加热　加热区呈三角形，故称为三角形加热。常用于厚度大、刚度大的构件弯曲变形的矫正。它的特点是加热面积大，收缩量也大，并且三角形的底边处于边缘上，此处收缩量最大，非常有利于矫正弯曲变形。例如，T形梁由于焊缝不对称产生上拱弯曲时，可在腹板外缘进行三角形加热矫正，产生旁弯时，可在底板外缘进行三角形加热矫正。

（3）火焰矫正温度　无论火焰矫正还是火焰喷水锤击法都是一项技术性很强的操作，要根据结构的特点和变形情况，确定加热温度、加热方法和位置，并能用测温仪、温度变色笔等测量加热区的温度。例如，若温度过高可能使铝合金材料熔化，或使材质强度下降，温度太低则矫正困难，因此控制好温度才能获得满意的矫正效果及使用性能。

5. 热、冷综合调修

即复合矫正法，同时使用两种及以上的矫正方法。

热、冷综合调修是铝合金焊接变形最普遍使用的调修方法，因为单纯的火焰调修其调修量有限，机械调修有时对结构产生危害，而热、冷综合调修是利用外力（机械或重物）使结构产生一个过变形，但该变形是弹性变形，随着外力的去除自然回弹到原位置，在外力作用下进行火焰加热，会使材料屈服点迅速下降，原有的弹性变形会有一部分转变为塑性变形，成为永久变形保留在结构中，当外力去除后，这部分保留下来的变形就成为调修变形而实现结构调修。图 4-15 为某结构焊接完毕后，纵向产生挠度变形

图 4-15　综合调修示意

后，用重物将其挠度压回，然后用火焰稳形的调修工作过程。

6. 焊后热处理

热处理作为一种传统并行之有效的改善和恢复金属性能的方法，在压力容器制造中应用较广。焊后热处理是利用金属材料在高温下屈服极限的降低，使应力高的部位产生塑性流变，从而达到消除焊接残余应力、稳定结构变形及尺寸的目的。

焊后热处理（即消除应力热处理）可以松弛焊接残余应力，稳定结构的形状和尺寸，减小焊后变形；改善母材、焊接区的性能，提高焊缝金属的塑性，降低热影响区硬度，提高断裂韧性，改善疲劳强度；恢复或提高冷成形中降低的屈服强度；提高抗应力腐蚀的能力；进一步释放焊缝金属中的有害气体，尤其是氢，防止延迟裂纹的发生。

大型壳体结构的焊后整体热处理是一项复杂的工程技术，它不仅需要有足

够大的加热能力以保证工艺要求的升温速度和加热温度，同时还要求加热的均匀性，以减少加热壳体的各部位温差。我国焊后整体热处理高速燃油喷嘴内燃法，自 1976 年试验研究成功以来，已对 $50\sim5000m^3$ 的几百台各类球罐及转炉炉壳、卤水澄清器等成功进行了焊后整体热处理，实践证明，这种方法是对大型壳体结构进行焊后整体热处理的最为简便易行、有效的方法之一，图 4-16 为焊后热处理实物图。

图 4-16　焊后热处理

7. 振动时效法

振动时效法又称振动消除应力法，是在试件的高残余应力区，施加动应力与试件中残余应力叠加，使金属晶体产生位错运动，内部产生微观塑性变形，高残余应力得以释放，达到调整和均化残余应力的目的。经国内外大量的应用实例证明，振动时效对稳定构件的尺寸精度具有良好的作用。振动时效技术不仅具有工艺简单、效率高、能耗低等优点，而且克服了某些热处理工艺带来的表面氧化、脱碳、热变形等问题，从而弥补了自然失效和热时效的不足。振动时效技术手段的应用可提高企业产品质量，降低能耗，给企业带来较大的经济效益，在航空、航天、兵器、发电设备、机床、模具、核工业、工程机械等各个领域有着广泛的应用。振动时效消除应力技术已列为国家重点攻关项目和重点推广技术之一，在制造领域创造了巨大的经济效益和社会效益。

频谱谐波定位振动时效处理技术是近年出现的较为先进的振动时效技术，如图 4-17 所示。先将待处理的焊接结构件固定在专用工装上，利用模态分析仪对焊接结构件进行模态分析，提取焊件多个有效模态振型。然后利用频谱谐波时效设备对焊件进行频谱分析，优化谐波频率。最后对频谱分析的多种谐波频率进行动态检测，再结合模态分析振型与动态应变检测结果，选择动应变大的谐波频率进行定位时效处理。

振动时效工艺也可用于后续喷砂工艺、运营后引起的部件失稳变形、厚板铣削引起的尺寸稳定性等问题，保证机械加工后构件尺寸与形状的稳定性。

8. 焊后变形搅拌旋压控制

作为一种固相连接技术，搅拌摩擦焊接过程中没有材料的熔化与凝固现象

a) 机械加工后变形　　　　　　　　b) 频谱谐波振动时效

图 4-17　振动时效消除应力释放引起的变形

产生，焊接过程中的热输入较低，因此搅拌摩擦焊构件残余应力较低、变形相对较小。但铝合金薄壁结构搅拌摩擦焊的变形问题还是表现得很突出，尤其是薄壁结构焊接变形与工程实际要求存在较大差距。例如，某型号飞机座舱2.0mm 厚搭接结构采用搅拌摩擦焊工艺焊接，焊后试件呈波浪形，变形较大。

国内沈阳航空航天大学开发了控制搅拌摩擦焊变形的搅拌旋压变形控制技术，与上述随焊锤击方法不同点在于锤击加入了旋转摩擦作用，在焊缝塑性区进行工作以降低焊接变形。搅拌摩擦焊结构残余变形的随焊旋压变形控制设备，是与搅拌摩擦焊机配合使用，其结构如图 4-18 所示。在气锤支座内的上部为减震部分，下部为执行部分，气动传力部分的气缸位于执行部分上方并置于气锤壳体内；执行部分的冲击传力杆的下端与锤头连接，上端置于气缸内；套装在冲击传力杆上的复位弹簧，置于气锤支座内底面和弹簧挡板之间，弹簧挡板与气锤壳体的外底面卡接；气动传力部分的气缸上设有气流换向阀，通过气孔和气体整流结构与气缸中的冲击活塞气动驱动连接；气流换向阀、气孔、气管及排气孔与气缸形成流入与排放气体通道。

特点及效果：有效地降低了搅拌摩擦焊连接的铝合金薄板结构的残余变形和应力，有利于搅拌摩擦焊技术在航空、航天、汽车等领域的铝合金薄壁结构中的进一步推广与使用。

9. 散热法

散热法又称强迫冷却法，就是把焊接处的热量迅速散走，使焊缝附近的金属受热大大减小，以达到减少焊接变形的目的，如图 4-19 所示。图 4-19a 为散热法焊接工件简图，图中为将工件浸入水中进行焊接；图 4-19b 为喷水冷却焊接；图 4-19c 为水冷纯铜板散热焊接。这种方法对具有淬火倾向的钢材不宜采用，否则易产生裂纹。

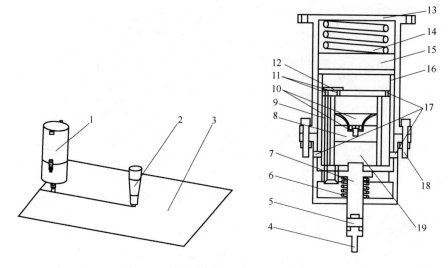

图 4-18　焊后变形搅拌旋压控制设备结构

1—旋压变形控制设备　2—搅拌头　3—工件　4—锤头　5—套环　6—复位弹簧　7—冲力传杆
8—活塞　9—气管　10—整流结构　11—气孔　12—气流换向阀　13—套筒　14—减震弹簧
15—橡胶垫　16—气锤壳体　17—排气孔　18—螺栓　19—气缸

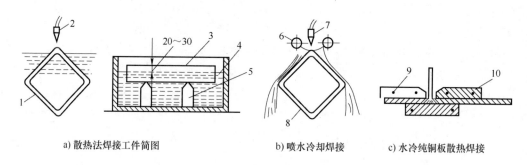

a) 散热法焊接工件简图　　　　b) 喷水冷却焊接　　　　c) 水冷纯铜板散热焊接

图 4-19　散热法

1—焊件　2—焊枪　3—焊件　4—水　5—支撑架　6—喷水管
7—焊枪　8—焊件　9—冷却水孔　10—纯铜板

4.2　从焊接结构设计角度减小焊接变形

4.2.1　焊接对称性设计原则

合理的焊接结构设计可有效降低焊接变形，如采取合理的对称设计、对称焊接，利用焊缝收缩互相制约减小焊接变形。

首先，选用对称截面的结构，对称布置焊缝，设计时，尽可能安排焊缝对称于截面的中性轴。其次，在保证结构的承载能力下，尽量采用较小的焊缝尺寸及较多的焊缝层数，尽量避免小范围内重复施焊。最后，在条件允许的情况下，用型材替代板材，用断续焊替代连续焊。

焊接顺序及焊接方向在控制焊接变形方面具有很大的作用，当结构中性轴两侧均有焊缝时，先焊焊缝少的一侧；先焊离中性轴近的焊缝，最后焊接热输入量大的焊缝；截面对称的构件应尽量采用交替焊。

通过采取合理的焊接顺序，可以抵消焊接内应力和增大结构刚性，焊接顺序应根据工件具体结构而定，焊接顺序的制定应正确分析力的方向。一般来讲，自由状态下，一次焊接变形大于二次焊接，而在夹具的作用下，一次焊接变形要小于二次焊接，夹紧力越大，该现象越明显，这是制定焊接顺序必须要考虑的首要前提，尤其自动焊接时，更应如此。焊接顺序虽然没有一个固定规律，但一些基本原则可以借鉴，如：

1）先短后长：先焊接短焊缝，再焊长焊缝；

2）先里后外：在一个结构上，先焊内侧焊缝，再焊外侧焊缝，因为外侧对内侧的影响不好处理；

3）先中心后两侧：从结构中部开始向两侧焊接，使膨胀和收缩对结构影响最小；

4）先平后仰：先焊接平位置焊缝，最后焊接不好焊的位置；

5）最后焊接收缩量大的焊缝；

6）对于一个焊道，一旦开始焊接后，不间断，直至焊完；

7）对于对称焊接，最后一道焊道要给焊接变形留一定收缩空间，保证最后焊接的焊缝有变形的位置，而没必要在工装夹具上做出焊接反变形。

例如，某框架结构焊接变形主要为收缩变形。变形控制先采用工艺余量法，再采用对称施工及合理的焊接顺序控制焊接收缩变形不均匀引起的弯曲变形，此框架的施工顺序如图 4-20 所示，通过调整焊接顺序，大大降低了焊接变形。

4.2.2 模块化设计原则

结构采用模块化设计、一体化成形技术，可减少焊缝数量，降低焊接工作量，进行轻量化设计是降低结构焊后变形的有效途径。

例如，高等级高速动车车体制造进一步优化设计结构时，采用大断面中空型材，进一步减少了焊缝数量，提高了焊接效率。CRH380B 型高速动车组、CRH6 型城际动车组、CR400BF 型动车组车体挤压型材断面不断优化，经过进

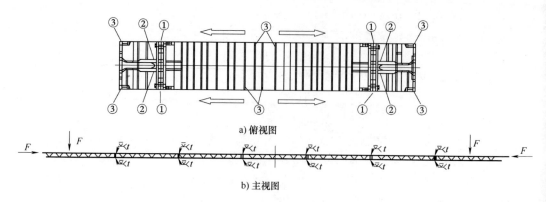

a) 俯视图

b) 主视图

图 4-20 调整焊接顺序控制变形

注：①~⑥为焊接顺序。

一步优化截面设计、提高挤压型材宽度等结构改进，不断降低焊接变形。某型动车组车体采用变截面等强度设计，最薄的地方为 1.5mm，最厚的地方为 4.5mm，独特的变截面等强度设计不仅实现了减重，还降低了焊接变形。某型标准动车组车体断面使用 22 种铝合金型材，而早期型为 30 种，型材数量减少了 25%左右，采用了幅面更宽的型材，减小了焊接变形。

在造船生产中，从前期的船舶设计、板材号料和下料，到后期的船体装配都已基本实现计算机化、机械化和自动化流水线，唯独复杂曲面的船板加工还停留在"手工作业"阶段。复杂曲面成形如采用小块板材拼焊连接，焊缝多，变形大。但是如采用蒙皮胀拉一体化成形，可大幅度降低焊接变形，如图 4-21 所示。现代造船是小曲面构成大曲面，接着把分段结合。目前，绝大多数双曲面船体外板采用人工操作、压力机与水火弯曲结合的方式完成。提升曲面造型和三维曲面船板成形加工能力，使三维曲面船体外板冷压及自动成形，减少模块数量，增大模块尺寸，可有效降低船体焊接变形。

a) 多点胀拉设备

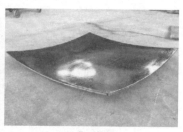

b) 曲面船板

图 4-21 模块化设计减小焊接变形

4.3　从焊接工艺选择减小焊接变形

选择合理的焊接方法及焊接参数，合理的焊接工艺设计、焊接接头设计可有效降低焊接变形。焊接变形与焊接过程中的热输入量大小成正比，在焊接方法选择上，为保证焊接质量，应尽量选择热输入量小的焊接方法。在保证焊接质量的前提下，应尽量采用低热输入的焊接参数。

4.3.1　焊接工艺设计

焊接变形与焊接过程中的热输入以及累积热输入量成比，在保证焊接质量的前提下，应尽量选择合适焊接方法、焊接参数。对于同等板厚可采取合适的焊道布置，在结合焊接接头的静态、动态力学性能等条件下获取最佳的焊接变形控制策略。例如，对于厚度为 12mm 的 7XXX 系铝合金板材，本书作者设计了4 种不同焊道分布的接头形式进行焊接工艺试验，分别为 3 层 3 道、3 层 4 道、4层 4 道、4 层 6 道。4 种不同焊道的力学性能排序为：4 层 4 道>4 层 6 道>3 层 4 道>3 层 3 道，4 种不同焊道的变形顺序为：4 层 6 道>4 层 4 道>3 层 4 道>3 层 3 道。

4.3.2　焊接接头设计

焊接坡口角度、坡口形状、间隙控制决定了焊缝金属填充量的多少，焊缝金属填充量的多少决定焊接变形。减小坡口角度焊接填充量明显降低，可有效减小焊接变形。现有的焊接标准对于坡口、间隙的规定较为宽松，现场焊接时金属填充量波动较大。

例如，标准 ISO 9692-3：2000 对焊接和相关工艺接头制备建议：不同接头设计进行焊接工艺试验，在保障熔深的情况下可灵活制备坡口角度、间隙等，有利于降低焊接变形。

4.3.3　焊接工艺方法选择

焊接方法不同，则焊接变形不同，同样的结构，不同方法焊接出来的效果是截然不同，如 TIG 焊接变形要大于 MIG 焊，激光焊接变形要远小于 MIG 焊，自动焊接变形要小于手工焊接，根据具体产品结构和性质，选择合理的焊接方法。搅拌摩擦焊具有不熔化、不填丝、无烟尘的特点，一般来讲其焊接变形相对弧焊较小，但对于大厚板的搅拌摩擦焊接，其变形情况应加以关注。

1. 高能量密度焊接工艺

电子束焊、激光焊等高密度焊接方法，可降低焊接变形。

某结构用水分配器总长 2150mm，内部分为两层，需要焊接两个盖板，焊缝

137

总长度约为 8.5m，外层盖板熔深需要大于 6mm，内层盖板熔深需要大于 4mm。焊后保证气密性，并且焊接变形要求小于 2mm。制造过程要求先焊接盖板，后加工外形，从而提高结构刚性，减小变形，如图 4-22 所示。采用电子束焊接后，变形情况为在长度方向上两端翘起，最大变形 1.9mm，低于弧焊。

a) 熔深

b) 焊接变形

图 4-22　电子束焊接

　　航空发动机 TC4 钛合金整体叶盘焊道多，采用激光焊有效降低了焊接变形，将带有叶环的叶片连在一起，不需叶片榫头和榫槽连接自重和支持这些重量的结构，减轻了发动机风扇、压气机和涡轮转子的重量，如图 4-23 所示。

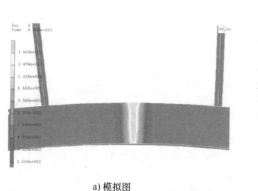

a) 模拟图

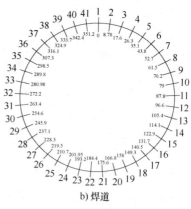

b) 焊道

图 4-23　激光焊整体叶盘

2. 大熔深焊接工艺

　　随着焊接电源技术和工艺的发展，出现了大熔深的焊接工艺，例如，激光电弧-复合焊接、三元混合气体焊工艺、A-TIG 焊接技术、A-MAG 焊接技术。

　　He 热传导性比 Ar 高，能产生能量更均匀分布的电弧离子体；He 的电离能力比 Ar 低，在相同电流时，氦弧焊产生的电压比氩弧焊高。氩气中加入氦气，同时混合少量的氮气可以获得很高的焊接质量。三元混合气体焊工艺可改变铝合金 MIG 焊的电弧能量密度，增加熔深，减小焊接变形。

乌克兰巴顿焊接研究所（PWI）于 20 世纪 60 年代提出 A-TIG 焊接技术，TIG 焊时在母材表面涂敷卤素化合物可以使钛合金的焊接熔深增加。减少焊缝缺陷，减小焊接变形，增加熔深。本书主编首次提出活性熔化极气体保护焊接方法，提出了 A-MIG、A-MAG 工艺，授权发明专利多项，把活性焊接技术由非熔化极气体保护焊推广到熔化极气体保护焊领域，如图 4-24 所示，增加熔深，减小焊接变形。

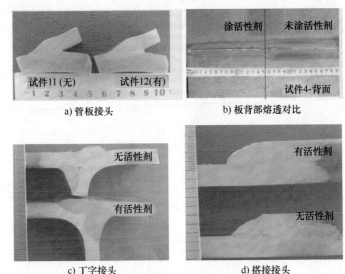

图 4-24　A-MIG/MAG 焊接工艺熔深对比

在 A-MAG 焊接技术的基础之上，又提出了激光-MAG 复合焊接方法，进一步增加焊接熔深，大幅度减少焊缝金属填充量，降低焊接变形。"轨道车辆侧梁增强活性激光-MAG 复合焊接方法"获 2018 年度中国专利银奖，完成某高铁型号的增强活性激光-MAG 复合焊转向架样品，完成典型对接、角接和管板焊接的坡口结构及工艺参数，并与传统 MAG 焊进行试验对比，大幅度降低焊接变形，如图 4-25 所示。激光-MAG 复合焊与常规 MAG 焊的比较见表 4-1。

表 4-1　激光-MAG 复合焊与常规 MAG 焊比较

焊接方法	焊道数量	焊接线能量/kJ·cm^{-1}		焊接速度/cm·min^{-1}		焊接时间/min	填充金属重量/g
		底层焊	盖面焊	底层焊	盖面焊		
激光-MAG 焊	4	14.70	6.00	45	80	1.66	168.33
MAG 焊	4	10.75	12.86	30	30	4.68	355.21
与 MAG 比较	无变化	提高 36%	降低 53%	提高 50%	提高 166%	效率提高 180%	节省 52%

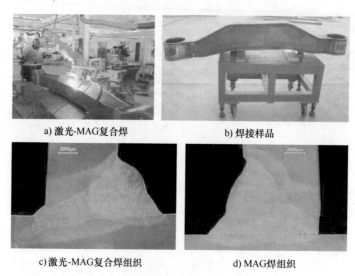

a) 激光-MAG复合焊   b) 焊接样品

c) 激光-MAG复合焊组织   d) MAG焊组织

图 4-25　强活性激光-MAG 复合焊与 MAG 焊

4.3.4　焊接结构的合理设计

在焊接结构设计时，一般除了考虑到结构的强度、稳定性以及经济性以外，还必须考虑焊件结构在焊接时不出现过大的焊接应力与变形。因此，在设计上应注意如下几点。

1）在保证结构有足够强度的前提下，尽可能减少焊缝的数量和尺寸，适当采用冲压结构，以减少焊接结构。

2）将焊缝布置在最大工作应力区域以外，以减少焊接残余应力对结构强度的影响。

3）对称布置焊缝，使焊接时产生均匀的变形，防止弯曲和翘曲。

4）可达性好，使制造过程中能采用简单的装配焊接胎夹具。

4.4　从焊接生产角度减小焊接变形

4.4.1　工装技术

先进的工装技术可有效控制大型焊接产品、大批量产品的焊接变形。在大型焊接结构中，采用先进的工装技术可有效控制焊接变形，并提高产品的使用寿命和产品的可靠性。

先进组焊工装，多采用自动控制风缸驱动，实现自动压紧、预置挠度和反变形、水冷工装等功能。通过自动控制，有效保证焊接质量的稳定性和较高的生产效率。

　　在深刻理解、掌握焊接变形机理的基础之上，研发了可调的约束工装等
先进工装技术，通过改变优化工装
夹具拘束的位置、约束力和约束点
数量，改进焊接支撑架结构形式、
支撑位置和支撑方法，使正面焊接
及反面焊接时各条焊缝附近收缩变
形趋于一致，正反挠曲变形互相抵
消，避免出现"W"形的不规则变
形，如图 4-26 所示。

　　生产中，胎具除了防止焊接变形，
还可以实现精确的装配和免去划线工

图 4-26　先进工装

作。使用胎具装配可以减小变形，当焊接受热区的断面比较大，焊缝距离中心
线远，以及断面的惯性力矩较小时，胎具对降低变形的效果较为显著。

　　在自由状态下焊接时，钢从白热温度开始收缩，因而开始变形，一直到冷
却为止。工件被胎具夹住，就不能任意变形，从白热温度开始收缩，只能引起
塑性的拉伸变形，而结构不会变形；当金属材料失去塑性时，工件才开始产生
弹性变形，当工件从胎具上取出后，才表现出工件的变形。在胎具上焊接时，
只是从 650℃ 冷却到常温时有变形，而在自由状态下焊接时的变形相当于整个温
度下降时的变形，即由金属材料的凝固温度到结束冷却时的变形。如果变形和
温度近似成正比，一般来讲，对焊接变形减小效果可在 20% 左右，如果在胎具
中施加反变形，则效果更好。

4.4.2　技术管理和生产管理

　　实际生产中影响焊接变形的因素很多，如焊接参数、焊接顺序、结构尺寸、
填充材料、压紧力、下料精度、生产设备稳定性等，因此很难在焊接前预测焊
接变形量的大小，为焊接变形控制带来难度。实际生产中，焊接变形的数据分
布较为复杂，常常无法分析。

　　企业的管理体系、技术管理水平对批量产品的焊接变形控制影响很大。

　　通过首件试制，掌握焊接变形的具体情况编制焊接变形控制方案，密切进
行生产跟踪，具有重要意义。应根据产品设计完成焊接变形设计、工艺方案设
计，技术文件编制，并进行技术评审，组织样机试制验证。

　　在产品设计输入、生产要求输入阶段，根据采购合同、设计任务书、设计
方案、设计图样、工艺方案，按照企业管理流程、技术流程、生产流程，组织
采购、设计、工艺、质检、生产等部门完成焊接变形控制设计输入评审；完成

焊接变形设计、技术、生产评审，形成焊接变形控制设计输入文件。

梳理设计规范、标准、生产要素等，形成产品焊接变形工艺控制方案，进行方案评审。从焊接工艺、焊接生产、变形测量、变形控制装备等角度编制焊接变形工艺控制方案，供焊接工艺人员、焊接设计人员、焊工、质检人员等根据实际生产的条件、焊接方法、产品结构特征、产品要求、焊接成本要求等灵活编制、执行、改进焊接变形工艺控制方案，以消除焊接变形，获得最优结果。

在批量生产阶段，工艺部门给进服务现场生产，及时总结焊接工装、焊接变形控制具体措施效果。做好产品服役焊接变形跟踪，反馈产品结构运用问题中的变形现象，反馈产品尺寸改进建议。

产品的焊接变形控制水平反映了企业的工艺设计水平和技术管理水平，也体现了企业的技术管理、生产过程管理、质量管控、资源管理水平。大批量产品稳定的质量和变形控制，取决于企业的技术管理、工艺设计和工艺装备。

以实际产品为例，分别从焊接工艺、焊接生产、变形测量、变形控制装备等角度阐述《焊接变形控制体系方案》的制定，供焊接工作者根据实际生产条件、产品结构特征、产品要求、焊接方法、焊接成本要求等灵活编制、执行、改进焊接变形控制方案，以有效消除焊接变形，获得满足设计要求的产品。

《焊接变形控制体系方案》应结合产品特点、企业生产装备等情况进行科学合理的设计，其目的在于控制产品在焊接生产中产生的变形（吊装、后续等生产过程中等会产生变形），规范、指导企业的焊接变形控制活动，确保产品质量。企业的焊接变形控制体系一般纳入本企业的工艺质量体系下运营。

焊接变形控制体系的运行主要分为以下几个阶段：

1. 产品设计、设计输入阶段

根据采购合同、设计任务书、设计方案、设计图样、工艺方案，按照企业管理流程、技术流程、生产流程的规定，组织采购、设计、工艺、质检、生产、设备、安全、人力资源等部门进行焊接变形控制方案的设计输入评审；完成焊接变形设计、技术、生产评审，形成焊接变形控制设计输入文件。

2. 焊接变形控制方案设计阶段

根据产品焊接变形控制技术要求，梳理设计规范、标准、生产要素等，设计变形控制技术规范，例如：

（1）焊接变形工艺控制总体方案；

（2）焊接变形测量、焊接变形跟踪方案；

（3）焊接变形装备及控制措施方案；

（4）焊接变形调修技术规范；

（5）焊接变形下料更改方案。

3. 样机试制验证阶段

样机试制生产时，应对前期设计的焊接变形控制方案，如焊接变形预测、焊接变形工装及控制措施等进行跟踪验证与记录；完成产品试制、模型产品的焊接变形控制总结，对设计、工艺、生产、调修等提出改进建议，验证补充焊接变形控制方案，提出改进技术条款，并反馈采购、设计、工艺、质检、生产、安全、人力资源等部门。

4. 批量生产阶段

产品进入批量生产即为焊接变形控制方案正式实施阶段。

工艺部门应及时跟进、服务于现场生产，及时总结焊接装备、焊接变形控制具体措施效果；制造部门及时反馈现场问题；质检部门实施跟踪产品变形情况、反馈各部门。在相关协调会上或以其他方式及时通报焊接变形控制方案实施情况及效果。

5. 产品服役时焊接变形跟踪调研阶段

工艺部门在产品投入使用一定时间后，拜访用户调研产品结构运用过程中变形失稳情况、产品尺寸改进建议。

6. 焊接变形工作总结

焊接变形控制在上述几个阶段完成后，应进行工作总结，主要内容包括：产品型号总结；概述；设计结构主要变化；项目前期工艺准备情况；项目执行中遇到的困难、难点及采取的措施；存在的问题和解决措施；项目执行过程中的经验和教训，今后工作改进建议；焊接变形工艺方案设计改进。

正式行文资料归档。

设计焊接变形控制方案标准化流程参见表 4-2。

表 4-2　焊接变形控制体系方案标准化流程

序号	名称	工作内容	负责部门	关联部门	载体
1	产品设计、设计输入阶段	根据采购合同、设计任务书、设计方案、设计图样、工艺方案，按照企业管理流程、技术流程、生产流程组织采购、设计、工艺、质检、生产等部门完成焊接变形控制设计输入评审；完成焊接变形设计、技术、生产评审	工艺、设计	采购、设计、工艺、质检、生产等	形成焊接变形控制设计输入文件

（续）

序号	名称	工作内容	负责部门	关联部门	载体
2	焊接变形控制方案设计阶段	提出产品焊接变形总体要求	工艺	制造部门、质检、生产运营	焊接变形工艺控制总体方案；焊接变形调修技术方案；焊接变形测量方案；焊接变形工装控制方案；焊接变形下料更改方案
3	样机试制验证阶段	验证补充焊接变形工艺控制方案体系。焊接变形预测；焊接变形控制工装手段；产品焊接流程中焊接变形跟踪；产品焊接变形跟踪、记录、优化过程 根据样机生产，完成产品试制、模型产品的焊接变形总结，对设计、工艺、生产、调修提出改进意见，验证补充焊接变形工艺控制方案体系，提出改进技术条款，反馈采购、设计、工艺、质检、生产、人力等部门	工艺	采购、设计、工艺、质检、生产、人力等	样机合格
4	批量生产阶段	工艺部门给进，服务现场生产，及时总结焊接工装、焊接变形控制具体措施效果；制造部门及时反馈现场问题；质检部门实施跟踪产品变形规律、反馈各部门。在生产调度会，及时汇总焊接变形工艺控制体系方案实施效果，反馈技术、质量、生产部门	工艺、制造部门	工艺、制造、质检、质量	批量产品合格
5	产品服役时焊接变形跟踪调研阶段	反馈焊接变形失稳现象；反馈产品结构运用问题中的变形现象；反馈产品尺寸改进建议	工艺、制造部门		
6	焊接变形工作总结	产品型号总结	工艺	设计、档案室	工艺总结归档

4.4.3   下料工艺

为防止焊接结构的变形，某些工件采用在备料时预制反变形。这种反变形又可以分为两种：一种是按反变形大小下料；另一种是按图样尺寸下料后，在焊接时冷作施加反变形。例如，丁字梁立板采取冷做方法取得反变形，在装配后梁预先弯曲，焊接以后梁被拉直。冷作就是把立板的下边用锤击或机械压延，使立板下边伸展。因此，在冷作区板内存在压应力，这时板内的应力分布情况如图4-27a 所示。在焊接过程中，由于焊缝的收缩作

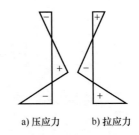

a) 压应力   b) 拉应力

图 4-27   备料冷作防止焊接变形

用，在梁内也将有应力存在。众所周知，焊接区域是受拉应力的，其分布如图 4-27b 所示。在焊接时冷作引起的内应力和焊接应力可以相互抵消。

4.4.4   调整焊接顺序

实际生产中，根据产品特点可灵活调整焊接顺序，使先焊焊缝和后焊焊缝、正面焊接或反面焊接时各条焊缝附近收缩变形规律趋于一致，前后、正反挠曲变形相互抵消，如图4-28 所示。也可合理布置焊缝位置，优先选用对称截面的结构，对称布置焊缝。在设计时，安排焊缝尽可能对称于截面的中性轴；在保证结构承载能力的条件下，尽量采用较小的焊缝尺寸及较多的焊缝层数，尽量避免小范围内重复施焊；在条件允许的情况下，用型材代替板材，断续焊代替连续焊。

选择合理的焊接顺序，为防止和减少焊接结构的应力，一般可按以下几个原则安排焊接顺序：

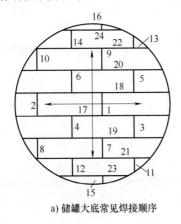

a) 储罐大底常见焊接顺序

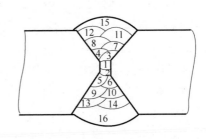

b) 厚板对接焊交错焊接顺序

图 4-28   常见焊接顺序调整方法

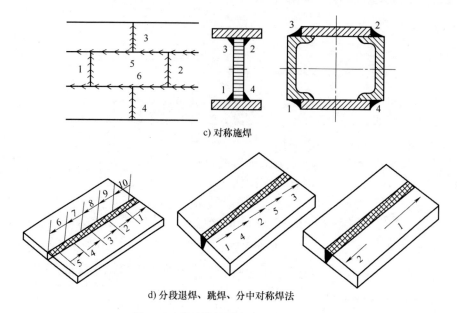

c) 对称施焊

d) 分段退焊、跳焊、分中对称焊法

图 4-28　常见焊接顺序调整方法（续）

1）尽可能考虑焊缝能自由收缩。减少焊接结构在施焊时的拘束度，尽可能让焊缝自由收缩，最大限度地减少焊接应力。

2）先焊收缩量大的焊缝。对一个焊接构件来说，先焊的焊缝其拘束度小，即焊缝收缩时受阻较小，故焊后应力较小。这样，如果将收缩量大的，焊后可能会产生较大焊接应力的焊缝先焊，那么势必会减小焊接应力。另外，由于对接焊缝的收缩量比角焊缝的收缩量大，故当同一焊接结构这两种焊缝并存时，应尽量先焊对接焊缝。

3）焊接平面交叉焊缝时，应先焊横向焊缝，平面交叉焊缝的交叉部位总会产生较大的焊接应力，故一般在设计中应尽量避免。

4）对称焊接。一般焊接结构设计如果对称，那么它的焊缝基本上也是对称布置的。但是由于焊接总有先后，随着焊接过程的进行，刚性也在不断地提高，所以一般先焊的焊缝容易使结构产生变形，后焊的焊缝则影响小一些。这样就造成即使对称的焊件，焊后也还会出现变形的现象。为了减少这种变形的现象，应尽可能采用对称焊接。对某些对称的焊接结构，实际上不能做到完全对称并同时进行焊接，因此允许焊缝焊接有先后，但在顺序上应尽量做到对称，以最大限度地减小结构变形。

5）不对称焊缝。对于不对称焊缝的结构，采用先焊焊缝少的一侧的方法。这是因为后焊焊缝多的一侧，在焊后的变形足以抵消先焊焊缝时产生的变形，以减小总体变形。

6）采用不同的焊接顺序。对于结构中的长焊缝，如果采用连续的直通焊，将会造成较大的变形，这是因为对焊缝加热时间过长的缘故。因此，在可能的情况下，将连续焊改成分段焊，并适当地改变焊接方向，以使局部焊缝焊接时产生的变形适当减小或相互抵消，从而达到减少总体变形的目的。

7）在采用分段焊后，由于焊接接头增多，所以应特别注意接头的质量，尤其是对压力容器或承载较大结构的重要焊缝，更应注意接头质量。

常见的焊接顺序调整有：①双面对称焊接：对接接头、T 形接头和十字接头；②对称焊接：对称截面的构件，对称连接杆件的节点；③长焊缝：分段退焊法或多人对称焊接法；④跳焊法：避免工件局部热量集中。

4.4.5 生产中的火焰矫正工艺

通常，焊件变形的矫正有两种方法，即冷加工法和火焰矫正法。冷加工法是采用人力或机械力来进行的。火焰矫正法是采用火焰局部加热来矫正变形的，效果明显，但会引起附加的内应力。在焊件小和变形小时采用冷作法比较好，在焊件大或变形较大时，用火焰矫正法比较好。在焊件上局部进行不均匀加热时，焊件会产生变形。采用氧乙炔火焰在焊件上进行有目的局部不均匀加热，焊件会有一个新的变形出现。就是利用这个新的变形和焊接变形相抵消，以达到矫正焊接变形。

1. 均匀变形的矫正

在实际生产中，需要进行矫正的焊件可能有各种不同的断面尺寸。但是，在同一个焊件上沿长度方向上的断面尺寸较为恒定，如果这种焊件存在均匀的总变形，矫正就比较方便。如图 4-29 所示均匀变形的矫正，图中 f 表示沿长度方向均匀分布的挠曲。这种沿长度方向均匀分布的总变形的矫正具有自己的特点：沿长度方向的纵向加热。加热位置如图 4-29 中的 Δ 所示，沿长度方向进行纵向加热，结果会产生一个纵向的新的变形，这个新的变形可以抵消原来存在的变形 f。

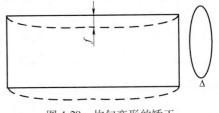

图 4-29 均匀变形的矫正

2. 不均匀变形的矫正

在多数情况下，焊件的变形一般很复杂，可分为局部弯曲、断续弯曲。

局部弯曲如图 4-30a 所示，这种弯曲不能用上述沿长度方向纵向加热方法，而应该采用局部的横向加热方法来矫正，加热的位置在弯曲的局部，如图 4-30a 中的 "∇" 位置所示。

断续弯曲和局部弯曲不同，如图 4-30b 所示。产生在整个长度方向上的一个或几个局部位置。在这些局部范围内变形也是比较均匀的。断续弯曲的矫正也可以采用纵向加热，但只加热弯曲的部位，同时应该注意加热线要布置在凸出的一侧。

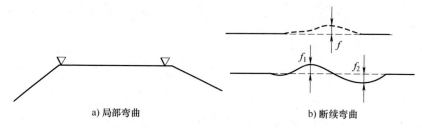

a) 局部弯曲　　　　　　　　b) 断续弯曲

图 4-30　不均匀变形的矫正

在实际生产中，多数情况下不容易分清局部弯曲和断续弯曲。这就需要进行详细的观察，并从工件本身变形的特点来判断。例如，具有横向焊缝的工件可能存在局部弯曲，具有纵向焊缝的工件可能存在断续弯曲。

在矫正时，一般先以沿长度方向纵向加热线来矫正均匀的总变形，其次矫正短弯曲，最后才用横向加热来矫正局部弯曲。

应该指出：横向加热线的矫正效果比纵向加热线要高 3 倍以上。因此，矫正不大的短弯曲，甚至均匀的沿全长的弯曲，常采用横向加热线，但是矫正质量较差。

3. 角变形的矫正

T 形梁典型角变形如图 4-31 所示。为了矫正这种由于角焊缝而引起的角变形，可以在焊缝的背面用氧乙炔火焰加热。这种加热线一方面可以消除焊缝中的应力，另一方面也是主要的，可以使平板产生一个新的角变形，用以抵消原有的角变形。

4. 构件不正造成的角变形矫正

构件不正造成的角变形指焊件中因为有一些零件装配尺寸偏差而在焊完后所产生的角变形，如图 4-32 所示。

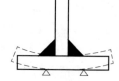

图 4-31　简单角变形

图 4-32a 为装配正常的情况。图 4-32b 表示加强筋 1 焊后产生了角变形，这时立板倾斜了，加强筋两侧的角度小于 90°；图 4-32c 的情况是加强筋尺寸不正确，使两侧夹角大于 90°。小于 90°的矫正比较困难，首先把立板和水平板的焊缝反面用火焰加热；其次加热加强筋板，并用手锤从箭头所示方向锤打；最后还用手锤轻轻修正立板。加热线的长度约为角线长度的 2/3。大于 90°的矫正比较方便，如图 4-32c 在加热加强筋 1 以后，从箭头所示方向锤打就可

以了，最后再修正一下筋板的加热区。加热线的长度也是对角线长度的 2/3。

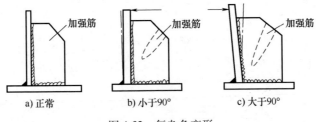

a) 正常　　　　　b) 小于90°　　　　　c) 大于90°

图 4-32　复杂角变形

5. 波浪变形的矫正

在矫正波浪变形时，首先应分析产生的原因。在这里，我们来看下由于角变形造成的波浪变形的矫正，矫正这种波浪变形应该首先矫正角变形，同时还应该在焊缝的背面加热。

图 4-33 是比较典型的角变形所造成的波浪变形，在焊缝背面位置 Δ 加热，不能只知道在凸出部位加热，否则不仅不能矫正变形，反而使变形有所增大。

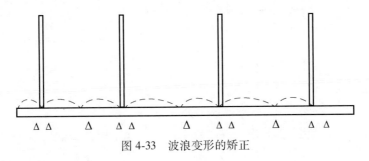

图 4-33　波浪变形的矫正

6. 压缩应力引起的波浪变形

图 4-34 是非封闭构件波浪变形，在一个角钢焊成的框上焊接一块薄板，薄板因四面焊缝的收缩而产生波浪变形。由于这种波浪变形的产生条件是压缩应力，因而不能用上述方法矫正。应当施加拉应力以抵消压缩应力来矫正变形。首先在周围焊缝上加热，这种加热对焊缝起消除部分应力的作用，

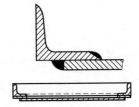

图 4-34　非封闭构件波浪变形

焊缝加热后，用圆点法来矫正变形。矫正时采用氧乙炔火焰加热焊件的波浪变形最高点（变形最大处），加热的圆点直径为 15～25mm，加热后用水冷却，以便迅速冷却，提高生产率。

加热时，可同时加热 2～5 点，这样根据变形大小来决定。在浇冷却水后，要用木槌敲打，以便把金属挤压到最大波浪处，造成新的最大波浪。在形成新

的波浪后，再重复以上方法，圆点加热、浇水、锤打，直至达到要求为止。矫正效率很低，圆点矫正熟练时可达每平方米 80~100 点。

7. 非封闭构件波浪变形

非封闭构件波浪变形和上述封闭情况的矫正相似，只是结构形状有区别，最简单的例子如图 4-35 所示。这种构件的波浪变形可以用圆点加热法来矫正，但对于较厚的板（大于 6mm），可以用锻打的方法来矫正。

在图 4-35 中，首先在波浪变形最大的 A 区域加热，加热区长度约为全长的 2/3，宽度 40~50mm。为了使 A 区温度比较均匀地升高，加热喷嘴做往返运动。加热完毕后，在 B 区用木锤迅速敲打，使波浪变形完全在 A 区，最后锤打 A 区，并浇水冷却 A 区。使用这种方法矫正波浪变形效果较好。

根据上述 7 种情况矫正，可以发现以下共同点：矫正加热所产生的变形和原有变形方向相反，所以，均匀的弯曲，必须用均匀的加热来矫正；局部和不均匀的弯曲必须用局部的、不均匀的加热线来矫正；角变形必须用新的角变形来矫正；挤压成的波浪变形必须用圆点加拉应力来矫正。而所有的矫正位置都在凸出的一侧或焊缝背面。

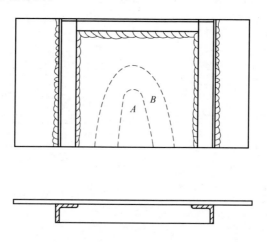

图 4-35　非封闭构件波浪变形

8. 火焰矫正参数的选择

火焰矫正具有很多优点，矫正能力强，对于大型结构的矫正实施方便，相对锤击矫正体力消耗小，容易掌握，生产效率高，成本低。矫正参数的影响因素很多，如氧气和乙炔的压力和消耗量、焊嘴的选择、加热移动的速度、加热温度、范围等，如表 4-3 中建议的火焰矫形参数。最关键的因素在于工件表面的温度控制。

表 4-3　火焰矫正参数

金属厚度 t/mm	喷嘴类型	氧乙炔比	移动速度/mm·s⁻¹	加热线宽度 t/mm
$t \leqslant 2$	2~3	>1.2	20~40	(5~7)×t
$2<t \leqslant 5$	4~5	1.15~1.20	10~25	(2~6)×t
$5<t \leqslant 10$	6~7	1.10~1.15	7~20	(1.5~3)×t
$t>10$	7~8	1.00~1.10	4~10	(0.5~2)×t

　　矫正参数应该由焊件大小和变形大小决定,并受实际产品和现场条件影响。可以根据产品厚度给出建议参数,而焊件大小和变形大小只用来调节参数的大小。

　　加热的温度不宜过高,对于钢铁材料,一般不应超过 800℃,并只允许加热中心的局部;对于铝合金材料,温度控制更为严格,可参考 BS 8118 等标准的规定。事实上,当温度超过 200℃时就有矫形效果。温度和矫形效果成正比,现场操作人员一般喜欢用较高温度矫形,这是不合适的,过高的温度会降低金属材料力学性能,可以采用加宽加热线来提高矫形生产率。为了帮助大家掌握矫形温度,表 4-4 列出了钢的温度和颜色对照表。

表 4-4　普通钢在不同温度下的颜色

颜色	温度/℃	颜色	温度/℃
深棕	550~580	淡红	830~900
红棕	580~650	橙黄	900~1050
深红	650~730	深黄	1050~1150
深鲜红	730~770	淡黄	1150~1250
鲜红	770~800	白	1250~1300
淡鲜红	800~830		

第5章

焊接变形控制实例

随着我国工业现代化建设的迅猛发展和装备制造能力的大幅提升，各行各业的焊接专家、技术人员在焊接结构生产实践中，为保证产品制造精度，通过反复探索和实验研究，采取科学有效的措施控制焊接变形，并取得了重大创新成果和技术进步，建设完成多个标志性的国家重点工程。

本章通过造船、海洋工程、航空、航天、核工业、石油化工、兵器、轨道车辆、汽车等多个行业的代表性实例，来讲解焊接变形的控制过程，展示不同行业、不同结构类型产品的焊接变形控制方法和控制措施。

由于不同行业的生产管理、结构设计、工艺方法、产品批量、成本控制、质量要求不同，以及焊接操作存在很大差异，不同行业的焊接变形控制特点不同，有的侧重焊前；有的侧重焊后；有的采取综合措施。本章介绍一些典型案例，供不同行业互相借鉴。

焊接工程师在制定焊接变形控制方案时，应当根据自身行业特点，因地制宜，理论与实践相结合，灵活地制定适应产品生产的最佳方案。

5.1 汽车滚装船焊接变形控制

汽车滚装船主要由船体、首尾部件和上层建筑等三大部分组成。船体主要由船底结构、船侧结构、甲板结构、舱壁结构和船体外板等组成；主船体由甲板和外板组成一个水密外壳，内部被甲板、纵横舱壁及其骨架分隔成许多舱室。船体外板是船体的纵向构件，保证船体总强度及局部强度，外板由钢板组合焊接而成。船体外板钢板长边沿船长方向布置，板与板在其短边连接形成列板；相邻两列板之间焊接为边接缝，同一列板上板与板的接缝称为端接缝。

焊接方法主要以焊条电弧焊为主，自动化水平较低；板梁结构角焊缝多、焊缝尺寸大，焊接变形复杂，调修难度大，如果不采取措施控制焊接变形，影响后续装配质量和产品尺寸精度。

5.1.1　汽车滚装船结构特点

汽车滚装船（简称 PCTC 船）用于汽车出口的远洋运输，其高度为普通船型的两倍，水线以下线形尖瘦，建造难度大，主要表现在以下几个方面。

1）该类型船有着与常规船不同的特殊建造工艺，大量使用极容易变形的高强度薄板，一旦变形很难火焰矫正。

2）建造过程中各种工序频繁交叉进行，增加建造工艺难度。

3）船体构造复杂，有很多需要现场安装的散装构件，且构件形状不规则。

4）船体的涂装作业量大而且工艺复杂。

5）载重系数低，空船重量占船舶总重量的比例较大。

某型汽车滚装船如图 5-1 所示，总长为 200m、宽为 32m，设计吃水深度为 9m。该船有 13 层甲板，第 13 层甲板为露天甲板不装载汽车，其他甲板为车辆甲板；第 2、4、6、8 层为活动甲板（板厚为 6mm），各层甲板间采用活动坡道或固定坡道连接。该船货舱区域的甲板层数较多，在整个甲板中第 12、11、10、9、8 层（艏、艉）甲板为板厚 6mm 的 A 级钢，第 1、3、7 层甲板为板厚 11mm 的 AH36 级钢；第 5 层甲板为板厚 15mm 的 AH36 级钢。因船上各层甲板通风需要，该船设有大量的风道结构，且风道壁板及内部隔板均为 6mm。

图 5-1　汽车滚装船

为确保汽车滚装船的稳定性，减轻船舶自重，降低重心高度，船舶主体结构以中厚板为主，外板采用 9～15mm 的中厚板；而在主甲板以上，大量采用 5.5～7mm 中厚板。船体焊缝尺寸大、焊缝布置复杂、焊缝多且长，这导致了装配和焊接等过程中的变形，以及各项精度指标和质量要求控制难度增大。

5.1.2　焊接变形原因分析

（1）蒙皮板材刚性弱　蒙皮板材相对船体尺寸较小，厚度在 5.5～7mm；结构的横向构架间距较大，纵向骨材较为单薄（HP100mm×7mm、HP120mm×8mm或扁钢100mm×8mm），单个分段壁板片的结构强度较弱，如图5-2所示。给建造过程中的切割下料、装配与焊接、火焰矫正、放置、转运和翻身吊装等工序都带来了很大困难，各道工序操作不正确都可能产生不良影响，并引起板架结构变形；此外，甲板上还有大量用于固定汽车的绑扎附件，这些舾装件的装焊也会带来薄板结构的变形。

图 5-2　汽车滚装船壁板片

（2）施工工序多，应力逐步释放引起后工序变形　施工过程中各道工序装焊累积，使板架结构的应力不能得到有效释放；完工后通过强制矫正的方法，尽管解决了甲板平整度交验问题（但甲板结构内应力仍然大量存在）；然而在后工序甲板翻转、摆放、转运及冲砂涂装等各道工序中，受外力的作用，使甲板内应力逐步释放，造成后期甲板严重变形。

因此，按规定合理地安排装配顺序和焊接顺序，严格执行工艺规定，控制好建造过程中的每一个环节和步骤，有助于减小薄板结构在建造过程中的变形。

5.1.3　焊接变形控制

为控制船体焊接变形，应从板材下料、预制、装焊前准备、装焊过程控制、焊后处理，以及吊运摆放等多个方面综合考虑，具体如下：

1. 下料预制过程控制

1）小于7mm厚度的钢板在预处理和数控切割后，进行两次校平，提前释放板材内应力。

2）板材切割应选用小口径割嘴切割，控制好相应的切割速度，以减小边缘切割变形。

3）切割后的板材和构件吊运、翻身时，采用电磁吊、多点吊、专用吊梁和吊夹具，不允许在板材上装焊吊码，进行单点吊运，以免板材和构件产生不必要的弯曲变形，同时，减少不必要的"码板"装焊、拆除和打磨等工序。

4）拼板在表面平整、刚度好的平台上进行，拼板装配间隙应控制在 0～1.0mm。为保证拼板平直度，可采用压铁或厚钢板在焊缝两边进行刚性固定；其与焊缝的距离，以满足专用埋弧焊可行走操作的最小距离为宜。

5）禁用大直径焊条或大电流施焊。焊后采用圆柱形压铁对板缝处进行滚压，或用木锤对焊接板缝处进行锤击，以释放拼板焊缝的焊接应力，降低焊缝"撅嘴"现象。

6）对于板材局部间隙超差，采用打磨或铲边的方法修正，不得采用火焰切割，以避免反复加热产生的"撅嘴"变形。

7）型材在预制装配前必须进行矫直，不得将变形带入下道工序。

8）对大量的风道隔板，因尺寸小、结构弱、数量大，故采用专用胎架、焊接小车和反变形的方法，进行批量预制，以减小焊接变形。

2. 分段建造、实施过程控制

分段建造的胎架基座必须具有足够的刚性，并采取固定措施，不得使胎架处于自由状态，纵、横向模板间距应≤800mm；纵横向模板高为250mm左右，但厚度必须≥10mm，以确保分段胎架板不变形。

为了减小组焊变形，胎架板使用"7"字形卡板与胎架拉靠固定；卡板拉靠时应根据分段实际情况进行增设，严禁用耳板与胎架板和胎架直接焊接。

构件、型材应根据图样核对尺寸、形状和数量，变形或扭曲的型材经修整或更换后方可安装，切忌强行组装；以免造成整个板架变形而无法矫正。

安装构件时，应从中间向四周进行定位安装，先安装纵向骨构件和绑扎碗，且严禁在板架上用"门架"强制装焊，要充分利用工装，进行构件和舾装件的安装。

所有构件和板缝的焊接，均不宜超出焊接参数要求，控制焊脚高度是控制板架变形的有效措施之一。

组焊纵、横向加强构件和局部加强的补强板，因补强板处的加强构件均为开坡口的深熔焊或全焊透焊缝，造成此处焊接量大，应力较为集中，也一直是变形较大的区域；经过不断摸索，控制该区域的焊接顺序，并预留焊接应力释放点，该区域的局部焊接变形得到了改观。

3. 焊接顺序控制

为控制焊接变形，应先焊接收缩量大的焊缝，后焊接收缩量小的焊缝；焊接时应严格遵守规定的焊接顺序，即遵循由中间向四周，先对接焊后角接焊，先立角焊，后平角焊的焊接顺序。

甲板纵骨焊接采用数控半自动角焊机，进行对称、间隔、交替从中间向两侧施焊；焊丝直径则选用 φ1.0mm，注意控制焊接参数。

甲板上的汽车绑扎碗，采用绑扎碗专用焊机，同样从中间向两侧对称、间隔和交替施焊，以减小焊脚高度和焊接变形，如图5-3所示。

a)汽车绑扎碗　　　　　　　　　b)汽车绑扎碗焊接专机

图5-3　汽车绑扎碗焊接

对于面积大且焊缝较长的构件，应采用分段退焊法，焊接时应由中央向四周方向焊接，围绕中心采取跳焊法，不得集中在一个区域，同时应对称焊接。

平面板架组装施焊完成后，翻身使用双头半自动烘枪，对结构位置进行背烧处理，以释放组焊过程中的应力。

4. 部件吊运

为了保证平面组立沿口平直度，避免翻转、吊运时产生变形，沿口矫正后应加装绑材，在不影响后道工序情况下，绑材可带入到分段或船台中合拢和大合拢阶段。甲板或壁板建造完工后，应使用特制转运托架运输，以防转运变形。所有壁板和甲板预制成形后，应放置在专用"门"字形平板托架上运输，以防转运和挤压产生的变形。

5. 分段中合拢和大合拢过程的控制

合拢前严禁将甲板段和风道壁板在合拢口的绑材拆除，以免造成翻身吊运时边口变形；绑材需在合拢焊缝及结构焊接完成后方可拆除，装配和焊接过程中的控制同分段建造，建造现场如图5-4所示。

6. 矫形控制

施工过程中火焰矫正是不可避免的，如果这一关键环节控制不好，将会造成适得其反的效果。为此应遵循如下原则：

1）板架起伏波浪变形的矫正。应先在凹面两侧骨架背部加热，待尚未完全校平时，在凸起的骨架背面之间用长条形或其他形式的加热法矫正。

2）同一板格中凹凸变形的矫正。先在骨架背面采用单线或双线加热，温度不宜过高；再在凹凸变形的交界处，采用长条形、短条形、中短直线形或十字形加热进行矫正。条状加热比点状加热速度快、效率高，而点状矫正很容易使板材矫僵。

a) 井式建造法　　　　　　　　　　　b) 甲板叠层总装

图 5-4　建造现场

3）板架边缘失稳变形的矫正。先用长条形加热法，矫正靠近变形部位的一段骨架处的起伏波浪变形和"瘦马"变形，再用三角形加热法，矫正板架自由边缘的失稳变形。

4）拼板对接缝起折变形的矫正。先用短条形加热法矫正纵向弯曲，再用长条形加热法在焊缝两边加热矫正起折的变形。

5）为避免由于局部加热面引起的立体分段变形，矫正操作应自下而上地进行。而在矫正几幅毗邻并列的变形时，应间隔一幅进行矫正；这样间隔幅内的变形挠度会因毗邻板幅的收缩而减小，有利于加速矫正。

6）在矫正两个相邻而刚性不同的结构时，应先矫正刚性较大的结构；而矫正板架结构时，先矫正骨架的变形，后矫正板材的变形。

7）在矫正有开孔或自由边缘的板架结构时，应先矫正板架变形，后矫正开孔和自由边缘的变形。板架结构矫正前后的对比如图 5-5 所示。

a) 矫正前变形　　　　　　　　　　　b) 矫正后变形

图 5-5　板架结构矫正前后对比

5.1.4 焊接变形控制效果

上述前、中、后过程的多项控制措施，其核心在于节点释放内应力，减少工序累积变形，提前控制小单元变形，降低总体变形。总结船体建造的五个关键控制要点，即：

一纵（纵向构件的组焊）。

二横（横向强构件的组焊）。

三小（其他小部件的组焊）。

四关键（关键部位的焊接顺序）。

五矫正（遵循矫正原则）。

通过以上多种方法，有效减少了建造过程中的变形，满足了船东在船检时对薄板装配和焊接等过程中各项精度指标和质量要求，同时为后续汽车滚装船建造积累了宝贵经验。

5.2 轮式装载机前车架焊接变形控制

轮式装载机是使用量较大的典型工程机械，材料多采用低合金高强度结构钢，产品制造工艺复杂，角焊缝多，孔型结构多，不同工序的变形互相叠加累积，产品最终的变形控制难度大。

5.2.1 产品结构及焊接变形分析

1. 前车架的结构特点

前车架是装载机三大结构件之一，是装载机的主要部件。前车架加工完毕后，后续与后车架、动臂、动臂液压缸、转向液压缸等部件连接。前车架结构由上铰接、下铰接、左翼箱、右翼箱、转向缸支座、前中梁、前封板、后封板、桥壳板、桥搭板等组成，如图5-6所示。其具体结构特点如下：

（1）部件多，焊接工序多，机械加工序多　前车架主要的生产工序为部件拼搭（装配）、机器人自动焊接、手工补焊、机械加工、抛丸、涂装、总装。在前车架整体焊接完成后，需要通过镗内孔及铣端面加工出后车架、动臂、动臂液压缸、驱动桥等的装配孔及平面。

（2）存在大量的孔形结构，孔形结构装配精度要求高　前车架上存在大量的圆孔装配结构，主要有上铰接孔、下铰接孔、左翼箱上孔、右翼箱上孔、左翼箱下孔、右翼箱下孔、转向缸孔、桥搭面孔。这些孔的相对尺寸、对称度、圆度直接决定了前车架制造质量的好坏，并影响到轮式装载机整机外形尺寸和工作装置的性能参数。

a) 轮式转载机

b) 轮式装载机前车架

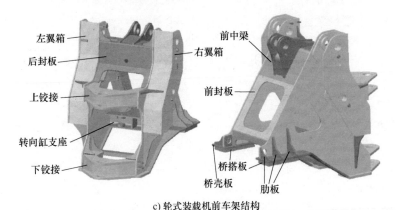
c) 轮式装载机前车架结构

图 5-6　轮式装载机前车架

2. 前车架的变形情况及危害

前车架是装载机重要结构件之一，其生产质量直接影响着整机的使用性能、工作可靠性及生产成本。例如车架某分中尺寸 A 的偏差在 ±5mm 左右，由于偏差过大，后续无法进行机械加工，导致产品报废，给企业造成了较大损失。焊接变形控制难点如下：

1）孔形结构焊后变形大，尺寸难以保障，影响后续加工工艺。前车架整体焊接完成后进行机械加工，通过镗内孔以及铣端面加工出大量装配孔及平面，对于这些孔的相对位置及尺寸精度要求均比较高。

由于焊接变形的存在，在施焊后，孔的相对位置存在一定的变化，直接影响了后续的机械加工。而且，如果前车架焊接过程中变形量过大，将会导致机械加工没有足够的余量而使工件报废，造成巨大的经济损失。

2）角焊缝多，变形累积大。装载机前车架主要焊缝形式为角焊缝，变形方式主要有收缩变形、角变形和扭曲变形。其中，扭曲变形主要存在于左、右翼箱的内侧板中，收缩变形在整个车架中有焊缝的位置处均存在，角变形主要存在于翼箱内侧板和肋板焊缝中。

3）为了保证后续制造，车架留出的加工余量大，严重增加企业成本。

为了消除焊接变形的影响，目前通用的做法是增加各孔位的加工余量，不仅增加机床刀具磨损，降低原材料的利用率及生产率，还提高了生产成本。

5.2.2　焊接变形原因分析

焊接变形产生的原因如下。

1）产品结构复杂，焊缝多，每条焊缝之间、前后的焊接变形互相影响，规律较为复杂。

2）焊接顺序只考虑了现场焊接的便捷，未考虑焊接变形的规律。

前车架机器人焊接生产过程中，为了保证焊接效率，设定的机器人焊接程序先将前车架中心线左侧焊缝焊完，然后前车架随同变位器翻转至另一方向，再由机器人焊接前车架中心线右侧对称的相应焊缝。这就导致在焊接完成后，前中梁分中、左右翼箱内搭子面分中尺寸向中心线左侧偏移，即前车架中心线左侧的尺寸大于右侧的尺寸。

3）焊接生产工艺有待进一步改进。

焊接变形产生的根本原因是由焊接残余应力的分布不均匀导致的。前期车架生产存在重视焊接装备，不重视焊接装配、焊接工艺、焊接管理。对于当前采用的弧焊工艺焊接，完全消除焊接变形是不可能的，必须采取一些针对性措施对其进行控制。

5.2.3　前车架焊接变形控制措施

针对焊接变形问题，通过变形数据分析、理论分析和相关经验，针对前车架焊接变形控制措施如下。

1. 提高焊前工艺装配质量，保证后续焊缝金属填充量一致

前车架由多个部件组焊而成，在正式焊接前，采取定位焊对各部件之间的相对位置进行固定，提高焊前工艺装配精度，保证后续焊缝金属填充量一致。

1）严格控制装配间隙，保证焊缝金属填充量一致。每台车架实施定位焊位置处的拼搭间隙控制在 2mm 以内。

2）规范定位焊，严格控制定位焊焊缝长度、位置、焊接参数。提高前车架拼搭后的尺寸稳定性及合格率，减小由于定位焊工艺不一致导致的内应力及变形具体如下：

第一，在相同焊缝中定位焊缝的长度应保持一致；要求定位焊距离端头20mm 以上；保证工件的每条焊缝至少有 2 条定位焊缝；为防止焊接过程中工件开裂,应尽量避免强制性装配,必要时增加定位焊缝的长度,并减少定位焊。

第二,定位焊不能在焊缝交叉处或焊缝方向发生急剧变化的地方,通常至少应距离这些部位 10 倍板厚才能进行定位焊。

第三,定位焊参数应与打底焊参数一致,如采用与工艺文件规定同牌号、同直径的焊丝或焊条,相同的焊接参数施焊;若工艺规定焊前需预热,焊后需缓冷,则焊定位焊缝时应以焊接部位为中心,至少在 150mm 的范围内预热,然后缓冷,并且预热温度执行工艺规定。

第四,定位焊的焊接质量,应与打底焊时的焊缝质量一致,定位焊必须保证熔合良好,余高不能太高,起头和收弧处应圆滑过渡,不能太陡,防止焊缝接头焊不透。

2. 对称施焊,优化焊接顺序

前车架是一个典型的箱型结构。在箱形构件实际的焊接中,当焊接参数一定时,不仅先焊焊缝的变形总是大于后焊焊缝的变形,而且构件越大、板材越薄,这种焊接变形量的差异也越大。这说明焊接顺序对焊接变形量也有很大的影响,因此,可以通过优化焊接顺序来控制焊接变形。

在兼顾产品质量和生产率的前提下,对前车架机器人焊工序的焊接顺序进行优化,具体如下:

1)采用对称焊,即为先焊前车架中心线左侧的 1~2 道焊缝,然后翻转车架,再焊与之对称的 1~2 道焊缝,焊接方向为由中间向两侧。

2)先焊对接焊缝,然后焊角焊缝;先焊短焊缝,后焊长焊缝。

优化焊接顺序后,对分中尺寸 A 测量,分中偏差减小至 ±1mm。达到了后序机械加工要求的精度,提高了机械加工的效率。同时,实施对称的焊接顺序后,左、右翼箱内侧板的扭曲变形也得到了改善。

3. 组焊模块化单元,调整机械加工工艺顺序

通过不断地实践和摸索,为前车架制定了先部件、后总成的工艺思路:先将小零件组成部件,再对部件进行焊接,这样减小了累积焊接变形量,并且便于采取矫正措施;焊接后对变形较大的部件进行矫正,再将矫正后的各个部件依次进行装配,组焊成整个大部件总成。

具体措施如下:

1)将翼箱、桥壳板、桥搭板、肋板组合成新的部件,焊接后进行矫正处理。

2)将前中梁、后封板、支承板组合成新的部件,并且取消前中梁弯板与后封板之间的焊缝,将前中梁弯板与后封板做成一体。

3)采用小部件加工代替总成加工,小部件加工易于装夹、找正,降低加工难度，同时提高加工效率，缩短加工时间，最后进行总体组焊。

此种方案的优点：

1）将总成焊接中所承受的热量和焊接变形分散到各部件的制造工序中，使总成焊接时的热输入和焊缝大大减少，减少了焊接热量和焊接变形。

2）减少了部件间焊接变形的相互影响，提高焊后精度。

3）每个部件焊后可进行矫正处理，控制部件变形量，部件焊后的尺寸可得到有效的控制。

4. 采取反变形措施

所谓反变形法是为了抵消焊接变形，即在焊接前进行装配时，先将工件向相反的方向进行人为的变形，这是在实际工作中最常用的方法。通过对前车架焊后变形数据统计分析，发现部分尺寸在施焊前后，焊接变形量存在一定的规律性，因此针对性地设置前车架反变形尺寸。

5.2.4　焊接变形控制效果

针对轮式装载机前车架焊接结构的特点，采用合理的焊接工艺、焊接顺序、焊接反变形、模块化焊接等手段，使焊接变形在各部件的生产工序中得以控制，大大减小总成焊接时的热输入、焊接热量和焊接变形。不仅保证了产品的尺寸精度，更节约了企业其他工序的相关成本。

图 5-7 所示为前车架某开档尺寸在工艺优化前、后施焊前后的尺寸变形控制对比。统计 10 台前车架中开档尺寸 B 焊前的平均尺寸为 1081mm，焊后的平均尺寸为 1079mm，平均收缩量为 1.8mm；可以看出，焊后的尺寸与焊前大致相同。

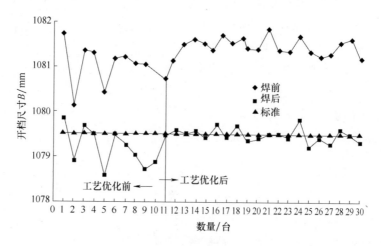

图 5-7　前车架铰接中部开档尺寸变形控制对比

5.3 混流式水轮机叶片焊接变形控制

5.3.1 产品结构

混流式水轮机是水流径向流入转轮、轴向流出，也称为辐轴流式水轮机，如图 5-8 所示。混流式水轮机的转轮是由叶片、上冠和下环组成，叶片不能转动；由于转轮强度高，可适用于较高的水头。该型式的转轮在设计时允许在叶片的进水高度、叶片数量、叶片的安放位置以及长短等方面作较大范围的变动，以适应不同电站的需要。混流式水轮机转轮主结构材料为 0Cr13Ni5Mo 钢，膨胀系数大，焊接量大，焊接变形难以控制。

a) 水轮机运输　　　　　　　　　　b) 水轮机焊接制造现场

图 5-8　混流式水轮机

5.3.2 焊接变形控制措施

转轮叶片的工作应力存在高应力区：靠近上冠处正面叶片进水口区和背面的叶片出水口区；叶片与下环连接区。

拟采用分段焊、锤击以及局部加热的方法减小混流式水轮机转轮叶片危险区域的残余应力，减小焊接变形，解决转轮叶片变形问题。具体的方案措施确定如下。

1. 转轮焊接工艺优化方案的确定

由于不同的焊工在焊接过程中存在一定的技能差异，6 个叶片按照分段焊的方法、2 个叶片利用分段焊与局部锤击的方法进行焊接。然后在焊完的叶片上，进行局部加热与热处理，残余应力的测量方案如下：

1）分段焊（测应力）+热处理（测应力）+局部加热（测应力）。

2）分段焊（测应力）+局部加热（测应力）+热处理（测应力）。

3）分段焊+局部锤击（测应力）+热处理（测应力）+局部加热（测应力）。

4）分段焊+局部锤击（测应力）+局部加热（测应力）+热处理（测应力）。

对比、分析不同残余应力测试结果，采用分段焊+局部锤击的方式进行施焊，获得最优焊接变形。为了详细记录焊接过程的优化结果，对转轮整体的叶片进行了编号，如图5-9a所示，图中的1、2…15表示叶片编号，B表示下环），C表示上冠，即B1表示叶片1与下环之间的焊缝；C1表示叶片1与上冠之间的焊缝。叶片中的1、3、7、9、13与15号采用分段焊的方法进行焊接；5与11采用分段焊+局锤击的方法进行焊接；2、4、6、8、10、12与14号按原工艺进行焊接。

2. 转轮焊接过程的方案优化

在混流式水轮机转轮的焊接过程中，主要采用先焊两端后焊中间的分段焊方法或局部锤击的方法来降低叶片出水口危险区域的拉应力峰值，获得最优焊接变形。图5-9b所示为分段焊时焊缝的分段方式，图中①、②与③分别表示叶片焊缝区域焊段的编号，④与⑤分别表示叶片出水端与进水端的过渡圆角编号。主要的焊接工艺如下：

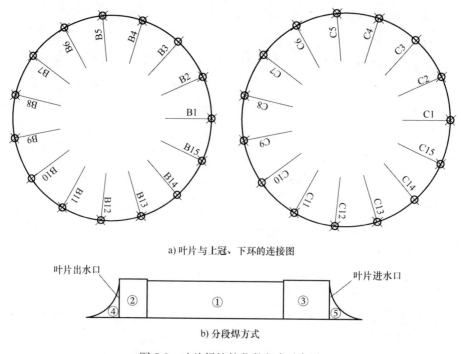

a) 叶片与上冠、下环的连接图

b) 分段焊方式

图5-9　叶片焊缝的分段方式示意图

（1）焊前预热　预热温度为100~120℃，预热可根据实际情况，采用煤气加热或履带式电加热器加热的方法。

（2）焊接方法　采用气体保护焊，保护气体为80%Ar+20%CO_2。

（3）焊接参数　焊接电流为240A、电弧电压为30V、预热温度为100℃、层间温度≤150℃、焊道宽度≤15mm。

（4）焊层顺序　在施焊过程中，转轮的焊接顺序采用焊缝均匀填充的原则，尽量减小转轮焊后的角变形。

（5）焊道厚度　焊接量应不小于坡口深度的1/3，但最大不应超过20mm。

（6）对称施焊　在焊接过程中，前面相邻焊接的叶片位置应该尽量保持圆周上的对称关系，对于15个叶片的转轮，其叶片焊接的先后顺序为：1、9、5、13、3、11、15、7。

（7）焊接方向　叶片出水口的焊段②起弧于叶片的出水端；焊段③起弧于叶片的进水端；叶片的中间焊段①起弧于靠近叶片进水口的一端。

（8）焊段长度　叶片出水口的焊段②控制在40~90mm，焊段③控制在90~110mm，焊段位置包括叶片与上冠之间以及叶片与下环之间两处；其中叶片1、3、7、9、13与15的出水口焊段长度分别为40mm、50mm、60mm、70mm、80mm与90mm，叶片5与叶片11的焊段长度分别为60mm与90mm。

（9）叶片圆角　叶片出水端与进水端的过渡圆角（④与⑤）在进行叶片中间焊段①焊前全部完成。

（10）锤击部位　叶片5与叶片11出水口或进水口附近焊缝的100mm范围内、焊段④与焊段⑤。

（11）锤击方式　在焊缝刚完成时，立即采用风铲在相应部位进行锤击。

（12）熄弧方式　为了尽量减少或避免弧坑裂纹，采用衰减熄弧的方式。

（13）无损检测　无损检测主要分为两个阶段，一是在焊段①、②、④与⑤完成后立刻进行，以确保该部位的焊接质量；二是在焊接完成后对中间焊段进行着色检测。

通过以上措施，本混流式水轮机焊接变形得到有效控制，满足了用户要求。

5.4　高速列车长大型材焊接变形控制

5.4.1　产品结构

高速列车车体一般采用6XXX系列铝镁合金，大型通长薄壁中空挤压型材，通过拼焊的结构形式组成，如图5-10所示。铝合金的线膨胀系数约为钢的2倍，凝固时体积收缩率达6.5%~6.6%，因此易产生焊接变形。

焊接工艺是高速动车制造的主要连接方法，高速动车车体结构形式复杂，焊缝数量多，主要由底架、侧墙、车顶等大部件组焊而成，各大部件焊接完成后再整体组焊，对生产过程及最终的残余应力和变形控制要求较高。焊接残余应力和变形控制不当易引起车体失稳变形、总组对超差，局部调修过量则带来材料服役性能下降等质量隐患。

随着引进技术的不断消化吸收，在200km/h平台上开发出多种系列车型，型号改进频繁，先后生产的车型有：200km/h短、长编，300km/h一二阶段，新一代350km/h短、长编，综合测试车、更高速度等级等30余种车型；不同车型车体结构变动较大，新结构对车体大部件焊接变形及残余应力的控制提出新的不同要求，对制造工艺的设计和确定带来连续不断的压力。新的车体结构需要重新设计焊接顺序、装夹方式、反变形、工装设计、焊接参数、工艺余量等。

a) 高速列车　　　　　　　　　　　　b) 高速列车车身

图5-10　高速列车及车身

为有效控制高速列车的焊接变形、减少焊后调修工作并降低废品率，通过铝合金底架、侧墙、车顶等车体关键部件的焊接变形规律研究和试验，确定出可靠的焊接变形控制技术和工艺方法，保证车体关键部件制造完成后直线度、轮廓度等尺寸精度，形成较为完备的大部件焊接变形预防和控制技术。

5.4.2　长大挤压型材焊接变形控制

长大挤压型材部件焊接，存在焊缝多，型材尺寸长、装夹难度大等特点，变形情况较为复杂，主要变形为收缩变形和角变形。通过计算、试验研究、新技术开发等，采用系列变形控制技术，通过型材插口间隙控制、预制反变形、监测压紧力、刚性固定等措施，保证大部件几何精度，实现车体组装不调修或免调修。

A部件由中空型材双面拼焊而成，变形控制难点在于焊缝长，最终产品要求在特定方向形成特定挠度。综合分析了A部件的历史焊接变形数据后，在改进型号的生产中对部件正面自动焊接工装的反变形量进行了调整，在A部件中空部位的工装模板预制了5mm的反变形，以防止A部件自动焊接后刚度不连续部位的下凹。采用中心为+5mm、两侧为0mm圆弧过渡的形式，取得了不错的效果。具体调整如图 5-11 所示。

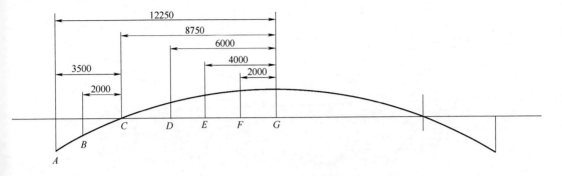

图 5-11　A 部件自动焊接工装挠度设置

B 部件也由中空型材双面拼焊而成，变形控制难点在于焊缝长，且中空型材存在不同曲率，B 部件采用先正组后反组的工艺。通过分析可知，其正面焊接的主要变形为收缩变形和角变形。

具体采取以下措施综合控制变形：

1）正组同时采用刚性固定法和反变形法，反变形预置在反组工装的模板上。

2）B 部件的收缩变形通过工艺余量放量来控制，如图 5-12a 所示。

3）B 部件外侧焊接顺序优化为①+⑤→②+④→③，焊缝编号如图 5-12b 所示。为避免受热不均，其外侧、内侧焊缝的焊接方向均从同一端开始。

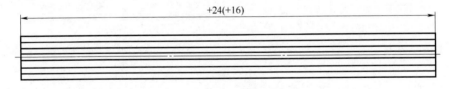

a) B 部件工艺放量

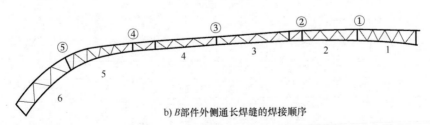

b) B 部件外侧通长焊缝的焊接顺序

图 5-12　B 部件焊接变形控制

注：①～⑤为焊接顺序。

4）*B* 部件轮廓采用火焰线加热法+水冷法矫正，加热温度不超过 250℃并喷水冷却。

综合以上措施，*B* 部件轮廓度由 8~12mm 降低到 0~5mm，达到了变形控制要求，满足后续总装要求，制造现场如图 5-13 所示。

a) 某部件正面自动焊　　　　　　　　b) 某部件反面自动焊

图 5-13　挤压型材大部件焊接生产

5.4.3　焊接变形控制关键技术点

针对轨道车辆的行业特点，对多个控制变形技术措施进行试验和计算，根据验证结果提出优选方案，为实际生产工艺优化提供了科学可靠的依据。其关键技术如下：

（1）焊接变形计算准确　运用焊接变形的基本原理和有限元技术、模型解析计算，提高了焊接变形预估的准确度，指导了焊接变形控制措施，提高了焊接变形控制的精确性。

（2）自动化工装集成反变形技术　将反变形技术应用于自动化焊接工装中，提高了工件尺寸的稳定性，实现了技术理论与生产实践的有机结合，为多个型号的高速动车组铝合金车体的批量生产提供了技术支持。采用自动化压紧装置，提高了焊后工件尺寸的稳定性，解决了双面型材的焊接变形不稳定问题。

大部件组焊工装，即通过更换部分定位块即可实现不同车型的转换，通用性强；总组成工装底架及侧墙的定位及夹紧均实现自动化；工装定位简单、实用，制造工艺性好，同时体现了先进的设计理念。工装自动化程度较高、通用性强、设计理念先进，制造工艺性好，如图 5-14 所示。

（3）变形规律跟踪、分析清晰，工艺放量精准、有效　合理确定焊接变形观测位置，焊接工艺师在生产一线持续跟踪、记录焊接变形数据，排除挤压型材模具损耗、挤压型材尺寸精度跳动、工装变形等复杂因素误导，正确识别并分析产品的焊接变形规律，运用变动工艺余量法（柔性工艺余量法）解决了大批量产品的收缩变形规律，确保了工艺放量的精准和有效。

（4）运用强约束固定和预变形（反变形）原理的控制技术　该技术通过改变优化工装夹具拘束的位置、约束力和约束点数量，改进产品焊接支承架结构

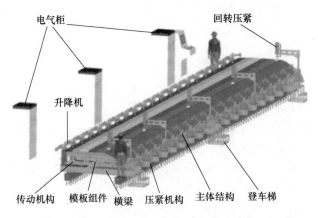

图 5-14　挤压型材大部件焊接变形控制技术

形式、支承位置和支承方法，使正面焊接及反面焊接时各条焊缝收缩变形规律趋于一致，正反挠曲变形相互抵消，避免出现"W"形的不规则变形。具有现场操作实施较为简便，无须对现行焊接工艺进行改动，只需要增加部分辅助固定或随动拘束装置的优点。

5.5　采取振动时效降低焊接变形

5.5.1　振动时效技术简介

　　振动时效又称振动消除应力法，20 世纪 70 年代引入我国。其实质是在工件的高残余应力区，施加动应力与试件的残余应力叠加，使金属晶体产生位错运动，内部产生微观塑性变形，高残余应力得以释放，达到调整和均化残余应力的目的。经国内外大量的应用实例证明，振动时效对稳定构件尺寸精度具有良好的作用。振动时效技术不仅具有工艺简单、效率高、能耗低等优点，而且克服了某些热处理工艺带来的表面氧化、脱碳、热变形等问题，从而弥补了自然失效和热时效的不足。在国家"节能减排"的大背景下，由于振动时效技术能够有效地减少资源能源消耗，降低温室气体排放，并且振动时效技术手段的应用可提高企业产品质量，降低能耗，给企业带来较大的经济效益。振动时效技术在航空、航天、兵器、发电设备、机床、模具、核工业、工程机械等各个领域有着广泛的应用。

　　频谱谐波定位时效处理为振动时效时所用到的技术之一，利用模态分析仪对焊接结构件进行模态分析，提取工件多个有效模态振型。先将待处理的焊接结构件固定在专用工装上，然后利用频谱谐波时效设备对工件进行频谱分析，优化谐波频率。最后对频谱分析的多种谐波频率进行动态应变检测，再结合模态分析振型与动态应变检测结果，选择动应变大的谐波频率进行定位时效处理。

5.5.2　振动时效技术的应用

哈尔滨电机厂有限责任公司自1990年引进振动时效技术以来，通过振动时效技术解决了多项焊接变形技术难题，涉及的产品类型如下。

1）水力发电领域，定子机座、座环、控制环、密封环、筒阀等工件采用振动时效技术稳定加工尺寸精度；转子支臂、转子支架、顶盖等以振动时效替代热处理时效；底环、接力器后盖等工件采用振动时效降低补焊残余应力，减小变形。

2）火力发电领域，30万kW、60万kW和100万kW发电机机座采用振动时效消除焊接残余应力，保证了端盖加工尺寸的精度。

3）核电领域，核电电机机座采用振动时效替代热处理时效，消除焊接残余应力。

4）潮流能发电领域，转轮室和管型座等不能进行热处理的奥氏体型不锈钢部件采用振动时效消除焊接残余应力。

5）军工领域，某军用屏蔽电动机定子机座异种钢焊接消除残余应力，稳定加工尺寸精度。

通过采用振动时效技术，圆满解决了各部件的焊接变形与时效处理问题，在降低产品制造成本的同时，显著提高了生产率和产品质量。

在国家"973"项目"水力发电前沿技术研究"、国家重点研发计划"海水抽水蓄能电站前瞻技术研究"等多项国家级项目的研发中，采用了振动时效消除焊接变形和应力技术，先后应用于白鹤滩、三峡、溪洛渡、糯扎渡等大型水电站的定子机座、底环、筒阀和转子支架等部件，形成了成套技术成果。振动时效技术大幅提高了产品的制造质量和生产率，而实施过程所产生的经济投入基本可以忽略不计，取得显著的经济和社会效益。

5.5.3　振动时效技术应用实例

1. 水轮发电机底环变形

大型水电站的水轮机底环由上下环板、轴套、固定止漏环等组焊而成，底环外径超过10m。底环受运输限制，一般由4瓣组装而成，在厂房内完成组圆加工和尺寸检查后运至电站现场进行安装。由于运输过程中的振动和自然时效，在安装时底环分瓣发生变形，出现无法组圆，或组圆后分瓣间变形错位较大，严重情况下甚至会造成底环的报废，严重影响电站的建设进度。

为解决这个问题，底环在厂内组圆后增加振动时效工序，消除和均一化结构内部的残余应力，稳定底环的尺寸，消除了运输过程中焊接应力释放引起的变形问题。应用振动时效处理后，未再发生安装变形问题，图 5-15 所示为控制水轮发电机底环安装变形进行的振动时效过程作业。

图 5-15　水轮发电机底环振动时效

2. 核电装备电机座变形问题

核电发电设备的电机座由不同厚度的碳素钢和不同规格的奥氏体型不锈钢管组焊而成，由于涉及异种钢焊接，无法采用热处理时效方式消除焊接残余应力，而机座后序需进行装配部位的精加工，机械加工引起应力释放，发生焊后变形问题。

为保证部件装配精度，以及后期运行时的尺寸稳定，在机座组焊完成后增加振动时效工序，后续的精加工和部件装配及运行结果表明，振动时效处理效果良好，取得了预期的效果，图 5-16 所示为核电发电设备的电机座振动时效处理。

图 5-16　核电装备电机座振动时效

3. 潮流机组变形控制

潮流机组在海洋环境下运行，其部件由耐蚀性优异的 316L 奥氏体型不锈钢组焊而成，最大直径可达 5m 以上，其所使用的钢板厚度规格不一，焊接接头形式多样，焊接结构复杂。结构焊接完成后的焊接残余应力、焊接变形复杂分布对后序部件的加工、装配及机组运行时结构的稳定性均有较大影响。

　　受限于其所采用的材质，无法采用热处理时效消除焊接残余应力，因此，在各部件组焊完成后，采用振动时效对部件的残余应力进行消除和均一化处理。后续的加工、组装和运行情况表明，振动时效处理效果良好，取得了预期的效果。图 5-17 所示为消除潮流机组转轮室机加、装配变形采取的振动时效过程；图 5-18 所示为消除潮流机组管型座焊接变形采取的振动时效过程。

图 5-17　潮流机组转轮室振动时效装置

图 5-18　潮流机组管型座振动时效装置

5.6　龙门式起重机焊接变形控制

　　海洋工程结构尺寸大、结构复杂，实际焊接变形控制试验耗费大、周期长，焊接变形控制困难。

　　大型海洋工程结构的变形产生后，因为尺寸巨大，常采用矫形工艺进行矫正，效率低，并且焊接变形在后续结构中进行传递，使部件之间装配困难，或者勉强装配后，产生超过容许限度的装配应力，严重影响后续工作的安全性；另一方面，由于弯曲变形可能产生附加弯矩，减弱承载能力。

　　大型海洋工程结构的焊接变形控制尽量在焊前采取措施，从焊接顺序调整、焊接工艺设计采取措施，才是最为经济的措施。

5.6.1　龙门式起重机顶板结构

　　某龙门式起重机高度达 100 余米，其顶板每条纵筋长 13800mm，纵筋由左、右两条焊缝连接在一起，设计规定的焊脚尺寸为 8mm，设计要求采取满焊，焊接量大，变形难于控制，如图 5-19 所示。

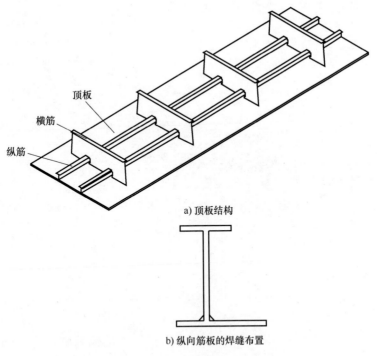

顶板

横筋

纵筋

a) 顶板结构

b) 纵向筋板的焊缝布置

图 5-19　龙门式起重机顶板结构

5.6.2　龙门式起重机顶板焊接变形的有限元计算

对龙门式起重机某一顶板结构的焊接变形进行数值模拟计算，计算结果对优化焊接顺序、减小焊接变形提供了理论依据。顶板结构有限元模型如图 5-20 所示，变形趋势如图 5-21 所示，长度方向和宽度方向上变形放大时的情况如图 5-22 所示。

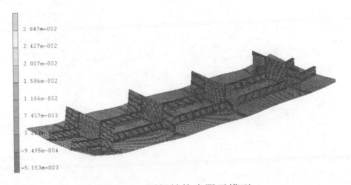

图 5-20　顶板结构有限元模型

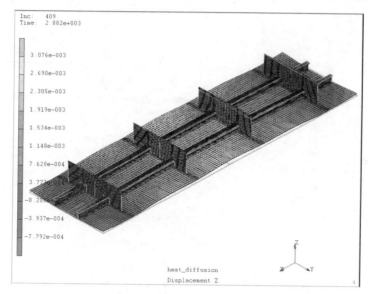

图 5-21　变形趋势外观图

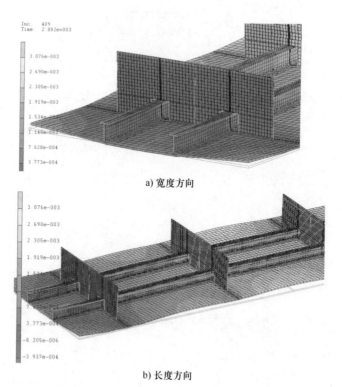

a) 宽度方向

b) 长度方向

图 5-22　长度方向和宽度方向变形趋势外观图

1. 最恶劣变形情况

整体结构采用的焊接顺序 1：焊缝 1→焊缝 2→焊缝 3→焊缝 4→焊缝 5→焊缝 6，如图 5-23 所示。变形模拟计算的最大挠曲变形量为 28.47mm，这是最恶劣的变形情况。

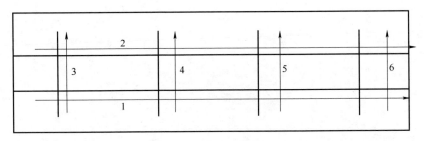

图 5-23　焊缝焊接顺序 1

2. 变形最小方案

整体结构采用的焊接顺序 2：焊缝 1、焊缝 2 同时向两边焊接；焊完后焊缝 3、焊缝 4 同时向两边焊接；焊完后同时焊接焊缝 5~焊缝 8，如图 5-24 所示。变形模拟计算的结果如下：变形趋势是在"T形"位置为角变形，在纵筋整个长度上有向上挠度，挠曲方向由截面惯性矩决定，该情况下最大变形量下降为 18.245mm。

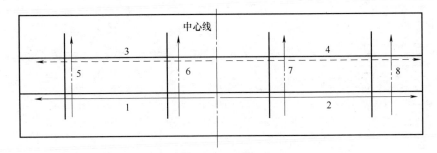

图 5-24　焊缝焊接顺序 2

5.6.3　焊接变形最优方案确定

将所有筋板装配组合，并定位焊在顶板上，整体上结构的刚性将增加，在 4 条横筋定位焊的条件下焊接两条长纵筋板，变形将明显降低。模拟结果显示变形要比没有定位焊情况下下降很多，因此焊接时应该在整体定位焊状态下进行。

整体组合状态下焊接纵向筋板的变形计算情况见表 5-1，整体组合状态下焊接横向筋板的变形计算情况见表 5-2，因此在整个结构焊接进行时，部件焊接组合最小焊接变形的焊接顺序组合在一起，理论上可以获得最小的焊接变形（见表 5-1 和表 5-2）。表 5-1 中的 3 与表 5-2 中的 1 组合，焊接变形将最大。表 5-1 中的 5 与表 5-2 中的 3 组合，焊接变形将最小。

表 5-1　顶板与纵向长筋板焊接顺序与变形一览表（自由状态）

种类	焊接方向	变形趋势模拟	焊接顺序	最大变形量（厚度方向）/mm
1	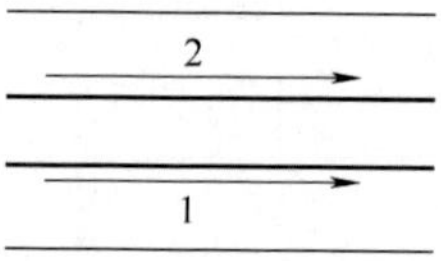		焊缝 1→焊缝 2	13.28
2	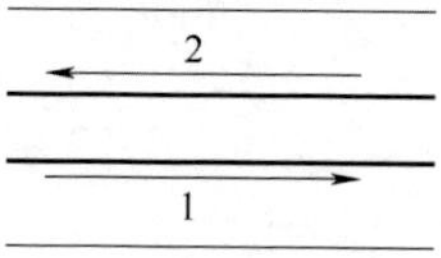	同上	焊缝 1→焊缝 2	12.70
3	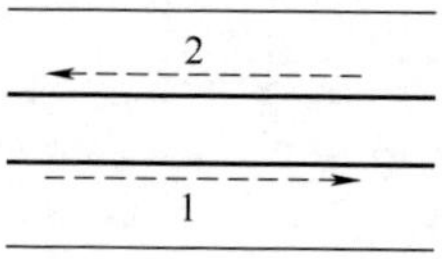	同上	焊缝 1 与焊缝 2 反向同时焊接	13.46
4	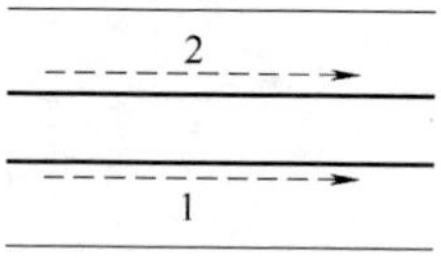	同上	焊缝 1 与焊缝 2 同向同时焊接	12.91
5		同上	焊缝 1 与焊缝 2 反向同时焊接→焊缝 3 与焊缝 4 反向同时焊接	11.98
6	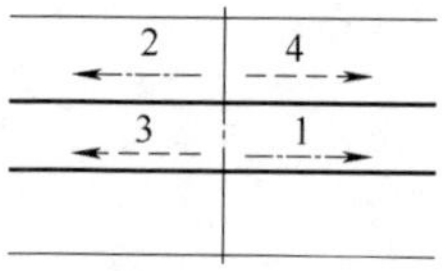	同上	焊缝 1 与焊缝 2 反向同时焊接→焊缝 3 与焊缝 4 反向同时焊接	13.70
7	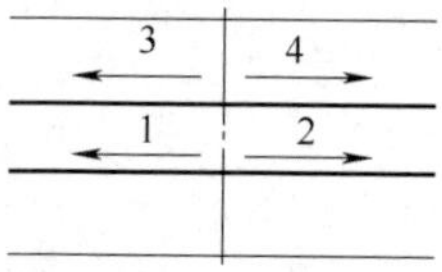	同上	焊缝 1→焊缝 2→焊缝 3→焊缝 4	11.98

注：→表示时间先后顺序，图中则表示焊接方向

表 5-2 顶板与横向筋板焊接顺序与变形一览表（自由状态）

种类	焊接方向	变形趋势模拟	焊接顺序	最大变形量（厚度方向）/mm
1	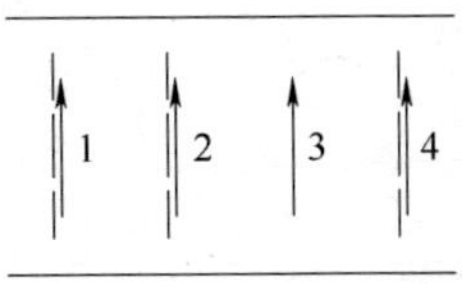 1 2 3 4		焊缝 1→焊缝 2→焊缝 3→焊缝 4	18.57
2	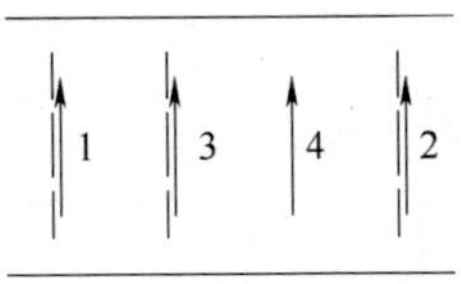 1 3 4 2	同上	焊缝 1→焊缝 2→焊缝 3→焊缝 4	15.68
3	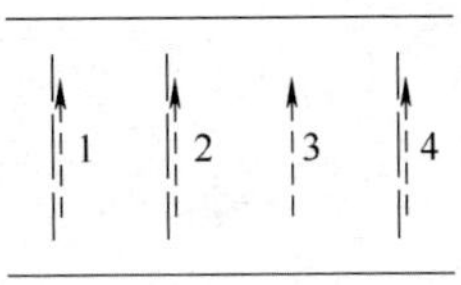 1 2 3 4	同上	焊缝 1、焊缝 2、焊缝 3、焊缝 4 同时焊接	14.02

注：→表示时间先后顺序，图中则表示焊接方向。

5.7 通过优化焊接工艺降低焊接变形实例

焊接工艺设计的内容极为广泛，包括焊道布置、坡口设计、间隙控制、工装导热、焊接参数设置等，合理的焊接工艺设计可有效降低焊接热输入，减小焊接变形。一些行业受现场作业条件限制，焊接工艺难以严格执行，焊缝金属填充量难以控制；一些行业对焊接工艺的认识较为粗浅，对焊接电源的差异性认识不足，焊接参数执行不到位；在此通过焊接工艺设计的具体实例讲解，提升对焊接工艺设计重要性的认识程度。

5.7.1 焊道布置设计

焊接变形与焊接热输入、累积热输入量密切关联，因此在保证焊接质量的前提下，应尽量选择合理的焊道设计、焊接参数。

例如，对于厚度为 12mm 的 7 系铝合金板，设计了 4 种不同焊道分布的接头形式进行焊接工艺试验，分别为 3 层 3 道、3 层 4 道、4 层 4 道、4 层 6 道，焊道布置如图 5-25 所示，不留钝边。

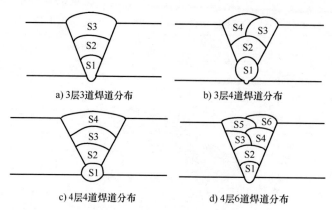

图 5-25　焊接坡口及焊道布置

使用福尼斯 TPS4000 焊机，焊丝型号为 ER5356，焊丝直径 1.2mm。焊枪与工件呈 85°夹角，试板长 350mm，宽 150mm，高纯氩气保护，保护气体流量为 25L/min。焊前用不锈钢风动钢丝刷对工件待焊部位进行清理，之后再用异丙醇清洗，焊道层间用铣刀、不锈钢风动钢丝刷进行清理。焊接参数见表 5-3。

表 5-3　不同焊道设计的焊接参数

焊道布置	焊道	电弧电压/V	焊接电流/A	焊接速度/(mm/s)
3 层 3 道	S1	21	200	8.6
	S2	23.5	225	3.95
	S3	23.5	225	3.33
3 层 4 道	S1	23.4	191	10
	S2	23.8	220	7.5
	S3	23.8	220	8.3
	S4	23.8	220	8.3
4 层 4 道	S1	23.4	191	11.6
	S2	23.8	220	11.6
	S3	23.8	220	10
	S4	23.8	220	6.7
4 层 6 道	S1	21	200	10
	S2	23.5	225	7.895
	S3	23.5	226	11.1
	S4	23.4	224	10.34
	S5	23.5	224	8.1
	S6	24.5	216	10

焊道设计对比试验结束后，对上述 4 种接头试样焊接变形进行测量，焊接变形大小顺序为 4 层 6 道>4 层 4 道>3 层 4 道>3 层 3 道。4 种不同焊道的力学性能排序为：4 层 4 道>4 层 6 道>3 层 4 道>3 层 3 道。可以看到，采用传统的多焊道布置、降低每层焊道焊接热输入的 4 层 6 道形式并未带来最高的拉伸力学性能和最小的焊接变形。因此，对于同样的板厚可采取合适的焊道布置设计，在匹配服役要求的接头力学性能条件下获取最小的焊接变形。

5.7.2　焊缝金属填充量控制

焊缝金属的填充量与焊接变形的关系最为密切，其主要受坡口形状、间隙控制、焊接坡口角度等因素影响。坡口角度减小则焊接填充量明显减小，焊接变形减小。不同的坡口角度及间隙，对应的焊缝金属填充量对比见表 5-4，可以看到，不同间隙下 35°和 55°坡口焊缝金属填充量最大相差 2 倍。

表 5-4　焊缝金属填充量计算（厚 12mm，单 HV 坡口，未考虑余高）

间隙/mm	填充面积/mm^2			
	35°	45°	55°	半 U 形
2	74.4	96	126.8	
3	86.41	108	138.8	
4	98.4	120	150.8	126.1

相关标准对焊接坡口的规定范围较宽，例如：标准 ISO 9692-3：2000 焊接及相关工艺接头准备第 6 部分规定，间隙大于 1.5mm 时，宜采用衬垫；单坡口焊时，衬垫应当开凹槽；采用 50°～70°坡口时，间隙小于 6mm。标准 GB/T 25343.3—2010 中的附录 B 为资料性附录，采用 35°单 HV 坡口、间隙 4mm 也符合规定。上述标准的间隙量规定范围较大，引起的焊缝金属填充量将会很大，因此，焊接工艺设计不是简单照搬标准，而需要根据产品技术要求、生产装备条件等进行设计。

为了在上述标准规定的范围内，对比不同坡口、间隙控制等因素引起的焊接变形情况，进行了 35°、45°、55°、半 U 形坡口变形对比试验，如图 5-26 所示。并分别采用纯氩、三元气体单 HV 坡口熔透试验，具体如下：

1）纯氩保护：35°、45°、55°、J 形单 HV 坡口，4mm 间隙，自由状态各 1 块，对比焊接变形；约束状态各 2 块。加背部成形凹槽垫板。

2）三元气体保护：35°、45°、55°、J 形单 HV 坡口，4mm 间隙，约束状态各 1 块。加背部成形凹槽垫板。

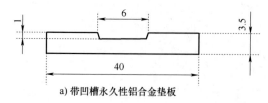

a) 带凹槽永久性铝合金垫板

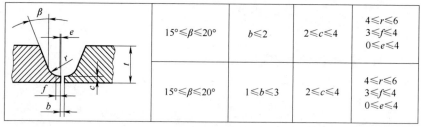

b) J形坡口铝合金板
(*c*: 2mm; *β*: 18°; *f*: 4mm; *r*: 5mm)

c) 焊接试板   d) 变形测量

图 5-26   坡口变形试验

对每个试件的焊接变形测量 5 个不同位置，取其平均值，最终变形结果及比较见表 5-5 和图 5-27 所示。可以看到，从焊缝金属填充量控制角度看，焊接变形的差异如下。

1）强制约束有利于降低变形。

2）J形坡口在强制约束时，焊接变形最小。

3）减小坡口角度有利于降低焊接变形。

表 5-5   不同焊缝金属填充量焊接变形对比

试板编号	坡口角度/(°)	装夹	变形量/mm	备注
P-A-1	半 35	自由	6.31	3 层 3 道
P-A-2		强制装夹	2.052	
P-A-3			2.604	

（续）

试板编号	坡口角度/(°)	装夹	变形量/mm	备注
P-A-5	半45	自由	11.484	3层5道
P-A-6		强制装夹	4.008	
P-A-7			4.624	
P-A-9	半55	自由	9.976	3层5道
P-A-11		强制装夹	3.5	
P-A-12			2.932	
P-A-13	J形	自由	8.096	4层4道
P-A-14		强制装夹	0.7	
P-A-15			1.724	
P-S-4	半35	强制装夹	1.604	三元气体保护
P-S-8	半45	强制装夹	2.772	三元气体保护
P-S-10	半55	强制装夹	1.636	三元气体保护
P-S-16	J形	强制装夹	1.9	三元气体保护

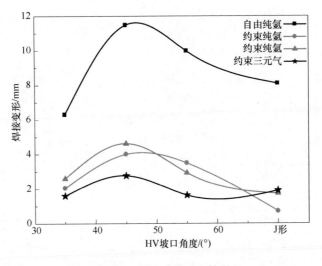

图 5-27　焊接变形对比情况

同时可以看到，即使采用35°坡口，也能实现根部完全熔透，三元气体熔透性更好。采用带凹槽永久性铝合金垫板，熔化的液态铝合金直接沉到凹槽内，不会阻碍电弧对母材的加热，电弧可以直接加热到焊缝根部。带凹槽永久性垫板与不带凹槽永久性垫板对比，焊接操作难度更小，易于保证焊接质量。

5.7.3 保护气体选择

焊接保护气体的选择在某些情况下也会显著影响焊接变形，例如，铝合金焊接时，保护气体可采用氩气，也可采用 Ar-He-N 三元气体，但焊接变形情况却不同。

He 热传导性比 Ar 高，能产生能量更均匀分布的电弧离子体；He 的电离能力比 Ar 低，在相同电流时，氦弧焊产生的电压比氩弧焊高。氩气中加入氦气，同时混合少量的氮气可以获得很高的焊接质量。三元气体工艺具有以下优点。

1）三元气体保护焊相对纯氩气体电弧收缩，电弧热流密度更高，提高了焊接效率。

2）同种焊接参数条件下，三元混合气体可以减小堆焊和平板对接的临界熔透电流，使焊缝的熔深增加约20%。

3）焊缝熔深明显增加，从工艺角度可以有效降低焊接热输入，提高焊接质量。

采用 Ar-He-N 三元气体保护时，电弧宽度明显缩小。在同样熔深要求下降低焊接电流，减小焊接变形，如图 5-28 所示，图中 E 试件为纯氩气体保护焊试件，X、D 试件为三元保护气焊接试件，可以看到沿焊缝长度方向取多个试样统计观察，Ar-He-N 三元气体保护焊熔深更大。

分析认为，与纯氩气保护焊接相比，氮气的热导率更高，氮气的电离电压比氩气高，在较高的电弧电压和热导率下能导致电弧在一定程度上收缩。氮气是典型的双原子气体，在电弧高温下其电离前会发生部分解离。气体解离是一个吸热的过程。电弧弧柱外围受到氮气强烈冷却，形成冷却壁，电离度降低，温度降低，导电截面缩小，迫使电弧电流只能从弧柱中心通过，弧柱区带电粒子集中到弧柱中的高温高电离区流动，这样由于冷壁而在弧柱四周产生一层电离度趋近于零的冷气膜，使弧柱有效截面积进一步减小，此时电弧的电流密度大大增加，这就是热收缩效应，也是氮气冷却电弧的根本原因所在。由于电弧收缩集中，使得焊接时的能量输入更为集中，对外热损耗减小，可以提高焊接效率。

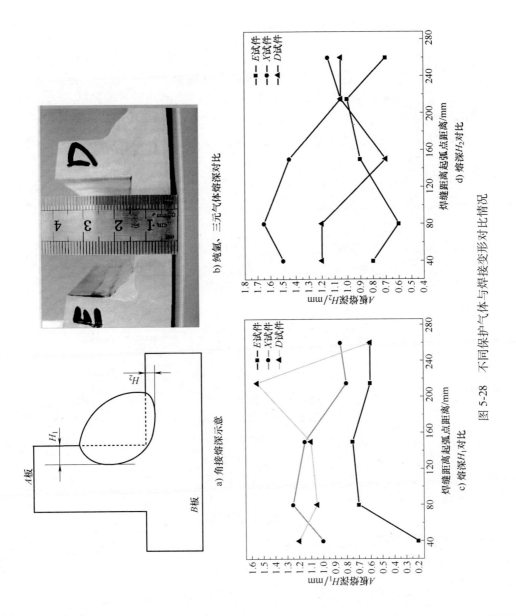

图 5-28　不同保护气体与焊接变形对比情况

5.8 球罐结构焊后热处理焊接变形控制

5.8.1 高速喷嘴内燃法简介

大型壳体结构焊后整体热处理是一项复杂的工程技术，它不仅需要足够大的加热能力，以保证工艺要求的升温速度和加热温度，同时还要求加热的均匀性，以减少加热壳体各部位温差。目前我国应用较广的焊后整体热处理方法是高速燃油喷嘴内燃法。这种方法自 1976 年研究成功以来，已对 50～5000m³ 的几百台各类球罐及转炉炉壳、卤水澄清器等成功地进行了焊后整体热处理，达到了当时的国际先进水平。

高速喷嘴内燃法非常适合于现场焊后整体热处理，适用于大型壳体结构的整体热处理。高速喷嘴内燃法将罐体本身做炉膛，在球罐的下人孔安装高速燃油喷嘴及辅助工装，非常适合球罐焊后整体热处理。上人孔为排烟道，球壁外侧包敷好保温材料，在球内进行燃烧，使之形成良好的循环热气流，通过循环的热气流将热量传导给球壁从而达到均匀加热的效果。其特点如下：

1）这种方法不仅有足够大的加热能力，而且适应性强，便于操作并达到均匀加热。

2）在各类球罐、大型转炉、卤水澄清器及薄壁球罐稳定结构尺寸等方面的应用已显见成效。

3）实践证明这种方法是对大型壳体结构进行现场焊后整体热处理的最简便易行、最有效的方法之一。

用这种方法对球罐进行整体热处理的工装如图 5-29 所示，包括以下几个部分：

1）高速燃油喷嘴及其喷射引风系统（见图 5-29 中 11、14、15）。

2）燃油输供系统，包括油泵、油贮槽、输、输油管路及控制台柜阀组（见图 5-29 中 3、4、5、6、7）。

3）高压雾化空气供应系统，包括空气压缩机送风管路、控制台、柜阀组（见图 5-29 中 16、18、19）。

4）点火器及燃气供应系统（见图 5-29 中 1、2、12、13）。

5）球罐外表面保温设施（见图 5-29 中 8）。

6）测温系统，包括热电偶、补偿导线、测温仪表（见图 5-29 中 20、21、22）。

7）柱脚移动系统（见图 5-29 中 17）。

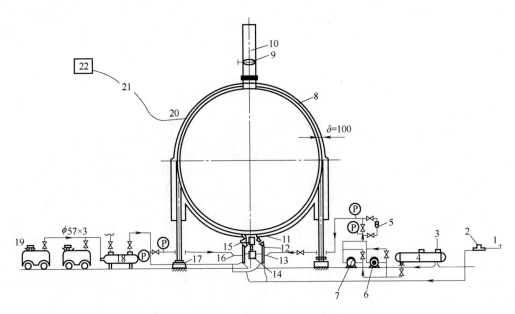

图 5-29　高速燃油喷嘴内部燃烧法热处理工装

5.8.2　焊后整体热处理工程实例

1. 核工业液氨球罐的焊后热处理

对于容积为 2000m³ 及其以下的各类球罐进行焊后整体热处理，高速喷嘴内燃法燃烧系统上无须再加其他辅助工艺装置。根据热工计算选用合适烧嘴，对 2000m³、1000m³ 球罐可采用 1 号烧嘴，650m³ 以下球罐可采用 2 号烧嘴。

原核工业部 816 厂两台由法国引进的 5000m³ 液氨球罐，需要进行焊后整体热处理。对于 5000m³ 特大型球罐，一般由于壁厚相对较薄（17～33mm）、重量较大（300t 以上），要求升温阶段、降温阶段以及保温阶段的温差很小，所以增大了整体热处理的难度。又因为球罐内部形成的热气流循环存在下半球靠近人孔附近区域为加热死角，单靠壳板的自身热传导加热温度偏低，加大了整个球罐的温差。虽然这种现象对 2000m³ 以下的球罐也不同程度存在，但可以采取上下调整燃烧系统克服。

而对于 5000m³ 这样大的球罐很难克服温差的问题，因此，必须设计相应的导流伞罩以增加气流向下回转的强度，克服上述不足。实践证明这是一种有效的措施，如图 5-30 所示。对温差要求严格的可采用两支（1 号或 2 号）烧嘴同时加热。5000m³ 液氨球罐采用加装可上下移动的伞罩，放置两个烧嘴（1 号）进行加热处理，结果完全达到工艺规定的温差要求。

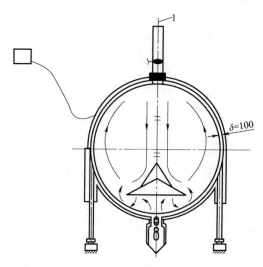

图 5-30　加伞罩的球罐热处理工装

2. 大型转炉炉壳的焊后热处理

转炉炉壳焊后热处理目的除了消除焊接残余应力外，还有防止运行中的热应变脆化的重要作用。

转炉焊后热处理根据热工计算选用 1 号或 2 号高速燃油喷嘴，工艺装备与球罐类同。但转炉炉壳与球罐不同的是：球罐对称性高，热气流循环效果好；而转炉结构对称性差，下部又无孔，为此只能在上口附近的出钢口处安放燃烧系统进行加热。这样形成的热气流容易在上口附近循环然后直接从上部烟道排出，对出钢口以下的大部分炉壳不能有效加热，造成温差过大而达不到工艺要求。

为此设计安装了热气流导流板、工艺假底和工艺假顶，将需要热处理部位临时组成一个有利于热气流循环的燃烧室。热处理工装设备及导流装置如图 5-31 所示。焊后热处理温度在 600～650℃，当气流速度大于 5m/s 时对流传热在炉内热交换起主导作用。为了加强对流传导传热过程，一方面可增加气流流动速度，另一方面可以放置气流障碍物，改变气流循环，这样不仅增加给热面积而且引起气流的附加涡旋，提高各部位的给热系数。在转炉炉壳热处理中，由于安放了调节火焰气流的导流板，火焰燃烧的高速热气流受到导流板的障碍和扰动，大部分逆流向下经底部循环沿炉壁四周回返向上，从导流板四周流向上口，废气从上部烟道排出。这样不仅使各部位都得到加热，而且导流板还减少了气流通道截面积，增加了气流速度，强化了对流传热。出钢口（即燃烧口）周围一方面受到对流传热，同时也有火焰的辐射作用，足以保证工艺加热温度，而且由于喷嘴的高速喷射和气流循环作用，燃烧口附近形成负压区，正常燃烧时火焰不会从燃烧口向外反喷。本溪钢铁八台次 120t 转炉炉壳焊后热处理正是采用上述附加工艺装置，处理效果良好。

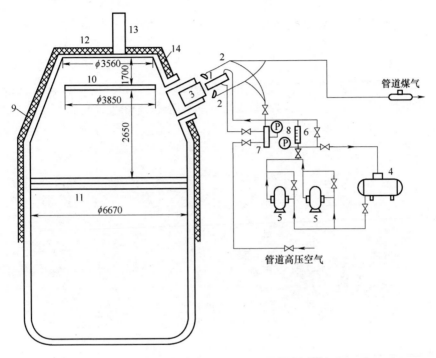

图 5-31　转炉炉壳热处理工装

1—高速喷嘴　2—点火器　3—内外套筒　4—贮油箱　5—油泵　6—流量计　7—控风贮气筒
8—压力表　9—热电偶　10—气流挡板　11—工艺假底　12—工艺假顶　13—烟囱　14—保温层

5.9　TC4 整体叶盘结构焊接变形控制

在 20 世纪 70 年代，美国 GE 公司在 T700 发动机压气机上大量采用了整体叶盘结构，之后又陆续将这一技术应用到 CT7、GE23A、YF120、F414 和 F110 发动机上。英国、德国、意大利和西班牙合作研制的 EJ200 发动机，其 3 级风扇压比为 4.2，在 3 级风扇上采用了电子束焊接整体叶盘结构。中航工业某航空发动机公司采用电子束焊接整体叶盘，实现某型号发动机的整体叶盘制造，减轻重量的同时控制焊接变形。

5.9.1　整体叶盘结构

整体叶盘结构将叶片和轮盘设计成整体结构，省去了传统联接中的榫头、

187

榫槽和锁紧装置。整体叶盘的采用使发动机整体结构得到简化，结构重量减轻、零件数减少，并且避免了榫头气流损失，发动机的推重比和可靠性进一步提高。

整体叶盘材料为 TC4 钛合金，是一种中等强度的 α-β 两相型钛合金，含有 6% 的 α 稳定元素 Al 和 4% 的 β 稳定元素 V，由于其优良的力学性能和良好的焊接性，在航空航天领域得到广泛应用。

某型号发动机的整体叶盘如图 5-32 所示，其装配的基本过程为：先制造出带叶片的楔形段结构，然后对这些结构进行拼焊，焊接出整体叶盘的叶片环，最后将轮盘腹板和叶片环采用电子束焊接为一个整体叶盘结构。由于叶盘结构焊接过程中涉及的焊缝条数多、结构复杂，以及钛合金焊后变形矫正困难和经济性等因素，对于整体叶盘的焊接必须采用多种变形控制措施。

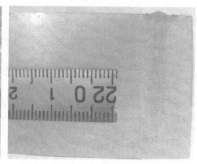

a) 叶盘实物   b) 焊缝形貌

图 5-32　整体叶盘及焊缝

5.9.2　整体叶盘焊接变形趋势

整体叶盘结构复杂，在整体工艺安排上，综合考虑加工适宜性，首先，将 41 个叶片焊接成一个叶环结构；其次再与盘件通过环形焊缝连接在一起形成整体叶盘结构。

影响整体叶盘焊接变形的主要因素有：焊接热输入、叶片焊接顺序、夹具等。在叶环焊接时，主要的变形是叶尖定位工艺凸台（反映的是叶片中心线）的跳动值，这是由于叶片之间焊接时焊缝受热循环的影响收缩不均匀造成的。

在焊接过程中它对扣端焊缝产生预热作用，相当于增加了焊接热输入，在焊接过程中产生了塑性变形。另外，电子束焊缝上下表面宽度不完全一致，也使得收缩不均匀，影响叶尖位置精度。考虑到叶片后续加工余量，设计要求叶尖位置精度在 1mm 以内。同样，在叶环与盘焊接时，封闭环形焊缝产生较大残余应力，造成塑性变形，由于叶环与盘件相比刚性较差，造成叶环部分上翘、叶尖位置上移。

5.9.3　变形控制措施

1. 焊接顺序计算及确定

不同焊接顺序会产生不同的温度热循环，而由此产生的温度应力和变形也会有所不同，而且随着焊接过程的进行，后焊焊缝的初始温度会越来越高，每条焊缝之间温度的相互影响就越来越大。设计部门提出了 3 种焊接顺序，工艺部门根据设计输入计算了整体叶盘 3 种焊接顺序方法，如图 5-33 所示，3 种焊接顺序方法见表 5-6。

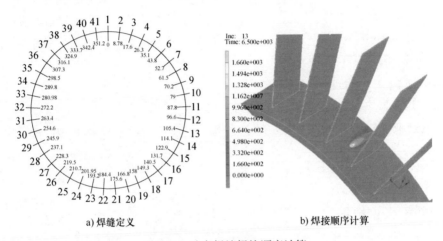

a) 焊缝定义　　　　　　　　　　b) 焊接顺序计算

图 5-33　叶盘焊缝焊接顺序计算

表 5-6　3 种典型焊接顺序方法

方法 1：顺序法	1-2-3-4-5-6-7-8-9-10-11-12-13-14-15-16-17-18-19-20-21-22-23-24-25-26-27-28-29-30-31-32-33-34-35-36-37-38-39-40-41
方法 2：90°排列法	1-11-21-31-6-16-26-36-3-13-23-33-8-18-28-38-5-15-25-35-10-20-30-40-4-14-24-34-9-19-29-39-2-12-22-32-7-17-27-37-41
方法 3：180°排列法	1-21-12-32-37-16-6-26-4-24-34-14-19-39-29-9-2-22-33-13-36-15-7-28-10-30-40-18-3-23-41-20-38-11-31-8-27-5-25-35-17

3 种焊接顺序方法有限元计算结果表明，顺序焊接方法所产生的变形相对较小。在整体叶环的实际焊接中，生产现场根据固有经验普遍采用的是 180°排列法。但是从计算的结果来看，实际上 180°排列法对叶环焊接变形并不是最小的，而组成叶环的 41 个不同部件在焊接过程中，由于焊接顺序的不同，在焊接过程中刚度会产生相应的变化，所起的拘束作用也不相同；而钛合金的导热性较差，焊道间温度的影响不大，对变形起主要作用的是已焊部件的刚度变化及夹具的

拘束作用，由于已完成焊接部分的刚度越来越大，因此径向、周向和轴向变形情况只是在初始部位出现了最大值，而其他部分变形值较小。

90°排列法和180°排列法由于所焊多个位置两侧为单个部件，因此出现了多次与初始位置相同的峰值，从变形情况来看，3 种方法的径向、周向和轴向的变形幅值基本上都在 0.6mm 左右，均满足当前叶盘 1mm 精确要求。但采用顺序焊接工艺更为简便，而随着整体叶盘制造技术的发展，如果整体叶环焊接变形的精度要求提高到 0.5mm，从变形情况来看，顺序焊接只有在初始位置变形超过了 0.5mm，而其他位置均小于 0.5mm，因此在矫正变形时只需要矫正这一处即可。而 90°排列法和180°排列法则需要矫正多处变形，增添了焊后矫正变形的工序。而从整体叶盘实际制造过程来看，采用顺序焊接的方法也可以减少复杂的焊道排序，使工艺流程简单化，从而提高了生产效率。因此，在实际焊接中应采用顺序法代替 180°排列法。

2. 工装及热处理等工艺措施

（1）刚性固定　基于焊接结构变形控制理论，在焊接时采用刚性固定的方法可有效地控制焊接变形，主要是因为刚性固定可以避免或减少结构的外观变形，使得结构的焊接应力异于常规焊接，刚性夹具卸除释放后，由于应力的重新分布产生一定的弹性变形。

由于叶片环结构由 41 块带叶片的楔形段组成，所以刚性固定时要对其定位问题进行考虑，同时保证固定的刚性。为此，设计了如图 5-34 所示的刚性夹具。此夹具包括刚性底座、引弧环、收弧环、叶片定位架各 1 个，以及 41 个锁底块等。其中刚性底座的作用是为其他夹具结构提供刚性固定以及实现与焊接工作台的装配；引弧环和收弧环除了用于引弧和收弧外，还起到定位及刚性固定的作用；叶片定位架可以防止电子束焊接

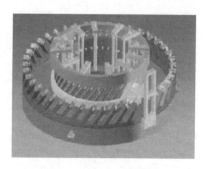

图 5-34　刚性固定夹具

过程中叶片发生较大的周向及轴向位移，实现控制变形；锁底块可保障电子束焊接时保障钛合金材料的良好熔透，另外还起到定位叶片轮环的径向位移及防止焊接过程中径向变形的作用。

（2）真空热处理　如果在卸除夹具之前进行一定的真空时效热处理，则在高温条件下，焊接残余应力将会释放，出炉卸除夹具后期变形量将会大大降低。因此，按照预定的焊接顺序完成焊接后，带着夹具对结构进行整体的真空消除应力处理。对于钛合金焊接结构刚性夹具材料的选择，还应考虑到后续真空热处理较高的温度。

（3）反向重熔加热　对焊后经真空热处理的整体叶盘结构进行变形测量，结果表明，通过刚性固定的方法，叶片位置变形满足设计要求，但叶环与盘的焊接翘曲变形超出了设计的标准。为此，采用焊后电子束局部加热处理的方法校正焊接残余变形，即在焊缝背面用电子束局部加热。其基本原理与焊接过程的应力变形相同，在特定的部位进行电子束重熔，由于加热时产生一定的压缩塑性变形在冷却过程中得以保留，并最终产生相应的收缩残余变形，从而达到控制残余变形的目的。进行局部电子束处理，经大量的工艺试验和数值模拟研究，确定了电子束处理位置、顺序和工艺参数。其中工艺参数为：高压 150kV、速度 8.0mm/s、三角波；焊接电流 58mA，矫形结果如图 5-35 所示，变形量在 1mm 内，达到设计标准。

5.9.4　变形控制效果

经过以上的综合变形控制措施，整体叶盘制造形状精度达到设计要求，叶盘实物如图 5-35 所示。采用合理焊接顺序、刚性夹具固定以及真空时效热处理，叶盘变形控制效果显著，具体如下：

1）可使整体叶盘的焊接变形控制在 1mm 范围内。

图 5-35　整体叶盘实物

2）局部电子束热处理方法可有效地矫正叶盘的焊接变形，使变形量由原来的 3mm 降低为 1mm 以下。

5.10　高强铝合金炮塔焊接变形控制

随着新型武器装备的发展，要求降低结构重量，提高战斗性能、延长结构寿命、降低成本。铝合金以其特殊的性能成为重要的装甲材料，采用铝合金材料的突出特点是强度高、重量轻、塑性好、耐蚀性好等。美国从 20 世纪 40 年代开始对铝合金装甲材料开展研究。1956 年试制了 5083 形变硬化型铝-镁-锰系铝合金装甲板（第一代）。由于该类铝合金防小口径弹丸能力差，60 年代初期美国研制了性能更为优良的 7039 可热处理强化的铝-锌-镁系铝合金装甲材料（第二代），但其应力腐蚀开裂敏感性较强，不适合在海水、盐雾等条件下使用。80 年代美、前苏联相继推出了第三代铝合金装甲材料。美国研制的是 2519-T87 铝-铜系铝合金装甲，其突出特点是强度高，抗弹性能更优异，同时具有良好的抗应力腐蚀性能和良好的焊接性能。

新一代高强铝合金（铝-铜系装甲 2XXX 系列铝合金），为第三代装甲铝合金，具有高强度的特性，在保证抗弹性能的基础上显著提高了抗应力腐蚀性能，从而能更好地满足未来战争环境下的作战需求，如图 5-36 所示。但铝-铜系装甲铝合金焊接也存在接头软化和强度系数低等问题，同时设计单位要焊接变形量控制在常规焊的 1/3 之内。

a) 某型轻型步兵战车   b) 高强铝合金炮塔（模拟件）

图 5-36　步兵战车及高强铝合金炮塔

5.10.1　产品特点分析

高强度大厚度铝合金焊接难点主要在于：铝合金焊接接头软化严重，强度系数低；铝合金表面易生成难熔的氧化膜（Al_2O_3，其熔点为 2060℃），高强度大厚度铝合金焊接要求大能量输入；铝合金焊接易产生热裂纹、气孔；由于铝合金热导率大，线膨胀系数大，易产生焊接变形；同时板厚在 20～××mm，焊接变形较大，焊接变形控制要求难度大。因此，需要制定科学合理的变形控制措施并适合现场生产条件。

5.10.2　焊接变形控制措施

1. 焊接工艺的确定

厚板铝合金导热快，宜采用大功率密度的焊接方法。在大量试验分析的基础之上，从单双丝 MIG 焊接、电子束焊接、搅拌摩擦焊、激光-MIG 复和热源焊接等焊接方法中优选出双丝焊工艺为实际生产工艺。

单丝 MIG 焊接采用低频复合脉冲焊接，由于熔池的振动加强了熔池液体的搅拌作用，促进了熔池液体凝固时的非均质形核，细化了焊缝组织，电磁搅拌明显提高了焊缝的强度和塑性，接头抗拉性能达到其至超出指标的要求。通过试验确定焊接速度、焊接电流、低频调制脉冲等对接接头拉伸性能的最佳配比。

采用双丝高速焊接可以获得较高强度的接头，接头抗拉性能达到指标的要求。通过对双丝 MIG 大电流两道焊和小电流四道焊两种工艺下接头的力学性能对比，综合大电流两道焊和小电流四道焊的优点，制定了大电流多道焊的焊接参数，焊接接头抗拉强度为 296MPa，达到母材的 62%。焊接接头的冲击韧度值为 13J/cm^2，达到母材的 42%。

为控制厚板铝合金的焊接变形，采用 3 种焊接方法，设计采用的典型坡口形式如图 5-37 所示。第一种为常规焊接试样，开 Y 形坡口；第二种坡口为 X 形；第三种用 X 形坡口进行振动焊接。3 种方法的变形控制结果见表 5-7。从结果可看出，第二种方法可以将焊接变形量控制在常规焊情况的 1/5 之内，达到要求，加上振动焊接控制变形的效果更好。

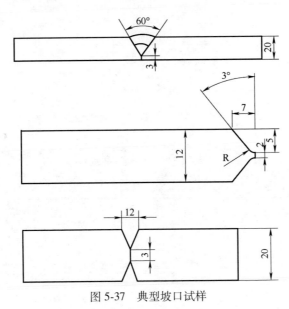

图 5-37 典型坡口试样

表 5-7 焊接变形控制效果对比

焊 接 方 法	变形量/mm
Y 形坡口	5.67
X 形坡口	1.13
X 形坡口进行振动焊接	0.52

2. 焊接顺序计算设计

炮塔结构一共有 16 条焊缝，用数字表示在图 5-38 中。初始确定的焊接顺序为：1、3、4、2、5、6、7、…16。采用有限元方法计算不同的焊接顺序，寻找焊接变形最小和应力分布最低的焊接顺序。

首先计算分析单焊缝多焊道的焊接顺序。焊接顺序不同将影响工件焊后的残余应力大小，最终影响炮塔的整体残余应力大小和分布规律。因此首先确定残余应力最小的焊接顺序。这样其工件焊接时都照此顺序将保证最后的残余应力在较低的水平。

再整体计算焊缝焊接顺序，调整焊接顺序，得到最低焊接变形和最低应力分布。焊接顺序，由 1、3、4、2，调整为 1、3、2、4。焊接顺序改变对于应力分布状态还是有很大影响，图 5-38 中的灰色部分为应力大于 300MPa 的区域，从中可看出第二种焊接顺序减小了高应力区的范围，将对改善抗应力腐蚀能力起到一定的作用。

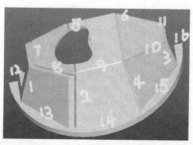

a) 焊缝标记

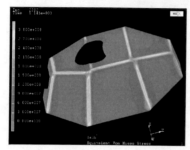

b) 焊接顺序1、3、4、2

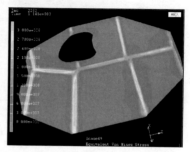

c) 焊接顺序1、3、2、4

图 5-38　炮塔焊接顺序计算优选

3. 采用振动时效方法稳定产品应力及尺寸

在振动时效过程中，动应力是一个重要的参数，激振器施加给工件以周期交变应力相对应的动态附加应力。附加动应力与工件原始残余应力叠加后，造成局部或整体的塑性变形，就能使工件残余应力松弛、均化和消除，并提高金属基体的抗变形能力。一般根据 $\sigma_{动}+\sigma_{残}\geqslant\sigma_s$（屈服强度是使塑性变形能在金属中传播使整块金属产生宏观塑性变形的应力），$\sigma_{动}/\sigma_{残}=0.1\sim0.3$ 动应力幅值应达到构件工作应力的 1/3～2/3。试验证明：在一定范围内动应力越大，被处理工件上产生的应变释放量也越大，消除应力的效果也越好。但是，动应力过大将有可能造成工件的损伤或降低疲劳寿命。

采用海伦振动时效设备有限公司生产的 WZ-86A 型振动时效装置，振动参数见表 5-8。对于焊接残余应力控制，采用振动时效方法，可以将焊缝残余应力控制在 $0.3\sigma_s$ 以内，见表 5-9。

通过试验确定了产品的振动时效工艺参数，并予以实施。

表 5-8　振动参数

试件编号	激振力 /N	电流 /A	电压 /V	转速 /(r/min)	频率 /Hz	加速度 /(m/s^2)
1#	541	1.5	55	3594	59.9	15
2#	502	1.2	55	3637	60.6	14
3#	310	1.2	54	3519	58.7	5

表 5-9　振动焊接焊缝部位峰值残余应力

试件编号	激振力 /N	纵向应力/MPa		横向应力/MPa	
		振动焊接前	振动焊接后	振动焊接前	振动焊接后
1#	541	238.6	162.4	209.7	116.5
2#	502	244.9	158.1	211.6	153.5
3#	310	246.6	112.1	203.8	104.9

5.10.3　焊接变形控制效果

针对现场装备条件，确定科学合理的焊接工艺，通过试验比对不同的坡口形式、焊接参数、焊接顺序产生的焊接变形，通过振动时效方法降低变形等，使产品达到在不降低力学性能、腐蚀性能下的焊接变形控制技术要求。将焊接变形量控制在常规焊情况的 1/3 之内，达到设计单位的要求，增强了新一代战车的战斗力水平。

5.11　钢箱梁桥焊接变形控制

5.11.1　钢箱梁结构特点

某桥梁主跨梁长 48m，采用全钢焊接箱梁结构，即将钢箱梁划分成若干带纵横加劲肋的板单元构件在工厂预制，然后分段组装焊接成箱梁，现场逐段吊装焊接成整体。焊缝总长约 900m，焊接接头有多种类型，采用了 CO_2 气体保护焊、埋弧焊、焊条电弧焊等多种焊接方法，控制焊接变形较为困难。

桥梁主桥平面为跨线直线钢箱梁，如图 5-39 所示，通过圆曲线与梯道匀顺相接。主桥立面上为三跨 47.5(10.45+26.6+10.45)m，呈明显的上拱弧线。桥跨段面为直腹板单箱室段面，通过装饰板使其外观具有斜腹板箱形梁的外观。全桥（含梯道）总长 104m，桥跨钢箱梁宽 5m，高 1.25m。划分成 4 块带纵横加

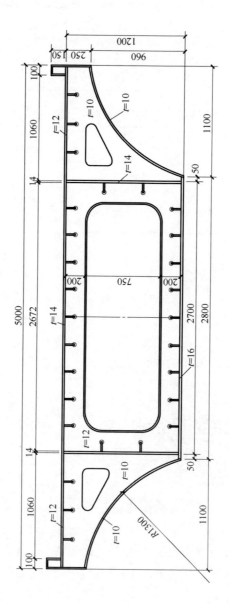

图 5-39　钢箱梁横断面图

劲助的板单元构件在工厂预制，采用胎架正装法拼装焊接成钢箱梁节段，而后运至现场吊装就位，通过焊接连成全桥。

5.11.2 变形原因分析

钢箱梁焊接桥的制造有其自身的特点，总结工厂设备工艺现状、桥梁结构特点、工人施工现状，焊接变形难控制的原因有以下方面：

（1）焊接工艺方法多，变形量统计难度大 钢箱梁的焊接连接通常采用焊条电弧焊、CO_2 气体保护焊、埋弧焊等多种焊接方法。因这些焊接方法热输入不同，焊缝长度不同，引起的焊接残余变形量也不同，统计难度大。

（2）焊缝长、结构大，接头类型多 焊缝总长约 900m，板厚种类多，有多种类型焊接接头。钢箱梁接头通常有对接接头、T 形接头、十字形接头、角接头、搭接接头和拼装板接头。板厚、焊缝尺寸、坡口形式及其根部间隙、熔透或不熔透等复杂多样。焊缝断面积及影响散热（冷却速度）的各项因素也复杂，特别是焊缝间隙难于统一控制。

（3）焊接施工条件不良 部分构件在工厂预制，部分焊缝在现场室外施工，环境温度对钢材冷却温度梯度有影响。

（4）焊接顺序及拘束条件复杂 钢箱梁焊缝多，尺寸大，施工时焊接的同时性难于控制，现场临时性简易工装多，工装拘束复杂。对于一个立体的结构，先焊的部件对后焊的部件将产生不同程度的拘束，其焊接变形也不相同。

5.11.3 变形控制措施

针对钢箱梁焊接桥的结构及制造工艺特点，控制焊接变形的关键环节在于摸清多种焊接工艺方法的收缩量，确定合适的工艺放量。为此，采取以下措施，在不增加工装、设备、人员等方面的成本条件下，实现焊后变形的最优控制。

1. 收缩量统计分析

由于胎下和胎上的拘束条件不同，按不同板厚，对其焊接收缩量分别进行测量。另外，因下端已与底板和斜底板焊接，呈较强拘束状态，上端为自由状态，对其横向收缩变形进行测量。测量标距取 300mm。为减少温差影响，测量时间定在温度相对恒定的时间内进行。相同板厚、相同焊接工艺、相同拘束条件，横向收缩值按焊缝根部间隙分组，纵向对接焊引起的横向收缩平均值与根部间隙的关系如图 5-40 所示。

从图 5-40 分析得出如下结论：

1）焊接工艺、板厚、约束条件相同，横向收缩量随坡口根部间隙增大而增大，呈线性关系。

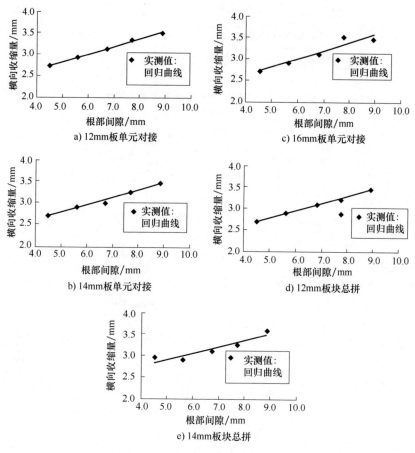

图 5-40 根部间隙对焊接收缩的影响

2）焊接工艺、拘束条件、坡口根部间隙相同时，横向收缩量随板厚增加而增加；随坡口根部间隙增大而增大，呈线性关系。

3）约束条件对横向收缩量影响显著。因板厚相同，约束条件相同，所以横向收缩量非常接近。虽然板厚相同，但拘束条件不同，所以总拼接时的测量值小于板材拼接时的测量值。说明总拼接时横隔板对顶板的约束强于板拼接时的约束。

2. 收缩量计算模型推导

焊接方法及其工艺参数相同，纵向对接焊缝引起的横向收缩量可归纳为焊缝断面积、板厚和坡口根部间隙的函数，以公式的形式表示，即

$$\Delta = aA_\omega/t + bG \tag{5-1}$$

式中 Δ——焊接横向收缩量（mm）；

A_ω——焊缝面积（mm^2），本文中取坡口面积加焊缝余高面积，余高按
3mm 的等腰三角形断面面积计；

t——板厚（mm）；

G——焊缝根部间隙（mm）；

a、b——经验系数，随焊接条件变化而变化。

将图 5-40 中各组数值按式（5-1）进行回归，可得各回归参数。从相关系数可知，利用回归所得系数 a、b 值及公式，可以预测给定焊接条件下的焊接横向收缩量均值，通过均值及其标准偏差，可以预测横向收缩量范围。

根据此模型进行计算，某天桥制造过程中采取措施对焊接横向收缩量予以补偿，板、底板、斜底板等单元下料宽度比设计尺寸放宽 3mm，即纵基线两侧每侧放宽 1.5mm；横隔板单元件长度放长 2.0mm。考虑焊接收缩变形的离散性以及顶板、底板总拼时多道焊缝引起收缩变形误差的累积，在面板和底板边缘处各留一块板单元件配切宽度。

5.11.4　焊接变形控制效果

经现场施工验证，在不增加工装、设备、人员成本的条件下，圆满完成了钢箱梁几何尺寸控制项点要求，全钢焊接箱梁结构满足了总组尺寸精度要求。

5.12　石油管道焊接变形控制

建国 70 余年来，我国各行业取得了伟大成就。在国家能源安全方面，建成四大油气战略通道，在西南、西北、东北等多个方向上建成稳定、可靠、年输送能力千万吨级的油气生命线，确保我国在突发事件等时刻，有稳定可靠的油气能源。我国目前建成油气管道总里程超 12 万 km，四大能源战略通道全部打通，骨干管网格局初步形成，国家发改委发布的"中长期油气管网规划"中明确提出 2025 年全国油气管网规模预计达 24 万 km。

目前国内长输管道主要采用 X80、X70 等高钢级螺旋埋弧焊管，野外焊接施工条件恶劣，坡口质量控制和组对精度保障难度大，因此采用自动化设备控制焊接变形，确保施工质量。中国石油天然气管道科学研究院自主研发的大口径管道自动焊设备，如坡口机、内焊机和单/双焊炬外焊机及全自动超声检测设备等，均已在中俄管道二期工程中推广应用，各项技术指标均达到国际先进水平。可以说，从 2016 年 10 月 1 日起，长输管道自动焊成套设备进入了中国制造的时代，长输管道全位置自动焊实现了机械化流水线作业模式，如图 5-41 所示。焊接变形控制主要通过以下几方面进行保障。

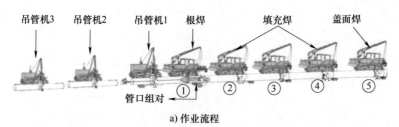

a) 作业流程

b) 施工现场

图 5-41 中俄管道二期焊接施工

5.12.1 灵活仿形制备坡口

现场施工管口组对间隙控制难度大，为了控制金属填充量，长输管道自动焊施工均在施工现场由专用坡口机进行坡口加工。这种坡口机需要具备管道端面整形、坡口仿形机械加工功能，适应现场管口的几何误差，实现了长输管道自动焊高精度的坡口加工，保证了数千公里长环焊缝的间隙控制均一，减小焊接变形，自动坡口机如图 5-42a 所示。中俄原油管道二线的典型坡口形式，如图 5-42b 所示，采用这种坡口形式也可减小金属填充量，降低焊接变形。

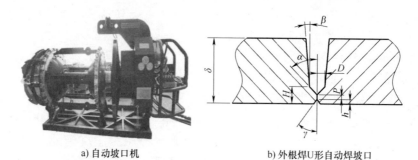

a) 自动坡口机   b) 外根焊U形自动焊坡口

图 5-42 长输管道典型坡口及自动坡口机

5.12.2 自动内焊设备

将多台焊枪安装在管道内对口器上，形成组对和焊接一体化的自动焊接设备，如图 5-43 所示。采用熔化极混合气体保护焊，根焊质量好，工效极高。八焊枪内焊机完成一道 φ1422mm 焊缝的根焊只需 90s。

图 5-43　φ1422mm 八焊枪内焊机

5.12.3　自动外焊设备

采用自动焊接设备，提高焊接稳定性、均一性，稳定焊接变形。自动外焊系统主要由焊接电源、控制系统、焊接小车及环形轨道组成。主要有单焊枪和双焊枪两种形式。

1. 单焊枪外根焊机

单焊枪外根焊机是一种从管道外部焊接根焊道的单面焊双面成形工艺。外部根焊对坡口的精度、错边量和钝边要求严格，否则内部容易出现内凹、未焊透或烧穿现象，此种焊接工艺在国内现场施工应用较少。

2. 单焊枪外焊机

此种设备比较多，主要用于焊道的热焊填充和盖面。一般具有平特性或脉冲特性的单焊枪自动焊设备均能满足要求。在有些管道自动焊工艺组合中，单焊枪主要用于填充层的焊接，热焊是为了防止根部冷裂纹和避免电弧烧穿，而在根焊完成后快速进行焊接的第二层焊道。为了达到热焊层的目的，一般都严格规定了热焊开始与根焊结束的最大时间间隔。

3. 双焊枪外焊机

由 1 台小车携带 2 个焊枪进行填充层和盖面层焊接的外焊机，为当前长输管道自动焊的主流自动外焊设备，如图 5-44 所示。

中俄原油二线应用的典型焊接工艺：

1）内焊机+单焊枪热焊+双焊枪填充盖面工艺为最佳工艺。采用外根焊机进行根焊的工艺，不但焊接参数适用范围窄，还需要根焊焊工具有良好的技能和经验。

2）实芯焊丝是自动焊用焊接材料的最佳选择。药芯焊丝虽然工艺性能较好，但其自身的缺点也使其应用受到很大限制，一是需要层间清渣，影响焊接

a) 自动行走双焊枪　　　　　　　b) 外焊机施焊

图 5-44　自动外焊设备

工效。二是焊药中有机成分的存在，焊缝的冲击韧度较低，对地质条件多变的长输管道来说，应用案例较少。

4. 高效激光电弧复合全位置自动焊技术

目前，长输管道环焊缝也实现了高效激光电弧复合全位置自动焊接，如图 5-45 所示。该技术利用激光一次穿透能力强的特点，利用熔化极气体保护焊与其结合保证焊缝获得足够的热输入，实现较大壁厚管道高效焊接。双焊枪外焊机一次填充厚度最大为6mm，全位置激光复合焊在实验室已经可以一次完成 10mm 的填充厚度，可代替 2 个工位的双焊枪外焊机，经济性已经不是大的问题。假以时日，还应有提升空间，前景十分看好。

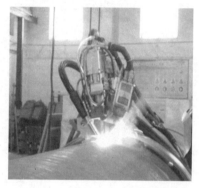

图 5-45　长输管道激光复合焊接

5.13　钛合金框架及耐压舱焊接变形控制

5.13.1　4500m 载人深潜器钛合金框架焊接变形控制

4500m 载人潜水器是国家重点项目，其框架是整个潜水器的支撑骨架，既要为载人舱、浮力块和各个设备提供安装基座，又要在起吊回收、母船搭载、坐沉海底过程中承受整个潜水器的重量和 4500m 深度下海水的巨大压力。框架在工况条件下承受载荷大且复杂，结构焊缝密集、结构刚性低、容易产生焊接变形，技术指标要求极为严格，所有主体焊缝要求全焊透（包括大量角焊缝），整体结构外形尺寸精度要求严格，既要满足结构焊缝强度，又要控制结构焊接变形，如图 5-46 所示深潜器钛合金框架。

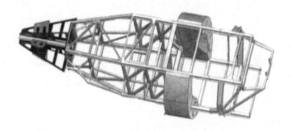

图 5-46   深潜器钛合金框架

1. 深潜器框架结构特点

深潜器钛合金框架由不同规格钛合金型材焊接而成，钛合金框架结构件采用国产船用 Ti75 合金板材，厚度包括 4mm、5mm、6mm、8mm、10mm、12mm及 20mm。焊丝根据 JB/T 4745—2002 规定选取 Ti75 焊丝，焊丝直径分别为 1.2mm、2.5mm、3.2mm。

型材主要由板材组焊成型材，截面形状分别为 I 型、T 型、L 型和 [型，板材之间开制坡口采用 TIG 焊接。

焊后变形要求严格，型材总长度焊后平面度误差≤2mm，框架总长度误差≤2.5mm，总宽度误差≤2.5mm，总高度误差≤2.5mm；框架焊接后的平行度和垂直度误差≤2mm，对角线误差≤3.5mm，底纵桁、中纵桁、顶纵桁的上下表面平面度误差≤2mm。

2. 深潜器框架型材制作及装配要点

（1）钛合金板材下料

1）精确控制放样下料。根据钛合金的切割要求，在切割时要求用小火焰、半氧化焰、长风线、快速切割，尽量避免和减少切割时产生的氧化区面积。对于宽度小于 70mm，长度大于 400mm 和特殊形状板材，采用气割下料方法，其他尽量采用剪切方法下料。

2）钛合金板材预处理。所有板材下料后刷防氧化涂料，在热处理炉中进行加热至 600℃保温 60min 退火处理，在空气中冷却到正常温度。然后去除表面防氧化涂料，矫平后以备组装。

（2）钛合金型材装配与焊接   确定对框架整体结构进行分段分部件装配、焊接、矫正，然后整体装配焊接矫正的制造方案进行施工。

1）部件装配焊接满足几何公差要求。腹板和面板的装配，装配时注意测量材料尺寸、相对位置的平面度、垂直度等与图样及技术要求相符合。

2）控制定位焊位置。定位焊的焊点大小要均匀，前后左右对称，保证板材定位焊在符合要求的条件下受焊接应力的平衡性，达到焊点与焊接位置对板材之间的互相约束。经过交叉、单向定位焊方案试验，均能达到要求（见图 5-47）。

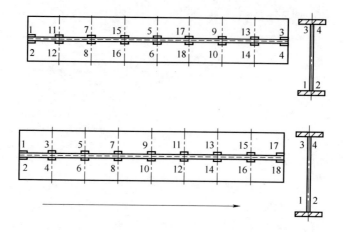

图 5-47　型材组装定位焊点位置与定位焊顺序方案

3）固定型材焊接变形控制工艺。腹板与上下盖板定位焊在一起作刚性固定，按设计好的焊接顺序和方向、适当的焊接速度进行焊接。

T 型材制作：T 型材的划线、装配、焊接方向、焊接顺序参照 H 型材的方案。焊接时将 T 型材成对定位焊作刚性约束，然后进行焊接，焊接后用超声波消应仪消除应力。

[型材制作：在焊接过程中和焊接后的变形都比较明显，应该特别注意，考虑到上下翼面受角焊缝拉力大，一旦出现收口变形，矫正的难度比较大，焊接时先焊外面的平焊缝，后焊内侧的角焊缝。

L 型材制作：L 型材的制作基本上是参照 [型材的制作方法进行的，效果均比较好。

4）焊后消除应力，释放变形。焊接后趁热用超声波消应仪对焊缝进行冲击消除应力，达到消除应力效果后再磨削分割开。基本保证了型材的各项要求。经检验型材焊接后的平面度误差最大为 0.8mm/1000mm，俄罗斯焊接型材的平面度误差最大为 1.2mm/1000mm。

3. 深潜器框架整体装配与焊接

整体结构放样：根据对图样结构在计算机上测量各部件的相对位置尺寸，确定装配基准线的尺寸，计算出检测相关角度、垂直度、长度、宽度的数值，以备装配定位和检测。定位工装与装配固定：根据需要设计制作定位工装，在平台上确定工装的位置；利用工装保证上、中、下 3 个平面的平面度、相对位置、并采用压板作刚性固定。

总体装配：根据框架的宽度和高度及焊缝的收缩量确定装配的尺寸，装配定位时每条焊缝预留 1.5~2mm 的收缩量。

总体焊接：框架为对称结构，焊接采取对称焊的焊接原则。由 4 个焊工从 4 个角同时焊接主要立柱与上下纵桁面的连接位置，先焊立焊缝，后焊平焊缝和仰焊缝。对于其他焊缝，原则上仍采用对称焊的方法，使整体结构处于受力平衡状态。

消应力处理：每焊接 1 遍用超声波消应设备对焊缝进行 3 遍消应力处理，消应力后焊缝经检查合格，方可拆下工装和压板。

整体修形：构架焊接焊缝与结构尺寸检验合格后，对整体外形进行修整，对于弧坑、压痕、缺凹、高点、毛刺、焊缝及热影响区氧化膜等外观缺陷进行修补后打磨抛光处理。

合格后进行喷砂处理。

4. 深潜器框架变形控制效果

经过协作攻坚，结合自身工艺特点，突破了焊接变形的多项关键技术。在框架主体焊缝全焊透的情况下，有效地控制了框架整体的焊接变形，满足了严苛的技术指标要求，积累了技术经验。

钛合金深潜器框架结构焊接型材，在装焊工艺上获得了良好的控制，型材和框架尺寸控制以及外观质量方面超过了俄罗斯的制造水平。

5.13.2 "蛟龙"号钛合金载人耐压舱焊接变形控制

"蛟龙"号在 7000m 处承受的压力是 $7×10^7Pa$，即"蛟龙"号 2.1m 直径载人舱耐压球壳承受了相当于 14 座埃菲尔铁塔的重量产生的压力。万米级载人潜水器再往下 4000 余 m，还要增加 400 余个大气压。这么大的压力加在潜水器上，对潜水器的结构设计、材料等，都提出了巨大挑战。

"蛟龙"号研制过程中，突破了一系列关键技术，如大潜深的载人潜水器的设计技术，有很好的定位和悬停功能、很好的水声通信系统等，如图 5-48 所示。以钛合金载人舱耐压球壳为突破口，实现了载人舱耐压球壳的自主研制。在"蛟龙"号和 4500m 级载人潜水器研制经验的基础上，万米级载人潜水器的研制正有条不紊地进行着。目前，万米级载人潜水器载人舱用钛合金研制已取得重大突破，成功研制出一种新型高强度高韧度可焊接钛合金。

图 5-48 "蛟龙"号钛合金深潜探测器

1. 载人耐压舱结构特点

"蛟龙"号钛合金深潜探测器载人舱为直径2m的钛合金球形容器，由12块壁厚100mm左右的弧瓣拼焊而成，有6条经线焊缝、1条赤道环焊缝，如图5-49所示。

a) 载人舱整体形状　　　　　　　　b) 载人舱部分瓜瓣

图5-49　"蛟龙"号钛合金深潜探测器载人舱

钛合金的熔点高，比热容小，导热性差，焊接时冷却速度慢，焊接热影响区在高温下停留时间较长，导致接头韧性下降。TC4双相钛合金合金化程度高，晶粒长大倾向相对较小，焊接时可采用大热输入。高温下，钛合金表面氧化膜变得疏松，使钛与氢、氧、氮的反应速度加快，降低接头塑韧性，对保护条件要求较高。

焊接厚板钛合金，电子束焊接方法具有焊接变形小、焊接速度高等特点，但受制于国内电子束设备真空室的限制，实现结构复杂曲面的电子束有很大困难。结合国内条件，采用TIG氩弧焊是较为可行的方法。

2. 载人耐压舱焊接变形控制措施

（1）特殊焊枪及气体拖罩设计　为了降低焊接变形，载人舱厚板钛合金焊接采用窄间隙焊接工艺。焊接电流100~300A，焊枪承受较大焊接电流，要求焊枪必须有良好冷却系统，窄间隙坡口是窄而深的坡口，采用TIG焊方法在窄间隙条件下进行焊接，焊枪的喷嘴应能深入到窄间隙坡口中，对焊接区充分的保护。设计适合于窄间隙、大电流的专用焊枪，冷却好，质量轻、细长陶瓷嘴（大于60mm），如图5-50a所示。

高温下钛对氢、氧、氮的吸收能力不断增强，250℃开始吸氢，400℃开始吸氧，600℃开始吸氮，因此对已经凝固而尚处于高温状态的焊缝及热影响区必须进行保护。设计特殊的敞开式保护罩，能深入坡口内部进行金属表面保护，如图5-50b所示。

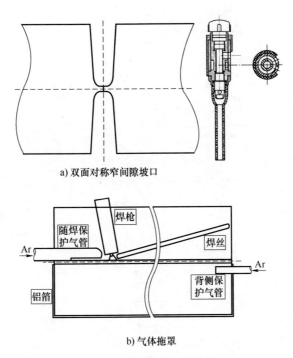

a) 双面对称窄间隙坡口

b) 气体拖罩

图 5-50　特殊焊枪及气体拖罩设计

（2）坡口优化设计　理论上，窄间隙坡口的尺寸越小，钛合金焊接越容易实现。但是坡口的尺寸过小时，在多层焊接过程中，焊缝会横向收缩，坡口尺寸有变小趋势，在焊接时会发生焊枪喷嘴无法深入坡口尺寸内部，焊接可达性差。因此必须结合现场工装、焊接收缩量等条件优化设计最优坡口，保障焊枪陶瓷嘴深入到坡口之中还有一定的摆动余地，焊道设计及表面成形如图 5-51 所示，焊接现场如图 5-52 所示。

（3）焊接温度监控　焊接过程中对产品接头及其附近温度进行测量，确定钛合金焊接过程中气体保护的范围和程度，并校核不同颜色下产品的实际温度。在热量较大的情况下，可在钛板下加纯铜垫板进行冷却。

（4）厚板钛合金电弧磁控窄间隙焊接工艺　同时可开发厚板钛合金电弧磁控窄间隙焊接工艺，通过对乌克兰国家科学院巴顿焊接研究所厚板钛合金窄间隙焊接关键技术的引进、消化、吸收及再创新，掌握了厚板钛合金焊接关键工艺。该技术应用到深水潜器耐压壳体的焊接工作，取得了良好的焊接成果。110mm 厚板对接共采用 21～23 层，焊接过程稳定；焊接中间层成形良好，焊缝表面整体成凹形；焊后经 X 检测无未熔合缺陷，如图 5-53 所示。

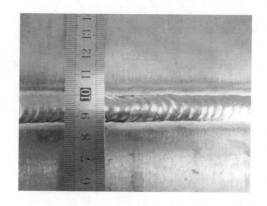

a) 窄间隙TIG焊缝表面成形

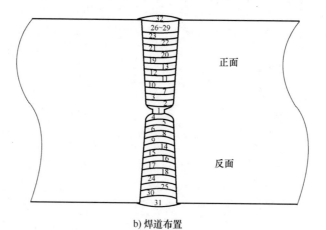

b) 焊道布置

图 5-51　焊道设计及表面成形

图 5-52　焊接现场

| a) 磁控窄间隙焊缝成形 | b) 磁控焊接装置 | c) 焊道剖面 |

图 5-53 厚板钛合金电弧磁控窄间隙焊接工艺

5.14 某导弹钛合金薄壁构件焊接变形控制

近年来，国内航空航天领域钛合金焊接新结构层出不穷，其设计指标要求也在逐步提高，呈现"更高、更快、更强、更轻"的发展趋势。在目前钛合金作为主体结构的时代，钛合金焊接构件的制造水平可以反映一个国家航空航天制造水准，同时也检验着钛合金焊接及变形控制综合制造能力水平。

导弹的轻量化、总体重量的最小化，可以显著提高导弹的性能，减小对动力系统的要求，增大射程，缩小体积，提高战斗力，减少对保障人员和设备的要求。例如，我国某型导弹的弹体结构件，除发动机壳体、天线罩、舵机部分壳体外，包括舱段壳体、舵面、翼面，已全部使用钛合金材料。

5.14.1 某导弹主承力舱体结构特点

某导弹主承力构件舱体的制造特点是：筒壁薄、刚性差、结构复杂、焊缝分布不对称，焊接易变形，焊接标准要求高。光顺的弹体外形设计可避免或减少表面台阶、突起物、凹陷、缝隙等可能增大气动阻力、降低升力的外表结构，降低导弹对动力系统、操纵系统的要求，为轻量化设计创造便利条件。因此其制造精度要求极高，外形精度控制至关重要。

钛合金薄壁舱体是某型号导弹中重要的焊接受力件，它由前连接环、壳体圆筒和后连接环通过 2 条圆周焊缝连接为 1 个整体，3 个零件全部由 TC4 钛合金制成，如图 5-54 所示。薄壁圆筒厚度为 $1.0 \sim 1.8$ mm，直径约 X mm，长度 $200 \sim 500$ mm。该类结构为保证性能及装配的高标准，设计要求焊缝及热影响区变形 $\leqslant 0.1$ mm，可以说对钛合金氩弧焊结构提出了前所未有的挑战。

由于筒体环缝的焊接接头形式为插入式焊接接头，局部为搭接焊缝，焊接区待焊材料的厚度为变截面，造成温度场相对于焊缝中心不均匀，焊缝两侧母

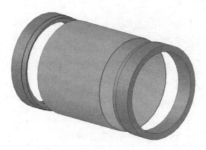

图 5-54 某导弹主承力构件舱体

材的热容量差别很大，且焊接时左右不对称，部分热量被较厚端吸收散发，较薄一侧散热慢，变形情况较为严重。

5.14.2 焊接变形控制措施

1. 焊前变形控制

焊前改善硬件条件，提升源头预防能力。焊前把各种对焊接变形影响因素控制到最小。具体分为两部分：对焊接设备工装进行调试，完善硬件基础，保证总体精度水平；对待焊零件进行改进，严格控制筒体相关尺寸及几何公差精度。

筒体环缝氩弧焊系统配合自动转台用于筒体和端环的环缝焊接，如图 5-55 所示。配备弧长调节器和编程控制器作为焊枪的垂直位置精密调节轴，通过编程控制或调节电弧电压，并可锁定或恢复弧长控制功能。针对焊接电流（含脉冲）、电弧电压、送丝速度、纵缝焊接速度进行精密的编程闭环反馈控制，研制了焊接装夹转台系统。

a) 焊接转台　　　　　　　　b) 弧长调节器

图 5-55 焊接转台及弧长调节器

该焊接转台具有以下功能。

1）保证焊接过程中具有稳定、精确的转动速度。

2）满足焊接过程中对焊接区反面高温金属有效的氩气保护。

3）一定范围内满足不同长度、直径焊接部件的安装要求。

2. 焊接接头优化

为了进行部件装配的定位，通过将接头设计为搭接接头，进行装配的自锁以实现较为精确的定位，保证端环与筒体之间的同轴度。环缝接头形式为搭接接头，内部无内撑工装悬空焊，该接头所需要的焊接参数较大，对直线度、端面圆跳动、端跳动、近缝区凹陷等焊接变形均有影响。

在目标结构中，由于结构直径较小，锻件机加工环的厚度较大，采用各涨块或各组涨块分别配置径向加力源的夹具设计方案，对大直径筒体环缝焊接是可行的。而对外径只有 $\phi\times\times mm$ 的钛合金筒体，很难实现。为了保证薄壁壳体结构与刚性机加工环对接环缝的顺利焊接及焊接质量，常采用多组加力源的分块式无缝焊接涨具，如图 5-56 所示。

图 5-56　大型有源分块式焊接涨具

3. 分块式焊接工装

为了避免搭接接头的不利影响，必须首先解决部件焊前装配问题，决定采用分块式焊接涨具，通过撑起筒体与端环内壁实现部件之间的精确定位，保证组件同轴度，如图 5-57 所示。由于端环壁厚达 20mm，焊接工装需要分块设计，才能一方面在内径 $\times\times mm$ 的筒体薄壁位置涨紧，另一方面从内

图 5-57　分块式焊接工装

径 170mm 的位置取出，因此经过设计逐步优化，设计出分块式焊接工装能够实现上述要求。

　　焊接工装设定的外圆尺寸必须与热成形的尺寸保持一致，以避免分块的错牙和间隙对焊接质量造成影响。分块式涨具焊接工装经过验证，其焊接效果基本满足了设计初衷，实现了端环与薄壁筒体的焊前装配定位，保证了组件的同轴度，完成了焊接接头从搭接接头到对接接头的成功改进，同时优化了焊接工艺，降低了热输入，对直线度、端面圆跳动、端跳动、近缝区凹陷等焊接变形均影响较小。

4. 活性焊剂的应用

　　A-TIG 焊接技术是焊前在待焊工件表面涂一层活性焊剂，然后沿焊剂层进行焊接的工艺方法。与常规焊接工艺相比，采用活性焊剂焊接钛合金，焊接电弧的穿透能力显著增强，焊接热输入、焊接变形及应力减小；另外，活性焊剂能够大大减少焊缝气孔，减小焊缝返修，促进焊接质量的提升和焊接变形的控制，施加活性剂后的焊接形貌如图 5-58 所示。

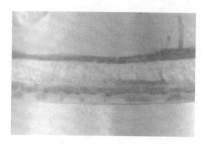

　　经过工艺试验，基本掌握了一整套活性焊剂环缝焊接工艺方法，在焊接热输入大幅度降低的同时，焊接变形得到了较好的控制。

图 5-58　活性焊剂环形焊缝

5.14.3　变形控制效果

　　通过对某导弹钛合金薄壁焊接构件的变形情况进行分析，提出针对性控制措施并实施，最终焊接组件的变形控制效果满足了技术要求。提高了焊接系统焊接控制功能，更好地设置焊接参数，稳定焊接过程；提升焊接转台精度、刚度，使得焊接工装的拘束和定位作用实现。进行小直径筒体内撑工装设计加工，完成了焊接接头从搭接接头到对接接头的成功改进，有利于优化焊接工艺，降低热输入。掌握了一整套活性焊剂环缝焊接工艺方法，在焊接热输入大幅度降低的同时，结合反面内撑工装，焊接变形得到了较好的控制，最终达到了焊接及热影响区变形小于 0.1mm 的要求。

5.15　地铁车辆焊接变形控制

　　长春轨道客车股份有限公司从 2002 年开始进行轻量化不锈钢车体制造工艺的开发研究，目前不锈钢车体已建有四条生产线，配有世界先进的进口点焊设备 50 余台套，主要有自动点焊机、手动点焊机及激光焊设备等，在不锈钢车体制造技术方面，经过十余年的技术攻关、经验积累和技术引进，已完全掌握了高档次轻量化不锈钢车体制造工艺技术，不锈钢车体年生产能力达到 1200 辆以上。已经批量生产并交付了北京、沈阳、天津、西安、重庆、成都及深圳等城市 20 多条线路的城铁车辆，同时也实现了出口至美国、泰国、香港、巴西、阿根廷和澳大利亚等国家和地区。

长客股份为了持续保持不锈钢车体制造技术领先优势，加大了新工艺、新设备和新技术的开发工作，在车体激光叠焊技术方面取得了突破进展，免涂装车体是未来不锈钢车体焊接技术的发展趋势，采用激光焊技术制造的免涂装车体如图 5-59 所示。

图 5-59　免涂装不锈钢激光焊车体

5.15.1　焊接工艺

1）弧焊与激光焊交叉混合结构，收缩量不统一。

地铁车辆车身侧墙接结构主要由蒙皮与骨架组成，采用激光焊、弧焊两种焊接方法，部分难于自动化焊接部位采用弧焊短焊缝，较长焊缝采用激光焊焊接。

激光焊焊接侧墙时，主要用于沿侧墙长度方向的波纹板焊接，沿侧墙高度的垫板和立柱焊接，激光焊缝累积长度长，焊接量大，焊后造成大的整体变形。

弧焊工艺主要用于焊接侧墙窗口下方横梁与立柱连接位置，导致弧焊连接处向侧墙外部凸起。

2）焊缝长且分布集中。

虽然激光焊热输入小，但焊缝长度长、焊接量大，而弧焊焊接集中，焊缝三面聚集，导致焊接变形大，影响侧墙平面度。

5.15.2 变形控制措施

1. 优化激光焊焊接顺序

根据焊接经验，激光焊焊接波纹板与墙板时，采用从中间向两端方式焊接，立柱与波纹板焊接时，采用从中间向两端焊接，目的是为了防止激光焊分块侧墙出现波浪变形。

2. 采用真空吸附工装

设计制作激光焊焊接工装，工装安装有真空吸附系统，使墙板在焊接前牢固的固定在激光焊工装上，通过调整工装胶条厚度、真空吸盘孔位置，使侧墙受到的真空度接近于 1bar（1bar = 10^5Pa），可达 0.926 ~ 0.940bar，如图 5-60 所示。使用带有真空吸附功能的激光焊接后，分块侧墙在激光焊后出现整体大慢弯变形，未出现波浪变形，整体变形量在 20mm 以内。

a) 工装实物　　　　　　b) 真空吸附力控制

图 5-60　真空吸附激光焊工装

3. 弧焊部位预制反变形、调整焊接顺序

分块侧墙窗口下方横梁与立柱弧焊时，为三面焊，焊缝比较集中，焊接前预制反变形，如图 5-61 所示。

图 5-61　弧焊部位焊接

第一步沿车体高度方向制作反变形，分 3 次，第 1 次在两窗口之间做，反变形量为 28mm，焊接反变形区域的焊缝 1（角焊缝）；第 2 次在其中一个窗口中间位置，制作 20mm 反变形，焊接反变形区域的焊缝 1（角焊缝）；第 3 次在另外一个窗口中间位置，制作 20mm 反变形，焊接反变形区域的焊缝 1（角焊缝），焊接每个区域的焊缝时，采用交替焊。

第二步沿车体长度方向制作反变形，制作 20mm 反变形，然后采用交替焊接。焊后墙板一侧没有出现凸起。

4. 冷矫形

使用液压调修压力机调整分块侧墙平面度，压力调修时，为避免调修处被调修设备压出痕迹，压力器上贴有毛毡垫，如图 5-62 所示。

图 5-62　压力机调修

5.15.3　变形控制效果

通过以上对策实施，分块侧墙平面度控制在 2mm 以内，达到了目标值（≤2mm/915mm），保证了后期大部件的总组装，变形控制效果如图 5-63 所示。

a) 焊后平尺测量　　　　　　　　　　　b) 焊后塞尺测量

图 5-63　分块侧墙变形测量

5.16　飞机成形模具——复合材料 Invar 钢模具焊接变形控制

5.16.1　产品特点

复合材料的制造技术是研制国产大飞机的关键技术之一。大飞机复合材料零部件通常在模具中进行热压成形之后，其外型一般不再进行加工，因此复合材料零部件质量极大程度上取决于模具材料的性能。

Invar钢由于具有与复合材料相近的极低热膨胀系数、变温下良好的尺寸稳定性，正逐步取代传统碳素钢、铝合金以及价格高昂的石墨、碳纤维等，成为制造飞机复材成型模具的选用材料之一。

Invar钢大型模具难以一次成形，通常采取焊接结构。由于Invar钢Ni含量达到35%～36%，导致其液态金属流动性差，焊接时容易产生咬边、裂纹与气孔等缺欠，降低焊缝表面质量的同时严重削弱焊接接头性能，影响模具气密性。目前Invar钢大型模具通过厚板拼焊而成，焊接多采用多层多道焊接工艺，焊接变形难以控制。

5.16.2　变形控制措施

以坡口角度、焊接层数及焊接路径3个因素进行试验设计，研究各因素对Invar钢自动焊焊缝成形及角变形的影响规律，基于反变形法开展Invar钢焊接变形控制研究，得出反变形角度及焊接工装设计，指导厚板Invar钢的多层多道自动焊。

母材为某公司生产的Invar钢，板材厚度为19mm，坡口角度为60°V形，钝边厚度为1mm。焊丝牌号为InvarM93，其成分与母材相近。由于Invar钢Ni元素含量达36%，焊接过程中液态Ni合金对H、O元素的溶解度较大，加之熔池金属黏度大，流动性差等特性易导致气孔产生，故采用高纯Ar作为保护气，气体流量为15～18L/min；焊前及层间严格进行焊缝清理，清除工件表面油污、水及氧化皮。采用铜板衬垫防止焊穿同时为获得一定的打底焊缝背面余高，衬垫与试片之间加入1mm厚垫板。每道焊缝的冷却时间为15～20min，层间温度控制在100℃以下。图5-64为Invar钢多层多道焊接试板。

图5-64　Invar钢多层多道焊接试板

1. 焊接坡口角度、焊道设计优化

针对工况需求，开展坡口、填充层数设计及路径规划试验，获得良好的焊接质量。

试验设置了坡口角度、焊接层数及焊接路径 3 个参数，基于单一变量原则，分别改变以上 3 个参数，试验其对 Invar 钢多层多道焊接焊缝成形及焊后角变形的影响。坡口形式根据实际模具装配选择 V 形。前期试验发现坡口角度小于 44°时，不利于焊枪的焊前定位及试件移动。而坡口角度太大，则增加填充焊缝道数，因此设计 44°、60°、74°、90°坡口试验。焊接层数根据板厚及经验确定为 3~5 层；焊接方向采取 3 种方案，即从左向右焊、两侧向中间焊以及从右向左焊。

44°坡口 4 层焊对应的每层焊缝道数为 1/2/3/3，60°及 74°坡口 4 层焊所对应的每层焊缝道数为 1/2/3/4，60°坡口 3 层焊与 5 层焊分别对应 1/2/3 与 1/2/3/4/4，如图 5-65 所示焊道设计。

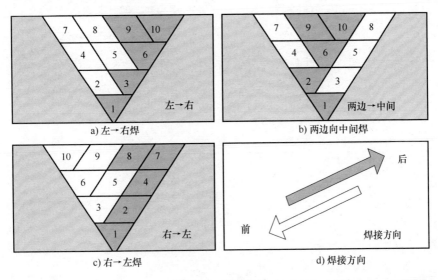

a) 左→右焊　　　　　　　　b) 两边向中间焊

c) 右→左焊　　　　　　　　d) 焊接方向

图 5-65　焊道设计

图 5-66 为 44°、60°、74°和 90°坡口 Invar 钢试板，采用 4 层、从两侧向中间焊得到的焊缝成形及焊后变形情况。可以看出焊缝成形均匀，焊道平直，为典型的自动焊接直线焊缝特点。其中，相比于其他坡口角度，44°坡口工件打底层焊透较差，焊缝的余高偏大；而 60°坡口的工件未出现明显缺欠，焊缝余高适中；74°坡口工件基于较小热输入的原则，导致焊缝与母材熔合较差，出现咬边，余高较小；90°坡口由于在填充层、盖面层中采用了较大的焊接热输入，获得了缺欠较少的焊缝成形。由于 V 形坡口工件温度沿板厚分布不均匀，导致焊后角变形的产生。其中 90°坡口工件角变形为 3.41°~3.54°，而 44°坡口仅为

1.04°~1.06°。焊后角变形随着坡口角度的增大有明显增加。

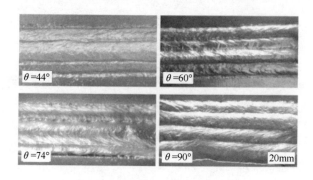

a) 不同坡口角度表面成形

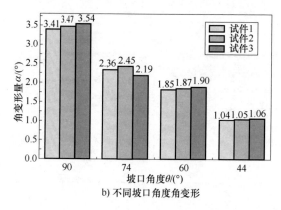

b) 不同坡口角度角变形

图 5-66　不同坡口角度表面成形及角变形

　　不同填充层数 Invar 钢试板焊后角变形情况如图 5-67 所示。随着焊缝层数的增加，工件的角变形亦有所增大，其中 5 层焊接变形高于 4 层焊。增加填充层数意味着所需焊接的道数越多，增加了焊接-冷却的热循环次数，相应的焊后角变形越显著。坡口角度及焊接层数的影响较为明显。坡口角度越大，焊缝所需填充的截面积增加，焊接所需的总热输入也越高；填充层数越多，焊接热循环次数增加，二者均导致了较大的焊后变形。

2. Invar 钢厚板焊接反变形设计

　　常见的厚板焊接变形控制方法有刚性固定法、随焊冷却法、预留反变形法、焊后矫正法，其中反变形法在工况允许的条件下操作较为简单，可灵活选择预留角度或消除焊后角变形。采用反变形策略进行 Invar 钢试板的焊接，在铜板衬垫适当位置放置尺寸为 100mm×20mm×1mm 的铝合金薄板，通过改变其距离焊缝中心的位置获得不同的预留角度。针对 60°坡口，4 层填充焊缝，设计 3 组试验，其反变形角度分别为 1.8°、2.3°及 3.0°，如图 5-68 所示。

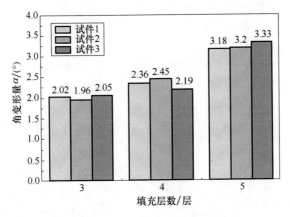

图 5-67 填充层数对焊接变形的影响

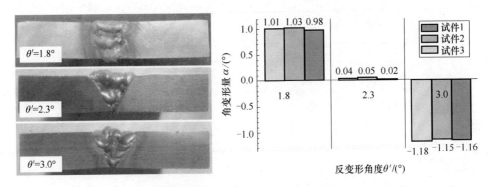

图 5-68 不同反变形设计焊接变形

可以看到，当反变形预制角度为 1.8°时，试件焊接后尚存 1°左右的角变形；反变形预制角度为 2.3°时，试件焊接后的角变形基本消除，仅为 0.02°~0.04°；当反变形预制角度增大至 3°时，反变形则预制过大，焊接后试件则产生了相方向的角变形，即角变形 -1.18°~-1.16°。可见，预留适当的变形角度，可有效减小，甚至消除 Invar 钢试件厚板焊后角变形。

5.16.3 变形控制效果

针对 19mm 板厚的 Invar 钢，通过采取上述控制措施，即采取合适的坡口角度及焊缝层数，预制合适的反变形，有效改善了焊后角变形。

5.17 核电站机组不锈钢管道焊接变形控制

田湾核电站一期两台 AES-91 型 1000MW 压水堆核电机组由俄罗斯设计，该机组主要由核岛、常规岛及相应的配套辅助设施组成，其中常规岛中消防自动喷淋，油、水净化处理，化学水处理等系统的大部分管道材质为奥氏体不锈钢，焊缝达2万多条，占常规岛焊缝总数的40%。在对俄罗斯供货的11UQA厂房化学水处理GCP、GCF系统及11UMA厂房油系统不锈钢预制管道进行施工中，发现部分管段对口焊接后变形较大。为此，应采取有效的工艺措施，以减小焊接变形。

5.17.1　奥氏体型不锈钢特点

奥氏体型不锈钢物理性能与马氏体不锈钢、铁素体不锈钢、碳素钢大不相同。其线膨胀系数比马氏体型和铁素体型不锈钢大约50%，热导率小约50%；而与碳素钢相比，差异则更大。具有面心立方晶格的铬镍奥氏体不锈钢具有较高的热强性。在600℃以上时其抗拉强度良好，600℃左右时的持久强度和蠕变极限均较高。在900℃的氧化性介质和700℃的还原介质中，均能保持化学性质的稳定性，故可作为耐热钢使用，是应用最广泛的高合金钢。

与碳素钢相比，奥氏体型不锈钢焊接具有以下特点：

1）热导率小，导温能力差，热量传递速度慢。它的热导率仅为碳素钢的1/3，所以在热匀调的过程中，均匀化速度要比碳素钢慢2/3，在相同的焊接参数下，近焊缝区的热作用达到饱和状态时，引起温度分布的扩展范围大，而且温度比较高和维持时间长。也就是说，焊接奥氏体型不锈钢时，形成的压缩塑性变形区比碳素钢大，热循环时间较碳素钢的长，所以引起的热胀冷缩的量自然就大。

2）线膨胀系数大，直接引起焊接热胀冷缩量的增大。根据奥氏体不锈型钢的线膨胀系数比碳素钢大50%的理论分析，由此引起的焊接变形，要比低碳素钢大约50%。

3）弹塑性的转变温度高。金属受热时处于全塑性状态的温度，低碳钢转变温度约600℃，而不锈钢却高于800℃，由此所引的热胀冷缩量，奥氏体型钢要比碳素钢大1/3。

因此，奥氏体型不锈钢在焊接过程中会引起较大的焊接变形。

5.17.2　焊接变形控制措施

在对11UQA厂房的化学水处理GCP、GCF系统及11UMA厂房的油系统不锈钢预制管道施工中，主要采取以下措施防止焊接变形的产生。

1. 控制坡口精度

严格控制厚度偏差，对φ159mm以下的管口采用角向磨光机手动磨光的方法，对φ159~φ325mm的管道采取机械加工坡口的方法；制作专用夹具、管卡，

对 ϕ159mm 以下管道安装管卡对口，管段装夹方式如图 5-69 所示，然后修整管口。

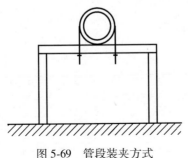

图 5-69　管段装夹方式

2. 采用专用对口夹具

对 ϕ159mm 以上、ϕ325mm 以下管道采用专用对口夹具，将搁置管道的马凳固定或连成一个整体，如图 5-70 所示。采用夹具组对定位时，夹具不宜焊接在管道上。焊缝若需热处理，夹具的拆除应在热处理试验之前进行，热处理之后不得在母材上焊接任何附件。当去除临时定位固定物时，不得损伤母材，并将残留物焊瘤清除干净。

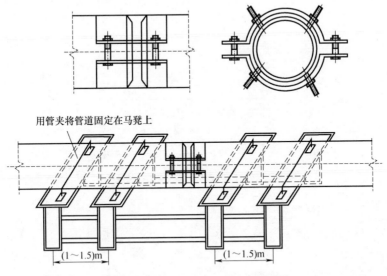

用管夹将管道固定在马凳上

(1～1.5)m　　　(1～1.5)m

图 5-70　ϕ159～ϕ325mm 管段焊前装夹

3. 间隙及点固控制

对口前，实测管道坡口壁厚，如有偏差，则厚薄交叉搭配，对称错开，尽量减少由于壁厚偏置引起的变形。管道沿圆周方向的坡口角度大小应均匀，尽量减小对口间隙，通常对口间隙 1~2mm，坡口角度 30°±3°，以减少填充金属。在试件圆周的 1 点和 11 点位置进行定位焊，如图 5-71 所示，定位焊长度≥10mm，厚度≥3mm。

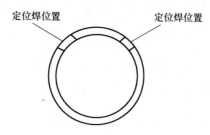

图 5-71　装配定位焊位置示意

4. 对称施焊，设置反变形

正式施焊时，应把管道分成 4 个 1/4 圆周，对称施焊，施焊时的焊接顺序如图 5-72a 所示；对于直径 $d≥\phi219mm$ 的管道，宜对称焊，两名焊工施焊时的焊接速度应基本一致，焊接顺序如图 5-72a 所示。此外，反变形法也是一种实用的工艺，反变形预置如图 5-72b 所示。

焊接时严格按照工艺卡上的焊接电流和焊接速度进行，以确保小的焊接热输入。不锈钢管道焊接时，焊缝的层间温度严格控制在 100℃ 以内。

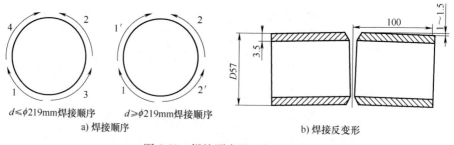

a) 焊接顺序　　　　　　　　b) 焊接反变形

图 5-72　焊接顺序及反变形设计

5. 矫正

在现场施工中如果发生管道变形超标，需进行矫正，当矫正不能使管道安装尺寸达到质量验收标准要求时，应进行返工处理。

5.17.3　焊接变形控制效果

通过采取上述措施，在管件、管道附件、管线设备装配焊接后，管道装配件的线尺寸偏差不超过±3mm/m，在装配件的全长上不大于±10mm；角尺寸偏差和中心线偏差不超过±2.5mm/m，在后面连接的整个直管段上的偏差不大于±10mm。

5.18 不锈钢刮板冷凝器焊接变形控制

刮板冷凝器曾经是聚酯装置的国产化攻关关键设备之一，刮板冷凝器的制造精度要求高，由于采用不锈钢材质，又存在大人孔，使其制造难度加大，焊接变形控制成为保证产品质量的关键。

5.18.1 产品结构及变形特点

刮板冷凝器主要材质为 0Cr18Ni9Ti 钢，其结构如图 5-73 所示，主要制造难点是大人孔的焊接变形控制，变形特征如图 5-74 所示。该设备卧式筒体内装有刮板，设计要求刮板与筒体间隙为（10±5）mm，并且筒体的直线度≤4mm，筒体的圆度公差≤4mm，这样的制造精度是很难达到的。并且其立式筒（$d=$ 1500mm）与卧式筒体（$d=$1600mm）垂直相交，相贯线几乎与卧式筒体直径相交，这样大的管口角接，在焊接过程中产生的下塌和挠曲变形是不可避免的。

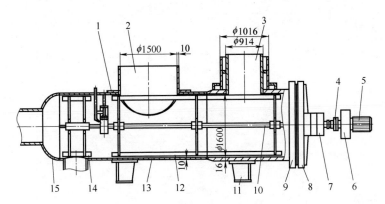

图 5-73 刮板冷凝器结构

1—补强圈 2—立筒短节 3—夹套管 4—联轴节 5—电动机 6—减速机 7—轴封 8—盖
9—法兰 10—轴 11—鞍座 12—大刮板 13—筒体 14—小刮板 15—封头

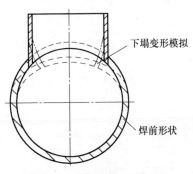

图 5-74 接管焊接变形特征

筒体人孔不但破坏了筒体的连续性，而且削弱了筒体的强度，很容易在焊接过程中产生变形：一是环缝的横向收缩在板厚方向上分布不均匀，所产生的附加弯曲应力引起角变形；二是环缝环向收缩引起的径向收缩变形。这两种变形叠加就会产生塌陷和挠曲变形。

人孔直径越大，筒体强度的削弱越加剧，焊缝越长，填充金属越多，造成焊接热输入越大，变形就越严重。开孔接管焊缝为封闭焊缝，其拘束度比自由接头的大，焊后残余应力也大，焊接变形比较复杂。

5.18.2 焊接变形控制措施

为防止筒体在开孔、焊接过程中产生变形，经过研究和试验，采取如下措施。

1. 减小热输入，防止变形

焊接热输入的大小对于焊后的冷却速度、焊接熔池以及焊接热影响区均有较大影响。因此，从开孔、定位焊到焊接的整个过程中，随时控制热输入量，以此作为防止变形的主要手段。

首先，在人孔时划线留余量不能过大，应准确按照划线人孔。人孔过大，在焊接时焊缝金属填充量就大，将扩大焊接热影响区，因此保证人孔尺寸即可减小变形。为控制热输入，应采用砂轮机冷切割方式制备，不允许采用割炬等热切割方式。坡口采用内侧倒角 6°×450mm，打底焊道采用 φ3.2mm 的焊条焊接，保证焊透。采用双面焊接以避免焊缝塌陷变形。

焊接时尽量采用小参数、短弧焊、快速不摆动的焊接方法，严格控制焊接热输入，禁止采用大参数的焊接方法。

施焊时要采用分段断续焊法，减少局部热量集中，焊接顺序如图 5-75 所示。

每焊完一段焊缝，用锤敲打焊道释放应力，以减少变形。每焊完一层焊缝要采用水冷散热法降温，将焊缝热量散去，减少受热面积，从而达到减少变形的目的。层间温度控制在 100℃ 以下，保证焊缝呈金黄色，焊缝不应出现发蓝现象。但是，水冷散热法不适用于焊接淬硬性强的材料。

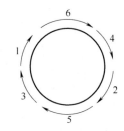

图 5-75　人孔焊接顺序

在焊接时还应该注意焊脚以及焊缝余高，目的是通过减少金属的熔敷量来减小焊接变形。

2. 使用弧形工装，预制反变形

成形控制从下料开始严格控制，保证筒体的尺寸。滚圆时严格把关，使圆

度公差≤4mm。从滚圆、定位焊，直到焊接的整个过程中，注意对筒体的隔离和防护，以免由于外部碰撞引起圆度变差。

　　制造弧形工装，预制反变形。为有效地防止焊接变形，除控制热输入以外，还根据以往的经验制造了由弧板、筋板和底板组成的工装，如图5-76所示。

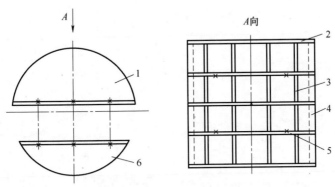

图 5-76　工装结构

1—上半部　2—弧板　3—筋板　4—底板　5—千斤顶位置　6—下半部

　　弧形工装分成上、下两部分，采用焊接结构。通过千斤顶的支撑作用，弧板可以对筒体的圆度加以约束，防止在焊接过程中筒体的径向变形；而筋板可以把工装连接成两个有机的整体，既增加了稳定性，又可以有效地对焊接过程中筒体的挠曲变形加以约束。同时为了更好地控制挠曲变形，在筒体的两端使用两个厚度20mm的环式支撑圈。将支撑圈固定在筒体上，再用等长的四段槽钢和弧板式工装连接起来，在焊接时这四段支撑槽钢的拉力和支撑力可以有效地控制挠曲变形。

　　通过弧形工装，先将筒体支撑出一定的预变形，如图5-77a中双点划线所示。用5个千斤顶将弧形工装之间的距离顶开，中间用50t，其余2个用20t螺旋式千斤顶（不能使用液压千斤顶，因其受力后易产生卸压）。在人孔焊接时，由于有工装的约束，变形量很小，而这很小的变形量恰好与预变形相抵消，把变形控制到最小。反变形法在圆形封闭焊接接头中不仅可减小焊后变形，而且可大大减少焊接残余应力。待焊筒体结构与工装、千斤顶如图5-77b所示。反变形量的确定是根据以往的经验。筒体的预变形最大直径为1612mm，焊后拆除工装，最终圆度为3.5mm，完全符合设计要求。

3. 合理安排工序

　　在人孔开孔之前，首先根据短节的相贯线制造补强圈。使用工装约束筒体，并使筒体产生一定的预变形。然后在预定位置加焊补强圈，以增加筒体的刚度，对开孔的变形加以约束，待补强圈的焊道冷却后才可以开孔、打磨坡口。

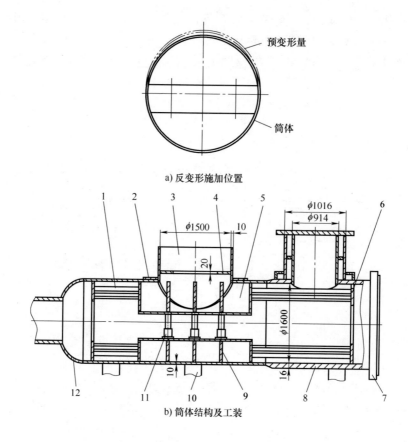

a) 反变形施加位置

b) 筒体结构及工装

图 5-77　待焊筒体与工装结构

1—支撑槽钢（8 段）　2—补强圈　3—短节　4—支撑圈　5—上半部工装
6—支撑圈（2 个）　7—法兰　8—筒体　9—下半部工装
10—支撑物（3 处）　11—千斤顶（5 台）　12—封头

在焊接前，应该在短节的焊缝附近位置增加一个厚度大于 20mm 的环状支撑圈（见图 5-77b 中 4），以增加短节的刚度，防止塌陷；在筒体下部对应开孔位置垫上支撑物，以此防止筒体挠曲变形。

焊接时，首先采用多层多道焊焊接外侧坡口。冷却后，用木锤敲击补强圈上焊道周围，尤其是容易发生大幅度变形的相贯线最高、最低位置，释放应力，然后去除工装，焊接内侧坡口焊缝，打磨焊道使之与筒体内壁平齐。再重新加置工装，焊外侧角焊缝，保证焊脚 6mm。

焊接完毕，再用锤击法释放应力，拆除工装。如果有微量变形或者圆度不符合工艺要求，可以采用机械矫正方法调整。

5.18.3 焊接变形控制效果

大人孔焊接变形问题是压力容器生产中常见问题，由于不锈钢热物理性能的特点，不锈钢焊接变形较之于低碳钢更为严重。只能通过工艺手段控制变形，使其能满足产品质量的要求。

在整个刮板冷凝器的生产过程中，采取了一整套相应的变形控制措施，使焊接变形得到了有效的控制，筒体圆度控制在 3.5mm 左右；筒内壁到刮板的最大距离 13mm，最小距离 8mm，公差<10mm，保证了产品的设计尺寸和精度要求。在刮板冷凝器的生产过程中，采用外力约束、焊前预变形和减少焊接热输入方法有效地防止了焊接变形，为压力容器大人孔的焊接摸索出一套成功的经验。

5.19 KM6 真空容器 12m 法兰焊接变形控制

KM6 空间环境模拟器为载人航天工程任务的基础硬件，是我国载人飞船研制的重要试验装备。KM6 真空容器由 3 个分立容器组合而成，焊缝长达上千米，所有对接焊缝和插管角焊缝均为双面坡口多层多道焊，真空度保证十分困难，如图 5-78 所示（材质为 0Cr18Ni9，主容器：立式圆柱形，直径 12m，高 22.4m。壁厚 22mm。辅容器：卧式圆柱形，直径 7.5m，长 15m，壁厚 20mm。），其真空容器的全部焊缝及插管焊缝真空检漏率（容器真空度）控制难度大。此前，我国研制的内径为 7.5m 的 KM5，焊后真空检漏率 5~6 年仍没有达到设计和使用要求，在当时的装备条件下，完成 KM6 的制造，技术人员面临很大的困难。

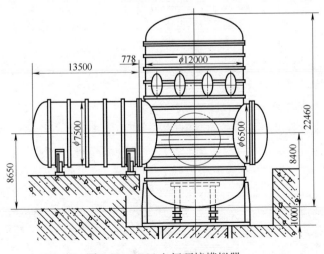

图 5-78 KM6 空间环境模拟器

主容器顶端特大型不锈钢法兰直径为 12m，不锈钢材料特性决定了其焊接变形比碳素钢大得多，将 8 瓣或 6 瓣拼成一个整体法兰，其平面度和圆度均要小于 3mm，控制难度在国内焊接界是空前的，即使在国际焊接技术领域也少见。

5.19.1　KM6 真空容器制造技术难点

KM6 真空容器是空间环境模拟器的核心设备，结构复杂，建设周期短，制造安装技术难度大，具体如下：

1）KM6 真空容器结构庞大，无法整体运输，主要大件的最终成形和组焊，机械加工均必须在现场进行。

2）KM6 真空容器的两种大型法兰分别由 8 瓣和 6 瓣拼焊而成，且加工余量为 10mm，为了达到真空度设计要求，必须控制法兰的焊接变形，因此，首先必须选择合适的拼焊方案。

3）大型空间环境模拟器包括主容器、辅助容器和载人仓等，作为容器密封件之一的法兰，其直径分别为 12m、6.5m 及 5m，法兰的高度为 240mm 及 180mm，厚度为 215mm 及 150mm，法兰采用单橡胶密封。由于容器要求的真空度高，因此对法兰平面度的要求高，对于法兰密封面的平面度，在 1m 内为 0.12mm；对于 12m 大法兰，在整个平面内平面度为 3mm；对于 6.5m 大法兰，在整个平面内平面度为 2mm。

5.19.2　变形控制

1. 焊接变形分析

真空容器中 12m 的无槽大法兰采用对称的双 U 形坡口，法兰的材质为 0Cr18Ni9 钢，分 8 瓣拼焊而成，焊缝包括法兰主体部分的焊缝和高颈部分的焊缝，在大型法兰拼焊中，由于横向收缩将产生 3 种变形：面内角变形，即椭球度变化；面外角变形，即法兰平面度的变化；法兰周长的缩短变化。其变形如下：

（1）法兰主体截面部分焊缝引起的变形

1）法兰平面度变化。横向收缩沿焊缝长度方向分布不均匀，对于法兰主截面部分的焊缝，采用立焊直通焊时，横向收缩沿焊缝长度方向的差异，将会引起法兰平面度的变化，由于法兰每瓣弧长为 4.6m，横向收缩在法兰上下面的微小差异，将引起法兰平面度较大的变化。

2）法兰圆度的变化。法兰的主截面焊缝是采用两人对称同时焊接，各人的焊接习惯不同，焊层厚度也不同，内外侧不同的焊缝厚度将引起法兰内外侧的横向收缩不同，法兰内外侧横向收缩的差异将会引起法兰圆度变化。

228

3）法兰周长的变化。工件焊接将引起法兰的横向收缩变形，整个 12m 法兰由 8 瓣拼焊而成，若每个坡口焊缝的横向收缩为 4mm，则法兰的周长将缩短 32mm，由此将引起法兰直径减小将近 10mm。

（2）法兰高颈部分焊缝引起的变形 法兰高颈部分的焊缝偏离焊缝中性轴，高颈部分焊缝的横向收缩将引起法兰上下端横向收缩不一致。

2. 拼焊工艺方案确定

大型法兰拼焊设计有以下几种方案：

1）8 瓣或 6 瓣法兰，定位焊在一起，然后同时焊接。这种方案的缺点是变形不外显，且法兰的变形互相影响，以致控制变形困难，甚至造成焊接变形失去控制，超过所留加工余量。因此，很难控制法兰的拼焊变形，在实际工程中未被采纳。

2）刚性固定法。对于一些批量生产的小工件，这种方法自然是好方法。但是，由于法兰很大，需要刚性固定，必须做一个刚性大的夹具，如此大的法兰，要做一个夹具将需要更厚的材料、更多的加工费及加工周期，这几乎是不太容易实现的，效果也不可靠，因而被否定。

3）各瓣法兰分别与筒体对接，最后再拼焊。这种方案一提出受很多人重视。但是，由于直径较大，筒体只有 22mm 厚，实际上筒体刚性小，不能阻止法兰焊接变形，法兰拼焊时仍然会产生变形，甚至产生扭曲变形。另外，筒体由于法兰的拼焊也产生较大变形。因此，这种方案最后也被否定。

4）8 瓣法兰，首先 1+1 拼焊成 1/4 圆，然后 +2 拼焊成 1/2 圆，最后 4+4 拼焊成整圆。这种自由焊接，变形外现，便于测量控制。该方案克服了上述几种方案的缺点，是一种可行的方案，也是实际所采用的方案，如图 5-79 所示。

3. 焊接变形控制措施

（1）平面度控制措施 对于立焊，常见焊接方法是由下至上焊，这种焊接方法横向收缩沿长度方向上的分布是不均匀的；横向收缩沿焊缝长度上的分布与焊接顺序有较大的关系，改变焊接顺序可改变横向收缩沿焊缝长度上的分布。因此，在控制法兰平面度时，采用反变形的控制思路，采用合适的焊接顺序控制主体焊缝对法兰平面度的影响。法兰高颈部位的焊缝对法兰平面度的影响，可通过消除高颈焊缝引起的横向收缩来实现。平面度的控制措施如下：

1）直通焊：采用由下至上的焊接顺序。

2）分两段退焊：焊接顺序如图 5-80a 所示，焊缝分两段，每小段均采用由下至上焊接，先焊上部段 1，再焊下部段 2。

3）分三段退焊：焊接顺序如图 5-80b 所示，焊缝分三段，焊接过程中，先焊上部段 1，再焊中间段 2，最后焊下部段 3。

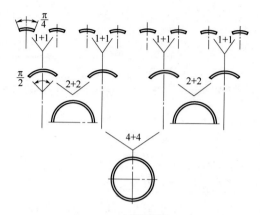

a) 拼焊方案

b) 现场拼焊

图 5-79　法兰的拼焊

4）分段跳焊：焊接顺序如图 5-80c 所示，焊缝分三段，先焊中部段 1，再焊上部段 2，最后焊下部段 3。

5）上薄下厚：由下至上焊接，上端的焊层薄，下端的焊层厚，厚度由下至上逐渐过渡。

6）短段：在焊接过程中，在下端加一短段如图 5-80d 所示。

7）锤击：锤击处理可使锤击区域产生塑性延长。

（2）法兰圆度控制措施　采取不对称的工艺措施来控制法兰圆度，焊缝的横向收缩与焊层厚度，焊缝的刚性有较大的关系。因此，通过调整焊缝刚度和焊层厚度来改变内外侧横向收缩，且在焊接前几层时控制调整法兰内外侧横向收缩的差异。

圆度控制措施如下：

1）调整两侧焊层厚度：若内侧的收缩量小，则内侧焊缝厚，反之，外侧焊

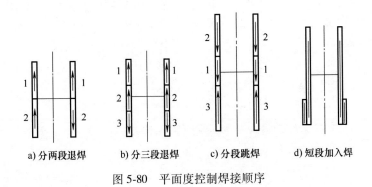

a) 分两段退焊　　　b) 分三段退焊　　　c) 分段跳焊　　　d) 短段加入焊

图 5-80　平面度控制焊接顺序

缝加厚。

2）一侧单加焊层：对于较大的变形可通过一侧单加焊层的方式来对内外侧横向收缩量加以控制。

（3）法兰周长控制措施　通过试验或计算预测焊缝的横向收缩量，可采用预留间隙控制法兰的周长。通过试验得出每条焊缝的横向收缩量，预留间隙控制每一坡口的周长方向的变化。

4. 焊接工人的培训

为了攻克难关，确保工程质量，按照指挥部的要求，在拼焊前对 20 多名有经验的熟练焊工进行了 3 个多月的精心培训，以提高焊工控制焊缝质量和焊接变形的技术能力、自信心和责任心。

为了提高焊接技工的技术水平，确保每条焊缝都能通过检漏试验，又组织了 10 多名焊工，按各种施工要求——平焊、下坡焊、上坡焊、立焊、横焊和仰焊等方法进行现场培训和试验。经过一年多的艰苦拼搏，KM6 真空容器全部焊缝的高低真空检漏率均一次合格，检漏率为零，创造了一项令世人震惊的纪录。

5.19.3　焊接变形控制效果

经过艰苦的工作，利用当时现有的工艺条件，采用预留间隙控制周长、分段退焊、短段加分段退焊及下厚上薄的焊接工艺控制法兰面外变形和面内角变形的方案。在当时较为简单的设备条件下获得了完美的变形控制效果，12m 法兰拼焊后的平面度控制在 2mm 以内，法兰的圆度是 6.5mm，周长缩短仅为 1.92mm。1997 年 11 月真空环境模拟器一次调试成功，成为载人航天工程后续试验任务的重要硬件保证。

KM6 结构中上千米焊缝的高、低真空检漏率测试均一次合格，真空度指标优于美国和俄罗斯，为飞船按计划进舱试验提供了重要硬件保证；飞船研制过程中，仅通过 3 件样件试验，就使飞船舱体的形状和尺寸精度控制达到指标要求，取得了完全成功，为我国第一艘无人飞船按计划发射赢得了时间，对整个飞船研制计划具有里程碑的意义。直径 12m 精加工大法兰焊后平面度小于 0.10mm/m，法兰整体平面度 1.57mm/m，其焊接精度达到国际领先水平。

5.20　输电塔焊接变形控制

输电线路铁塔及大跨越塔一般采用型钢结构或钢管结构，图 5-81 所示为某地输电塔。钢管塔具有构件风压小、刚度大、结构简洁、受力合理和传力清晰等特点，有利于增强极端条件下抵抗自然灾害的能力。电压等级低、回路数少、荷载小，塔高 60m 以下时，一般用角钢塔；电压等级高、回路数多、荷载大，塔高超过 70m，采用多拼角钢塔或钢管塔。

输电塔以往以角钢为主，材质多为 Q235 和 Q355。2006 年开始，国家电网公司推广应用 Q420、Q690C 等高强钢钢管塔。输电线路铁塔逐渐向高强钢、大规格角钢应用，焊接变形控制要求也越来越高。

在制作好安装时发现铁塔多见从上往下第二节起发生扭曲，而第三节以下由于主柱焊接变形安装更为困难。焊接的残余变形不仅影响到结构的尺寸精度和外观，还会降低其承载能力，因此控制输变电工程钢结构制造过程中产生焊接变形的问题，成为确保铁塔工程质量的关键。

图 5-81　输电塔

输电线路铁塔焊接变形控制措施如下：

1. 焊接坡口加工

按照 GB/T 985.1—2008 或 GB/T 985.2—2008 设计坡口时应考虑焊接方法，焊缝填充金属尽量少，避免产生缺欠，减少焊接残余变形与应力，有利于焊接防护，焊工操作方便。

坡口制备宜采用机械加工，采用热加工方法（如火焰切割、等离子切割）下料时，切口部分应留有足够的加工余量，采用机械方法修整。加工完的坡口要求表面平整，不得有裂纹等缺欠，坡口形式和尺寸符合产品图样要求。施焊（包括定位焊）前，应清除坡口及其母材两侧 20mm 范围内水分、氧化物、油污及其他有害杂质。

2. 焊接组装

组装精度不仅影响产品尺寸精度，还影响焊接质量，因此应提高组装精度，尽量减小工件间的间隙，具体要求如下：

1）组对时，应严格控制坡口间隙、错边量等相关参数；并采用工装夹具或组对专机等进行工件组对，保证组对精度，如图 5-82 所示。

2）采用反变形措施防止变形的方法：预先使工件产生反变形，利用适当的工装器具限制产生反变形。

3）采用的焊接工艺和焊接顺序应能使最终工件的变形和收缩最小。

4）工件装配焊接时，应先焊收缩量较大的接头，后焊收缩量较小的接头，接头应在小的拘束状态下焊接。

5）多组件构成的组合工件应采取分部组装焊接，矫正变形后再进行总装焊接。

a) 组对专机　　　　　　　　b) 组对焊接效果

图 5-82　输电塔部件组对焊接

3. 定位焊

定位焊焊缝厚度不宜超过设计焊缝厚度的 2/3，长度宜为 10～30mm，最大间隔不宜超过 600mm。采用定位块定位时，在去除定位块后，应将其残留金属打磨清除，若造成母材缺肉，应进行补焊。焊接定位块的临时焊缝及补焊焊接要求与上述要求相同。焊工及所用的焊接材料、焊接工艺应与正式焊接相同。严禁在焊缝以外的母材上引弧，熄弧时应将弧坑填满。

4. 预热

预热温度不得低于工件规定的最低预热温度。Q420 钢最低预热温度为 100℃、Q460 钢最低预热温度为 150℃，最高预热温度≤300℃。不同强度等级钢焊接时，应按强度级别高的钢的预热温度进行预热，见表 5-10。需要预热的部位在整个焊接过程中应不低于最低预热温度。加热宽度以坡口边缘计算，每侧不少于工件厚度的 4 倍，且≥100mm。

表 5-10　输变电工程钢结构预热温度控制

牌号	不同规格板材的预热温度/℃				
	$t<20$	$20 \leqslant t \leqslant 40$	$40<t \leqslant 60$	$60<t \leqslant 80$	$t>80$
Q235	—	—	40	50	80
Q355	—	40	60	80	100
Q420	20	60	80	100	120
Q460	20	80	100	120	150
Q235			40	50	80

注:

1. "—"表示不需要预热。

2. 当采用非低氢焊接材料或焊接方法焊接时,预热温度应比该表规定的温度提高 20℃。

3. 当母材施焊处温度低于 0℃时,应将表中母材预热温度增加 20℃,且应在焊接过程中保持这一最低道间温度。

4. 中等热输入指焊接热输入为 15~25kJ/cm,热输入每增大 5kJ/cm,预热温度可降低 20℃。

5. 焊接接头板厚不同时,应按接头中较厚板的板厚选择最低预热温度和道间温度。

6. 焊接接头材质不同时,应按接头中较高强度、较高碳当量的钢材选择最低预热温度。

5. 焊接顺序

典型输电塔连接结构的焊接顺序如图 5-83 所示。

1) 双面对称焊接:对接接头、T 形接头和十字接头。

2) 对称焊接:对称截面的构件,对称连接杆件的节点。

3) 长焊缝:分段退焊法或多人对称焊接法。

4) 跳焊法:避免工件局部热量集中。

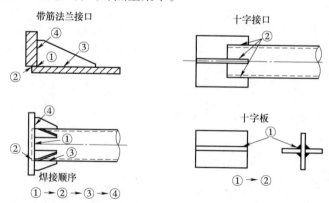

图 5-83　典型结构的焊接顺序

注:①~④为焊接顺序。

6. 热矫正工艺

热矫正可以采用氧乙炔中性焰加热，输电塔结构典型变形的矫正方法如图 5-84 所示。热矫正时不允许在同一位置反复加热。热矫正过程中若需要锤击时，应垫锤击衬垫。加热温度在 300~400℃ 范围内，严禁锤打。

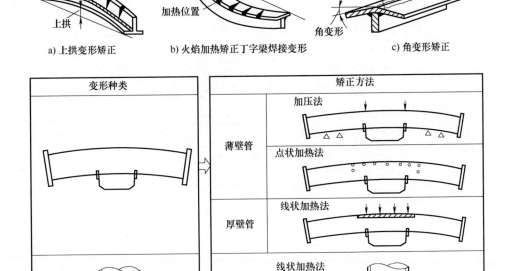

a) 上拱变形矫正　　　　b) 火焰加热矫正丁字梁焊接变形　　　　c) 角变形矫正

d) 工件变形矫正

图 5-84　典型结构的矫正

热矫正过程中若需要使用压力设备时，宜选用液压设备。具体要求如下：

1）热矫正前应仔细观察工件的变形情况，确定加热部位和矫正步骤。

2）热矫正一般采用点状加热或线状加热方法。

3）点状加热点的直径根据板材的厚度确定，一般为 10~30mm，加热点的间距根据变形量确定，一般应大于 100mm。

4）线状加热的加热线宽度应为钢板厚度的 0.5~2 倍，加热线之间的距离视工件的不平度确定，一般加热线宽度应大于 50mm。

5）点状加热时火焰应在加热有效范围内移动，线状加热时火焰应均匀移动，禁止停留在一点集中加热。

6）热轧或正火状态供货的钢材热矫正时加热温度为 850~900℃；其他供货状态的钢材热矫正时加热温度为 600~650℃。Q460 钢的温度一般要比 Q420 钢的温度高 20℃。热矫正后工件应自然冷却，在低温环境（0℃以下）下进行热矫正时，加热部位应采取缓冷措施，矫正温度高于 650℃时严禁急冷。

7）由于装配要求需要热矫正成 90°的工件，应制作专用模具进行热矫正，如图 5-85 所示。

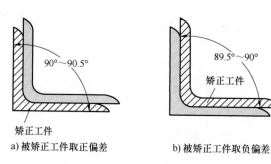

90°~90.5°

89.5°~90°

矫正工件

矫正工件

a）被矫正工件取正偏差

b）被矫正工件取负偏差

图 5-85 热矫正专用模具

8）工件的弯曲属扭弯需要热矫正时，应制作专用工装模具进行热矫正。

9）对工件进行热矫正时，应适当预留回弹量。

10）加热温度的测量宜采用远红外测温仪器或其他专用测温仪器，或依据 GB/T 2694—2010 附录 F 进行简易判断。

5.21 随焊焊接变形控制

5.21.1 船舶行业随焊焊接变形控制实例

在铝合金船体建造过程中，铝合金薄板在装配、焊接过程中极易产生焊接变形，导致船体表面凹凸不平，如果变形不予以矫正，不仅会影响船体部件装配偏差而影响建造精度，还会降低船体表面光顺度而增加航行阻力，如图 5-86 所示。因此，必须采取恰当的工艺措施进行焊后变形矫正。

1. 船体蒙皮根部间隙及翘曲变形随焊控制

船体外板建造过程中，大量采用平板对接焊。平面拼板时人工对接间隙不均匀，过小导致拼板产生翘曲和拱起变形，过大出现

图 5-86 典型船体结构及变形

焊穿等缺陷。例如某型铝合金特种船舶船体主要采用厚薄 3～5mm 板拼焊而成，焊缝纵向尺寸在 2～8m，不同板厚的拼焊参数是不同的，加上纵向焊缝尺寸长短不一，拼板焊接时很难准确预留出根部间隙，只能靠经验或人工干预方式来处理。

根部间隙过小，焊接时容易在焊接电弧前方产生交叠或拱起变形，无法继续施焊；根部间隙过大，则需要熔化更多的焊丝来填充，需要手工降低焊接速度。过大或过小的不均匀焊缝根部间隙影响金属填充量，对船体变形影响较大。

为解决上述问题，研发了根部间隙及拱起变形随焊控制技术及装置，在焊枪前方一定距离处安置随焊定位滚轮，实现了半自动拼焊的根部间隙及翘曲变形的随焊控制，主动控制焊缝根部间隙，如图 5-87 所示。该装置可以良好地抑制焊接过程中因翘曲发生的错边缺欠，并能精确控制焊缝根部间隙，节省了定位焊以及打磨工序，提高了拼焊质量和效率。焊接过程中能自动控制焊缝根部间隙和翘曲变形，保证焊缝间隙一致性，达到了对接焊缝根部间隙偏差小于 0.2mm，错边量小于 0.3mm。

a) 随焊间隙控制装置　　　　b) 现场施焊

图 5-87　船体蒙皮间隙及翘曲变形随焊控制

2. 船体蒙皮电弧自动矫形

传统的"水火法"是借助于氧乙炔产生的火焰加热，紧随其后采用冷水快速冷却，使凸起表面产生收缩变形，以实现变形矫正。但是火焰加热因温度高、范围宽而较难控制，易在铝合金表面形成氧化层，并导致材料力学性能和耐腐蚀性能降低明显。

采用手工操作的钨极氩弧焊机对铝合金板进行热矫正方法，与传统"水火法"相比，此方法具有加热功率参数可调节、加热表面受氩气保护等优点。但 TIG 电弧手工矫形在操作过程中会因焊枪与被矫形船体距离不恒定、摆动幅度不恒定等缺点，导致被矫形船体表面常出现弧坑缺欠，需要矫形后进行大量修补，降低船体表面光顺度、拖延建造周期，还会进一步降低船体材料性能。

为解决上述问题，研发了一种自动 TIG 电弧摆动矫形装置，由控制模块、行走小车及其承载的电弧矫形模块组成，如图 5-88 所示。装置在矫正过程中摆动速度和行进速度配合良好、电弧高度稳定、TIG 电弧矫正后轨迹优美。每道电弧摆动的端部整齐、紧密排列，相互之间在端部基本没有发生重叠，在实现较好的焊后矫形基础上避免在母材表面产生缺欠和严重降低母材力学性能。自动 TIG 电弧摆动矫形装置提高了表面质量，保证了母材的力学性能和良好外观，显著地减少了后续打磨工作量。

a) 整体图　　　　　　　　b) 电弧高度控制结构

c) 整机图　　　　　　　　d) 施工图

图 5-88　船体蒙皮电弧摆动矫正装置

5. 21. 2　航天及国防装备随焊焊接变形控制实例

1. "神舟号"返回舱随焊控制焊接变形

529 厂研制的返回舱初样 C_1 焊接变形严重超差，使其重返大气层的隔热层无法与其粘合，控制焊接变形及焊接应力分布成为 921-3 返回舱研制过程中重大关键技术，如图 5-89 所示。

针对"神舟号"返回舱法兰等封闭焊接结构变形超标的问题，哈工大田锡唐教授、钟国柱教授等提出了焊后逐点挤压的方案，有效地解决了焊接变形，满足了使用要求。

图 5-89　921-3 飞船返回舱

返回舱随焊变形的控制措施如下：

1) 将整体结构合理划分为部件焊接。

2) 优化部件组焊顺序。

3) 采用低应力少变形焊接技术。

4) 采用合理的工装夹具、板组件整体热处理。

5) 采用焊缝逐点挤压矫形技术。

经过采取以上措施，焊接变形控制质量达到俄罗斯"联盟号"飞船的先进水平，并达到国际先进水平。

2. 三级运载火箭共底球面封闭环焊接变形控制

CZ-4B 三级运载火箭储箱由上海航天局航天设备制造总厂生产制造，其底部为 $\phi1380$mm 球面封闭环焊缝，焊接产生的焊接变形难于控制，耐压试验中时常出现裂纹等问题。其主要原因是焊缝两侧受热不均匀导致工件膨胀量不一致，应力积累得不到释放。通过采用哈尔滨工业大学开发的随焊冲击碾压工艺，解决了上述问题，并应用于实际产品的生产制造，如图 5-90 所示。

a) 随焊冲击碾压装置　　　　　　b) CZ-4B三级运载火箭储箱

c) CZ-4B三级运载火箭共底　　　　　d) 随焊冲击碾压工艺

图 5-90　CZ-4B 三级运载火箭共底焊接变形控制

3. 军用车载方舱薄壁板变形控制

军用车载方舱采用薄壁单板拼焊而成，方舱薄壁单板为 6m×2.5m×2mm，材质为 LY12 板材，焊接热裂敏感性强，薄板壳结构存在严重的焊接残余应力和变形，大尺寸铝合金薄板焊后变形严重超差，军用车载方舱产品形状难于控制。

　　哈尔滨工业大学研制了大尺寸薄板拼焊设备，采用随焊冲击滚压技术，进行了工艺调试，实现了最佳焊接变形控制，如图 5-91 所示。本技术改善了材料利用率，大大降低了生产成本，实现了普通标准板材拼焊成大尺寸薄板，使车载方舱板材变形达到了设计要求。

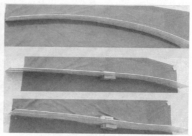

a) 随焊冲击碾压技术　　　　　　　　b) 薄板拼焊变形控制效果

图 5-91　军用车载方舱焊接变形控制

第6章

焊接变形控制常用装备

产品焊接变形控制水平反映了企业的工艺设计、工艺准备、生产管理水平，也代表了企业的生产过程管理、质量管控追溯、资源管理水平。

随着技术的发展和进步，焊接变形控制、测量技术及装备也日新月异，本章重点介绍目前在焊接变形控制中的常用设备。

6.1 焊接变形测量技术及装备

6.1.1 变形测量工具、量具

在产品制造过程中，涉及长度、宽度和高度等尺寸的检测，一般用常规测量仪器即可，若选用数字仪器则更加准确和方便。传统测量以卷尺、高度尺、直角尺人工读数为主。随着技术的进步，三坐标测量设备、激光测量设备等三维测量设备，实现了复杂曲面的快速检测，有力地支撑了焊接变形的控制和消除。

1. 尺寸检测

卷尺、高度尺、直角尺和测距仪都是大量使用的装置（见图6-1）。表6-1是常见焊接变形尺寸测量工具，可以非常方便地测量任意空间尺寸。

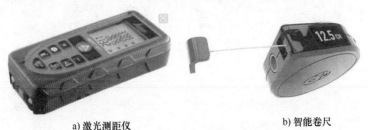

a) 激光测距仪　　　　　　　　　b) 智能卷尺

图 6-1　尺寸测量工具

241

表 6-1　常见焊接变形尺寸检测工具

名称	规格型号	准确度等级	主要检测尺寸/mm
钢卷尺	3m	2498mm（单点标定）	零件安装定位
钢直尺	150mm	Ⅱ级	间隙检查
游标卡尺	（0~300）mm		
直尺	300mm		
钢卷尺	5m	1级	2620^{+2}_{-2}mm
钢直尺	150mm		外圆轮廓：与模板间隙小于2mm

2. 轮廓检测

部件的轮廓检测一般采用样板测量，样板按理论尺寸制造，根据样板与轮廓的间隙判断部件轮廓尺寸偏差，简单易行。但随着技术的发展，越来越多采用光学的方法进行自动测量，实现光学轮廓测量的方法很多，常见的有飞行时间法、结构光技术、相位法、干涉法和摄影法等。图 6-2 所示为轮廓样板检测和激光轮廓测量装置。

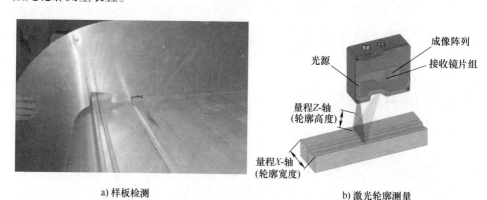

a) 样板检测　　　　　　　　　b) 激光轮廓测量

图 6-2　轮廓样板检测和激光轮廓测量装置

3. 几何公差等综合检测

产品的平面度、平行度、扭曲度和长宽高综合尺寸公差可用莱卡全站仪进行测量，该种测量方法准确、迅速、实用，在车辆工业大量使用。图 6-3 所示全站测量仪，全站仪测量需要特制靶标。

6.1.2　变形三维检测

激光三维传感器采用激光三角反射式原理：激光束被放大形成一条激光线投射到被测物体表面上，

图 6-3　全站测量仪

反射光透过高质量光学系统，被投射到成像矩阵上，经过计算得到传感器到被测表面的距离（Z 轴）和沿激光线的位置信息（X 轴）。移动被测物体或轮廓仪探头，就可以得到一组三维测量值。

采用 NDI 三维扫描装置检测空间曲面尺寸，控制公差由原先的 5mm 精确到 2mm，提高了三维曲面装配精度。CR400×× 型标准动车组司机室曲面尺寸采用快速三维扫描装置检测，代替前期样板检测方式。扫描仪可实现 35m 内任意曲面的检测，检测精度由 0.5mm 提高到 0.03mm（见图 6-4）。

图 6-4　变形三维检测

零件定位采用激光投影技术，代替传统的胶片样板，精度可达到 0.5mm，提高了定位精度和工作效率。侧墙的轮廓度采用三维扫描检测技术，检测精度可以提高到 0.03mm。车体空间尺寸采用三维检测技术，解决了传统样板检测精度低的问题，检测精度最高达 0.03mm，实物精度可控制在 0.5mm 以内。

采用三坐标莱卡检测仪检测，相对于以往的卷尺、平尺和盘尺配合检测的方式更加精确，也更有效率。

激光标线仪准确测定空间平面的基准点是所有装配工序横向和纵向的基准，在安装基准点的过程中，采用激光测距仪和电子水平仪，从而使基准点的安装位置达到设计要求。各定位基准均为基准点，为了能够准确找到各工序的准确位置，激光标线仪可以以基准点为中心，标记出横向、纵向、水平的一个立体平面，从而准确地找到各安装部件的安装位置，达到准确安装的目的，如图 6-5 所示。

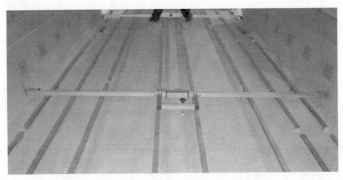

图 6-5　激光标线仪准确测定空间平面

6.1.3 温度检测

温度是表征物体冷热程度的物理量。温度只能通过物体随温度变化的某些特性来间接测量。国际实用温标是一个国际协议性量标，它不仅与热力学温标相接近，而且复现精度高，使用方便。目前，国际上通用的温标是 1975 年第 15 届国际权度大会通过的"1968 年国际实用温标—1975 年修订版"，记为：IPTS-68（Rev-75）：1975。但由于 IPTS-68：1975 温标存在一定的不足，国际计量委员会在第 18 界国际计量大会第七号决议授权予 1989 年会议通过了 1990 年国际温标 ITS-90：1990，ITS-90：1990 温标替代 IPTS-68：1975。我国自 1994 年 1 月 1 日起全面实施 ITS-90：1990 国际温标。

温度的表示方法主要有三类。

1）热力学温标：开尔文温标，或称绝对温标，它规定分子运动停止时的温度为绝对零度，符号为 K；它规定水的三相点热力学温度为 273.15K。

2）摄氏温标（℃）规定：在标准大气压下，冰的熔点为 0℃，水的沸点为 100℃，中间划分 100 等分，每等分为 1℃，符号为℃。

3）华氏温标（F）规定：在标准大气压下，冰的熔点为 32℃，水的沸点为 212℃，中间划分 180 等分，每等分为 1 华氏℃符号为 F。

温度关系式：摄氏温度＝绝对温度－273.15，华氏温度＝9/5 摄氏温度+32，摄氏温度＝5/9（华氏温度－32）。

温度测量是根据固体、液体或气体热膨胀；根据使用的热诱导电动势推知温度的热电测量，或根据热敏电阻器测量的电阻变化来测量温度。温度测量方法主要有以下几种。

（1）利用物质的热膨胀与温度的关系测温　①固体受热膨胀原理——双金属温度计。②液体受热膨胀原理——玻璃管水银温度计。③气体受热膨胀原理——压力式温度计。

（2）利用金属导体或半导体电阻与温度的关系测温　铂、铜等金属导体或半导体，当温度变化时其阻值也相应发生变化，利用这一关系可制成各种热电阻温度计。

（3）利用热电效应原理测温　两种不同的金属导体在 2 个端点上相互接触，当其 2 点温度不同时，回路内就会产生热电势。利用这一关系可制成各种热电偶温度计。

（4）利用热辐射原理测温　物体的热辐射与温度存在着一定关系，利用这一关系可制成各种辐射温度计。

温度检测在焊接变形测量中具有重要意义。常见测温装置主要有测温笔、红外传感仪等（见图 6-6）。

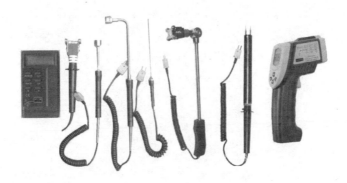

图 6-6　接触式及红外温度检测仪

6.2　焊接变形控制技术及装备

6.2.1　预拉伸装置

图 6-7 所示为客车蒙皮制造、航天系统的筒装结构预制应力装置、预涨拉工装。涨拉设备预应力软件对来自复合力传感器和位移传感器的信号进行数据处理、存储并同步显示，并将涨拉力和对应的预应力拉伸长值存储。当涨拉控制力达到预先的设定值且预应力筋的涨拉伸长值在预先设定范围时，控制箱控制步进电动机带动油泵的电磁阀完成预应力涨拉的加载、持荷，千斤顶在挤压复合力传感部件的力传感弹性件的同时，向前顶复合力传感部件的头，使该顶头锚固锚具的夹片，完成锚固回油。预应力控制箱的内部电路在方框或整体结构上具有一般采集信号处理装置的共性。一般采集信号处理装置的工作过程都是将各种模拟信号由信号采样电路采入，经模数转换电路转换成数字信号，进入中央处理电路，在软件程序的支持下对该信号进行分析、比较、处理等。

6.2.2　反变形等大型工装

在大型焊接结构中，采用先进的工装技术可有效地控制焊接变形，并提高产品的生存效率和产品的一致性。先进组焊工装，多采用 PLC 控制风缸驱动，实现自动压紧、预置挠度和反变形等功能。通过自动控制，有效保证焊接质量稳定性和较高的生产效率。利用反变形技术，焊接变形量更小，调修量大大减少。例如，某部件焊接系统集成了多点自动压紧、墙板自动胀拉、墙板真空吸附以及随动吊装等技术，焊后变形控制优良。

a) 航天系统筒装结构预制应力装置

b) 大型客车蒙皮预拉伸装置

c) 预胀拉工装

图 6-7　预拉伸装置

1. 模块化工装

工装通用方法主要有模块化可调工装设计方法和可更换元件方法。模块化可调工装是在工装设计时将全部定位、夹紧等工装部件设计成可方便调整的一些模块，不同的产品型号将模块组合到不同的位置，从而达到使用功能。

可更换元件工装是将在夹具体不变动情况下将工装的定位、夹紧等元件设计成可方便拆卸结构，不同产品型号安装不同的工装元件。在实际设计中，往往两种方法同时应用，互相补充。不论采用哪种方法，工装夹具体总是固定不动的，因此在工装方案设计阶段要统筹考虑制造产品变动的具体情况，使夹具能用于各类产品。

图 6-8 所示为一通用某大部件工装，大部件工装夹具采用了铸铁横梁结构。铸铁横梁安装在地面带有 T 形槽的预理件上，铸铁横梁经过机械加工可以达到有较好的安装精度。在夹具体上安装有定位座，定位座与工件接触处全部采用耐高温工程塑料，其硬度低于铝型材，从而有效地保证了铝型材表面不被碰伤。

在工装设计中设置工件挠度和焊接反变形方法。在铝合金大部件制造中，为保证总组成后产品具有设计挠度，需要在部件上设置挠度。另外，为保证工件焊接后得到合格产品，往往采用设置焊接反变形的工艺措施。这样在工装设计中要有相应的机构满足工艺要求。大部件焊接的另一个特点是决定焊接变形量的因素非常多，如焊接参数、焊接顺序、母材、填充材料和压紧力等，因此很难在首件焊接前预测焊接变形量的大小，这样给工装设计带来难度。可在工装设计时首先预测焊接变形量的大小，给出反变形量，在首件焊接后再根据实际情况调整工装。在工装上要设计易于改变反变形量的机构，如采用垫片调整、螺旋调整和液压顶紧等结构。

图 6-8　液压顶挠度示意

2. 柔性化工装

大部件工装投资巨大，制造周期长，通用柔性可调的工装是大部件工装设计首先要考虑的问题。可根据建立生产线的具体情况将工装设计为通用工装，适用多种产品。大部件组焊工装通用性强，通过更换部分定位块即可实现不同产品类型的转化，柔性化工装定位简单、实用，制造工艺性好，同时体现了其先进的设计理念。

例如中车长春轨道客车股份有限公司的铝合金制造工艺源自西门子公司，侧墙、车顶自动焊工装的模板普遍采用转体式，一个旋转体可携带 4~6 套断面的模板，通过手工转动实现产品的快速换产，使用效果良好；旋转压臂采用手工调节。目前其大型工装的自动化水平相当高，侧面顶紧、挠度预制、型材压紧、行程调整的柔性化设计理念先进，标动生产线采用模板快换及多点成形的切换模式。柔性化工装如图 6-9 所示。

3. 随动工装

大部件采用长大型材焊接而成，工件需要两面焊接。普通方法是完成单面焊接后将工件吊出工装，用空中翻转器将工件翻转 180°，然后放置到另一套工

a) 底架一次合成工装　　　　　　　　b) 总组成合成工装

图 6-9　柔性化工装

装中组对、焊接。工件单面焊接后需冷却，每次空中翻转需要 25min，因此从工件单面焊接完成到可以进行另一面焊接大约需要 100min，工作效率较低。另一方面，工件在完成单面焊接后整体刚性较差，在吊运和翻转过程中如果措施不当，易导致焊缝开裂、工件塑性变形等问题。

　　针对上述情况，设计开发了大部件整体翻转工装，基本原理是：工装设计为可翻转工装，将工件装夹后进行单面焊接，然后在工件夹持状态下整体翻转工装、工件，然后进行另一面焊接。该方法不仅大大节省工件进出台位和冷却时间，而且可以有效保证工件组对、焊接质量。工装翻转方式有用天车翻转和用变位机翻转两种方式。如图 6-10 所示为带有液压驱动的可进行自动翻转的随动工装。

图 6-10　随动工装

6.2.3　随焊变形控制装备

　　哈尔滨工业大学先进焊接与连接国家重点实验室基于焊接应力变形的动态演变和控制原理，首次提出了随焊冲击碾压、随焊旋转挤压及随焊冲击旋转挤压、电磁锤击等多项新技术，用于控制薄壁构件焊接应力变形、防止焊接热裂纹。通过研制多种专用随焊施力机械结构对焊接接头特定高温区域施加适度的碾压或旋转作用，迫使这部分金属沿着需要的方向发生塑性变形流动，控制金属塑性流变的方向和大小，从而达到降低残余应力、减小变形、防止焊接热裂纹的目的。

随焊旋转挤压工艺（见图 6-11）可以将特定焊件的纵向挠度降至常规焊状态的 10% 以下，将最大焊接纵向应力由正应力降为零或负应力。

a) 冲击碾压　　　　　　　　　　　b) 旋转挤压

图 6-11　随焊冲击碾压和随焊旋转挤压装备

基于电磁感应原理产生的力效应和热效应，电磁锤击法实现了与工件无接触随焊控制焊接应力变形和抑制冷裂纹，系统优势在于非接触、无污染、加载快和易于自动化控制，可以在较大程度上降低预热温度和冷裂纹倾向（见图 6-12）。

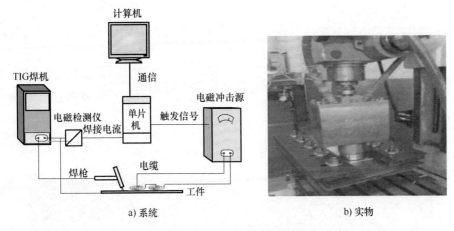

a) 系统　　　　　　　　　　　b) 实物

图 6-12　电磁锤击矫形装置

6.2.4　大型调修装备

对于大量的焊接产品，也多采用直接有效的冷矫形、热矫形工装或其组合矫形技术。

对于拘束度较大的焊接产品，也多采用直接简便有效的冷矫形，如某双层型材自动焊接时都采用通过压铁刚性固定的方式防止焊接变形，如图 6-13 所示。

图 6-13　强压制矫形工具

　　铝合金船体结构复杂、焊缝交错，船体变形很难通过一种方法进行有效控制，仍需要进行适当的焊后变形调控处理。现使用的水火与手工电弧矫形方法仍存在一定不足，对于铝合金船体来说，手工电弧矫形操作方式会因电弧枪与被矫正船体距离不恒定、摆动幅度不恒定等缺点，导致被矫正船体表面常出现弧坑，需要矫正后进行大量修补，降低船体表面光顺度、拖延建造周期，还会进一步降低船体材料性能。

　　自动 TIG 电弧摆动矫形技术，采用相应的矫形装置，实现铝质舰船船体变形的矫正。研制的自动 TIG 电弧摆动矫形装置，由控制模块、行走小车及其承载的电弧矫形模块组成。

　　装置在矫正过程中摆动速度和行进速度配合良好、电弧高度稳定、TIG 电弧矫正后轨迹优美。每道电弧摆动的端部整齐、紧密排列，相互之间在端部基本没有发生重叠，在实现较好的焊后矫形基础上避免在母材表面产生缺陷和严重降低母材力学性能。自动 TIG 电弧摆动矫形装置改善了手工电弧矫形的表面质量，显著减少了后续打磨工作量，如图 6-14 所示。

a) 手工调修　　　　　　　　　　　b) 自动调修装置

图 6-14　电弧摆动矫形装置

6.2.5　辅助焊接变形控制装备

采用一些轻小、灵活的自动化液压辅助工装、下拉装置等，配合先进的自动控制技术，可巧妙、有效实现焊接变形的控制。

例如工装的拉紧利用底架边梁上的滑槽进行，方便可靠，用于保证底架边梁同底架边梁支撑装置靠严。底架下拉装置采用液压缸拉紧装置，通过底架边梁下部的 T 形槽拉紧底架，具体如图 6-15 所示。

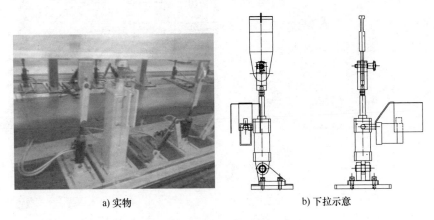

a) 实物　　　　　　　　　　　　b) 下拉示意

图 6-15　底架下拉

内部撑杆用于调整大部件尺寸，减少焊接变形，投入少，使用灵活简便，用法如图 6-16 所示。也可采用整体模块工装，用于大型结构的空腔内部支撑（见图 6-17），在大结构整体焊前安装整体模块工装，将整体模块工装和骨架定位焊，整体模块工装和产品骨架连成一体，增加刚度，减少焊接过程中的变形，减少焊后的调修量。

图 6-16　内部支撑

图 6-17　大型空腔内部支撑

可采用方便简单的定位技术，在产品图样上，设置大部件中心孔标记，可为部件组焊提供基础和精度保证，在型材上设置加工基准线，利于加工精度和其他工序参考。例如某产品定位装置用于底架定位，保证部件中心和工装中心重合。在其边梁下部对角安装两个工艺销，在工装底座安装产品部件的定位装置，即在相应位置设置1个定位孔和1个定位槽，将安装了工艺销的底架放置在底架定位装置上即可完全定位，如图6-18所示。

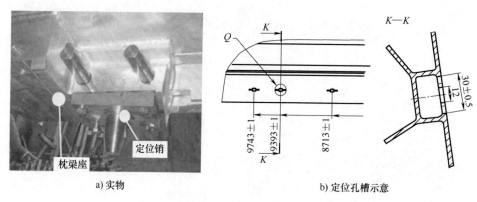

a) 实物 b) 定位孔槽示意

图 6-18　总组成底架定位

调修辅助工具在工作中也必不可少。对于常见的焊接变形手工调修锤，也有明确的技术要求，以保障母材不被击伤。例如，橡胶锤用于铝合金工件的调修，规格重量为小于0.87kg、大于1.8kg、大于6.5kg。携带、使用方便，内部灌铁砂，锤击不反弹，手锤中部为钢制，两头采用橡胶。如图6-19所示。

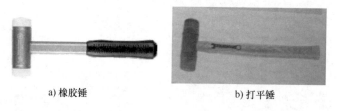

a) 橡胶锤 b) 打平锤

图 6-19　手工调修锤

参 考 文 献

[1] 中国机械工程学会焊接学会. 焊接手册 (第3卷): 焊接结构 [M]. 第2版. 北京: 机械工业出版社, 2001: 103-250.

[2] 拉达伊 D. 焊接热效应 [M]. 北京: 机械工业出版社, 1997: 267-280.

[3] 关桥, 吴谦, 邵亦陈, 等. 预变形工艺研究 [J]. 航空学报 (工程版), 1986 (4): 5-10.

[4] 关桥. 推广应用焊缝滚压工艺中的几个问题 [J]. 航空工艺技术, 1980 (2): 21-26.

[5] 田锡唐. 焊接结构 [M]. 北京: 机械工业出版社, 1982: 43-44.

[6] PAVLOVSKY V I, MASUBUCHI K. Residual stress and distortion in welded structures [J]. WRC Bulletin, 1994, 388 (1): 10-16.

[7] 洛巴诺夫 L M. 巴顿焊接研究所在结构焊接及强度领域的最新研究方向: 第九次全国焊接会议论文集 [C]. 天津: 中国焊接学会, 1999.

[8] 李敬勇, 章明明, 李鹰, 等. 预拉伸对铝合金焊接残余应力和变形的影响 [J]. 热加工工艺, 2005 (12): 15-17.

[9] 关桥, 郭德伦, 李从卿. 低应力无变形焊接新技术: 薄板构件的 LSND 焊接法 [J]. 焊接学报, 1990, 11 (4): 231-237.

[10] GUAN Q. A survey of development in welding stress and distortion controlling in aerospace manufacturing engineering in China [J]. Welding in the World, 1999, 43 (1): 64-74.

[11] 郭绍庆, 徐文立, 刘雪松, 等. 温差拉伸控制铝合金薄板的焊接变形 [J]. 焊接学报, 1999, 20 (1): 34-42.

[12] GUO S Q, LI X H, XU W, et al. Welding distortion control of thin aluminum alloy plate by static thermal tensioning [J]. Journal of Material Science & Technology, 2001, 17 (1): 163-164.

[13] DEO M V, MICHALERIS P, SUN J. Prediction of buckling distortion of Welding structures [J]. Science and Technology of Welding and Joining, 2003 (8): 55-61.

[14] DEO M V, MICHALERIS P. Mitigation of Welding induced buckling distortion using transient thermal tensioning [J]. Science and Technology of Welding and Joining, 2003 (8): 49-54.

[15] 林德超, 史耀武, 陈少辉. 辅助热源影响焊接残余应力的研究 [J]. 中国机械工程, 1999, 10 (4): 447-451.

[16] 关桥, 张崇显, 郭德伦. 动态控制的低应力无变形焊接新技术 [J]. 焊接学报, 1994, 15 (1): 8-15.

[17] 姚君山, 张彦华, 张崇显, 等. 有源强化传热控制薄板焊接压曲变形的研究 [J]. 机械工程学报, 2000, 36 (9): 55-60.

[18] 郭绍庆, 田锡唐, 徐文立. 随焊激冷减小铝合金薄板的焊接变形 [J]. 焊接, 1998 (9): 8-11.

[19] GUO S Q, XU W L, LIU X S, et al. Finite element analysis of welding distortion control by

trailing intense Cooling［J］. China Welding, 2000, 9（2）：127-134.

［20］ 徐文立. 随焊锤击控制铝合金薄板焊接应力变形及接头质量的研究［D］. 哈尔滨：哈尔滨工业大学, 2001.

［21］ 徐文立, 黎明, 刘雪松, 等. 动态低应力小变形无热裂随焊锤击焊接技术研究［J］. 材料科学与工艺, 2001, 9（1）：6-10.

［22］ XU W L, TIAN X T, LIU X S, et al. A new method for welding aluminum alloy LY12CZ sheet with high strength［J］. China Welding, 2001, 10（2）：121-127.

［23］ КУРКИН С А. Устранение коробления сварных тонкостенных элементов из алюминиевых сплавов АМг6 и 1201 путем прокатки шва роликом вслед за сварочной дргой［J］. Сварочное Производство, 1984（10）：32-34.

［24］ KONDAKOV T F. High temperature rolling in welding butt joints［J］. Welding International, 1988, 2（2）：172-175.

［25］ 刘伟平. 反应变法防止高强铝合金 LY12CZ 焊接热裂纹的研究［D］. 哈尔滨：哈尔滨工业大学, 1989.

［26］ 范成磊, 方洪渊, 田应涛, 等. 随焊冲击碾压对 LY12CZ 铝合金接头组织和性能的影响［J］. 材料工程, 2004（10）：24-28.

［27］ 范成磊. 随焊冲击碾压控制焊接应力变形及接头质量的研究［D］. 哈尔滨：哈尔滨工业大学, 2004.

［28］ 范成磊, 方洪渊, 陶军, 等. 随焊冲击碾压控制平面封闭焊缝残余变形研究［J］. 哈尔滨工程大学学报, 2005, 26（2）：238-241.

［29］ 王者昌, 崔岩, 高季明. 逆向焊接温度场原理及应用［J］. 宇航材料工艺, 1996（1）：22-26.

［30］ 郭绍庆. 高热裂敏感铝合金薄板焊接热裂与变形的控制研究［D］. 哈尔滨：哈尔滨工业大学, 1999.

［31］ 张文钺. 金属熔焊原理及工艺：上册［M］. 北京：机械工业出版社, 1980：173-180.

［32］ 方洪渊, 董志波, 徐文立. 随焊锤击防止薄板焊接热裂纹的工艺研究［J］. 焊接, 2002（3）：17-20.

［33］ 彭云, 田锡唐, 钟国柱. 随焊碾压防止铝合金焊接热裂纹的云纹模拟和试验研究［J］. 物理测试, 1995（2）：8-11.

［34］ LIU W Q, TIAN X T. Preventing weld hot cracking by synchronous rolling during weld［J］. Welding Journal, 1996, 75（9）：297s-304s.

［35］ 范成磊, 方洪渊, 陶军. 随焊冲击碾压控制焊接应力变形防止热裂纹机理［J］. 清华大学学报, 2005, 45（2）：159-162.

［36］ 范成磊, 方洪渊, 陶军, 等. 随焊冲击碾压减小应力变形防止热裂纹应变场分析［J］. 焊接学报, 2004, 25（6）：47-50.

［37］ 王者昌. 局部快冷在熔化焊接中的应用：第九次全国焊接会议论文集［C］. 天津：中国焊接学会, 1999.

［38］ 田锡唐, 郭绍庆, 徐文立. 随焊激冷对 LY12CZ 铝合金焊接热裂纹倾向影响的研究［J］. 宇航材料工艺, 1998（5）：48-52.

［39］ SEKIGUCHI H, MIYAKE H. Prevention of welding cracks through a local heating process ［J］. Journal of Japan Welding soc, 1982, 6 (1)：59-64.

［40］ HERNANDEZ I E, NORTH D H. The influence of external local heating in preventing cracking during welding of aluminum alloy sheet ［J］. Welding Journal, 1984 (3)：84s-90s.

［41］ XU W, FANG H Y, YANG J G, et al. New technique to control welding hot cracking with trailing impactive electromagnetic force ［J］. Materials Science and Engineering A. 2008, 488 (1-2)：39-44.

［42］ LIU X S, ZHOU G T, WANG P, et al. Controlling of weld hot cracks of aluminum alloy sheets by transverse pre-stressing ［J］. Rare Metals, 2007, 26 (9)：157-161.

［43］ 徐文立, 田锡唐, 刘雪松. 随焊锤击对 LY12CZ 焊接接头显微组织的影响 ［J］. 哈尔滨工业大学学报, 2001, 33 (4)：442-446.

［44］ 刘伟平, 田锡唐, 张修智, 等. 随焊同步碾压焊缝改善 LY12CZ 焊接接头机械能的研究 ［J］. 金属科学与工艺, 1992, 11 (3, 4)：114-119.

［45］ H. O. 奥凯尔勃洛姆. 焊接变形与应力 ［M］. 雷原, 译. 北京：机械工业出版社, 1958：37-50.

［46］ 钱强, 徐林刚. 国际焊接工程师培训教程：焊接结构及设计 ［M］. 北京：中国科学技术出版社, 2022：60-112.

［47］ 陈纪城, 陈洁, 占小红, 等. Invar 钢厚板多层多道 MIG 自动焊接角变形控制及优化：第二十次全国焊接学术会议论文集 ［C］. 兰州：中国焊接学会, 2015.

［48］ 路浩. 铝合金三元气体保护焊温度场及接头组织特征 ［J］. 焊接学报, 2015, 36 (6)：68-72.

［49］ 张学秋. 航空发动机整体叶盘焊接变形的理论研究与虚拟优化 ［D］. 哈尔滨：哈尔滨工业大学, 2008 年.